实战从入门到精通　人邮云课堂

Creo 4.0
中文版 实战从入门到精通

邵振华 李志红
郭东艺 编著

人民邮电出版社
北　京

图书在版编目（CIP）数据

Creo 4.0中文版实战从入门到精通 / 邵振华，李志红，郭东艺编著. -- 北京：人民邮电出版社，2018.12
ISBN 978-7-115-49637-9

Ⅰ. ①C… Ⅱ. ①邵… ②李… ③郭… Ⅲ. ①计算机辅助设计—应用软件 Ⅳ. ①TP391.72

中国版本图书馆CIP数据核字(2018)第228329号

内 容 提 要

本书以服务零基础读者为宗旨，用实例引导读者学习，深入浅出地介绍了 Creo 4.0 的相关知识和应用方法。

全书分为 5 篇，共 18 章。第 1 篇主要讲解 Creo Parametric 4.0 的基础入门知识和如何管理用户工作界面；第 2 篇主要讲解基准特征、快速建模、2D 草绘环境、2D 草绘图形及草图编辑等；第 3 篇主要讲解实体特征、实体编辑、构造特征、曲面的创建与应用及曲面特性编辑等；第 4 篇主要讲解装配零件、钣金件设计及工程图等；第 5 篇主要讲解机械设计案例、电器设计案例及家具设计案例等内容。

本书附赠 24 小时同步视频教程及所有案例的素材文件和结果文件。此外，本书还赠送了相关内容的视频教程和电子书，以便读者扩展学习。

本书既适合 Creo 4.0 的初、中级用户学习使用，也可以作为各类院校相关专业学生和计算机辅助设计培训班学员的教材或辅导书。

◆ 编　著　邵振华　李志红　郭东艺
　　责任编辑　张　翼
　　责任印制　马振武

◆ 人民邮电出版社出版发行　　北京市丰台区成寿寺路 11 号
　　邮编　100164　电子邮件　315@ptpress.com.cn
　　网址　http://www.ptpress.com.cn
　　固安县铭成印刷有限公司印刷

◆ 开本：787×1092　1/16
　　印张：31.25
　　字数：806 千字　　　　　　　　　2018 年 12 月第 1 版
　　印数：1 – 2 000 册　　　　　　　2018 年 12 月河北第 1 次印刷

定价：79.80 元

读者服务热线：(010)81055410　印装质量热线：(010)81055316
反盗版热线：(010)81055315

广告经营许可证：京东工商广登字 20170147 号

计算机是社会进入信息时代的重要标志，掌握丰富的计算机知识、正确且熟练地操作计算机已成为信息时代对每个人的要求。为满足广大读者对计算机辅助设计相关知识的学习需要，我们针对不同层次学习者的接受能力，总结了多位计算机辅助设计高手、高级设计师及计算机教育专家的经验，精心编写了这套"实战从入门到精通"丛书。

本书特色

○ 零基础、入门级的讲解

无论读者是否从事计算机辅助设计相关行业，是否了解 Creo 4.0，都能从本书中找到合适的起点。本书入门级的讲解可以帮助读者快速地从新手迈向高手行列。

○ 精选内容，实用至上

本书内容经过精心选取和编排，在贴近实际应用的同时，突出重点、难点，帮助读者深化理解所学知识，以实现触类旁通的效果。

○ 实例为主，图文并茂

在讲解过程中，每个知识点均配有实例，每个操作步骤均配有对应的插图。这种图文并茂的方法能够使读者在学习过程中直观、清晰地看到操作过程和效果，便于读者深刻理解和掌握。

○ 高手指导，扩展学习

本书以"小提示"的形式为读者提炼了各种高级操作技巧，总结了大量系统且实用的操作方法，以便读者学习到更多内容。

○ 双栏排版，超大容量

本书采用双栏排版的形式，大大扩充了信息容量，在 400 多页的篇幅中容纳了相当于传统图书 600 多页的内容，在有限的篇幅中为读者提供更多的知识和实战案例。

○ 视频教程，互动教学

本书配套的视频教程内容与书中知识紧密结合并相互补充。读者可以体验实际工作环境，掌握日常所需的知识和技能及处理各种问题的方法，达到学以致用的目的。

学习资源

○ 24 小时全程同步视频教程

视频教程涵盖本书所有知识点，详细讲解了每个操作实例及实战案例的过程和关键要点，帮助读者更轻松地掌握书中的知识和技巧。此外，扩展讲解部分可使读者获得更多相关的知识和内容。

○ 超多、超值资源大放送

随书提供 9 小时 3ds Max 视频教程、50 套精选 3ds Max 设计源文件、12 小时 UG NX 视频教程、100 套 AutoCAD 设计源文件、110 套 AutoCAD 行业图纸、3 小时 AutoCAD 建筑设计视频教程、6 小时 AutoCAD 机械设计视频教程、7 小时 AutoCAD 室内装潢设计视频教程等超值资源，以方便读者扩展学习。

视频教程学习方法

为了方便读者学习，本书提供了大量视频教程的二维码。读者使用手机上的微信、QQ 等聊天工具的"扫一扫"功能扫描二维码，即可通过手机观看视频教程。

扩展学习资源下载方法

读者可以使用微信扫描封底二维码，关注"职场研究社"公众号，发送"49637"后，将获得资源下载链接和提取码。将下载链接复制到任何浏览器中并访问下载页面，即可通过提取码下载本书的扩展学习资源。

龙马高新教育APP使用说明

安装并打开龙马高新教育 APP，可以直接使用手机号码注册并登录。

（1）在【个人信息】界面，用户可以设置订阅的图书类型、查看问题及添加的收藏、与好友交流、管理离线缓存、反馈意见并更新应用等，见下图。

（2）在首页界面中单击顶部的【全部图书】按钮，在弹出的下拉列表中可以按图书类型查看现有资源，见下页图。在上方搜索框中，可以根据需要搜索图书。

（3）进入图书详情页面，单击要学习的内容即可播放视频。此外，还可以发表评论、收藏图书及离线下载视频文件等，见下图。

（4）首页底部包含4个栏目：在【图书】栏中可以显示并选择图书，在【问同学】栏中可以与同学讨论问题，在【问专家】栏中可以向专家咨询，在【晒作品】栏中可以分享自己的作品，见下图。

👥 创作团队

本书由邵振华、李志红、郭东艺三位老师编著。

邵振华，厦门理工学院电气工程系副主任，副教授，硕士生导师，福建省自动化学会理事，主要研究方向为配电网电能质量与电力设备故障诊断等。

李志红，厦门理工学院机械与汽车工程学院副院长，教授，主要研究方向为高等教育管理、机电一体化及液压系统等。

郭东艺，厦门 ABB 开关有限公司元器件事业部质量和卓越运营经理，主要负责 ABB 中压开关的质量控制和管理等。

其他参与本书编写、资料整理、多媒体开发及程序调试的人员还有孔万里、周奎奎、张任、张田田、尚梦娟、李彩红、尹宗都、王果、陈小杰、左琨、邓艳丽、崔姝怡、侯蕾、左花苹、刘锦源、普宁、王常吉、师鸣若、钟宏伟、陈川、刘子威、徐永俊、朱涛和张允等，在此表示感谢。

在编写过程中，虽然我们竭尽所能地将实用的内容呈现给读者，但也难免有疏漏和不妥之处，敬请广大读者不吝指正。若读者在阅读本书过程中产生疑问或有任何建议，可发送电子邮件至 zhangyi@ptpress.com.cn。

编著者

2018 年 10 月

目 录

第 5 篇 实战案例

赠送资源

- 赠送资源1　　9小时3ds Max视频教程
- 赠送资源2　　50套精选3ds Max设计源文件
- 赠送资源3　　12小时UG NX视频教程
- 赠送资源4　　100套AutoCAD设计源文件
- 赠送资源5　　110套AutoCAD行业图纸
- 赠送资源6　　3小时AutoCAD建筑设计视频教程
- 赠送资源7　　6小时AutoCAD机械设计视频教程
- 赠送资源8　　7小时AutoCAD室内装潢设计视频教程

第1篇
新手入门

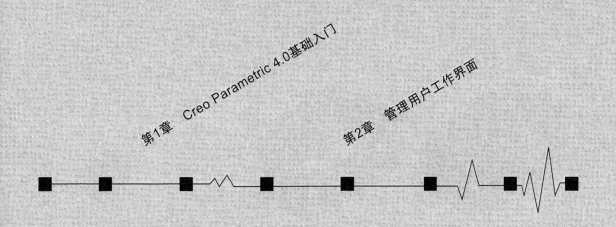

第 **1** 章

Creo Parametric 4.0 基础入门

学习目标———

　　本章主要讲解Creo Parametric 4.0的基础知识，包括如何学习Creo Parametric 4.0、软件的安装方法及图形文件的管理等，目的是为后面的学习打下良好的基础。

学习效果———

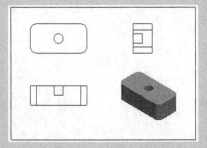

1.1 认识Creo Parametric 4.0

本节视频教程时间：8 分钟

相对于以前的版本而言，Creo Parametric 4.0软件拥有一个全新的用户界面（见下图），更便于用户快速入门。Creo Parametric 4.0软件为建模提供了更大的绘图区域、更简单的视图控制，减少了鼠标的移动和增强了色彩配置方案，提升了用户使用的舒适度，对几何模型的创建操作也更加简单。其全新图形预览方法，以及对特征的关键要素进行直接控制的方法，使复杂模型的创建也能够轻松地完成。

1.1.1 Creo Parametric 4.0的应用领域

Creo Parametric 4.0的应用比较广泛，在产品设计方面的应用主要表现在以下几个方面。

● 1. 零件设计

Creo Parametric 4.0提供了强大的设计功能，用户可以专注于需求，快速完成三维设计。例如，右图所示即为电吹风机的三维设计图。

2. 装配设计

Creo Parametric 4.0提供的零件装配功能，使用户可以确保装配设计中的每一个零件都能正确配合，并可检查零件之间是否有干涉，以及装配体的运动情况是否合乎设计的要求。在生成装配件的过程中，用户还可以根据需要添加新的零件和特征。例如，下图所示即为装配的蒸锅产品。

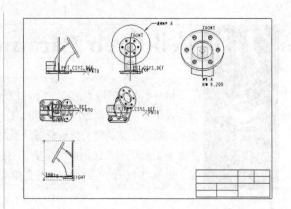

3. 工程图设计

Creo Parametric 4.0的工程图功能可以将由Creo 4.0制作的模型输出成图纸的形式，供其他CAD系统读取。Creo 4.0也可以输入由其他CAD系统生成的图纸。在图纸中，所有的模型视图都是相关的，即修改了某个视图的一个尺寸后，系统会自动地更新其他相关的视图。例如，右上图所示即为各个不同视角下的零件工程图。

4. 钣金设计

钣金件在现代工业生产中的应用非常广泛，例如数控机床的外壳和汽车车身等。钣金是针对金属薄板（通常厚度在6mm以下）的一种综合冷加工工艺，包括剪、冲、切、复合、折、焊接、铆接、拼接和成型等。其显著的特征就是同一零件的厚度一致。例如，下图所示即为利用旋转功能创建的钣金件。

1.1.2 Creo Parametric 4.0的新增功能

Creo Parametric 4.0与以前的版本相比，增加了很多新功能，具有易学易用、功能强大、更加人性化等特点。

1. 视图对话框

该功能使用户仅通过一个对话框便可以访问模型的已保存方向状态、创建新方向状态及修改透视图设置等，如右图所示。

2. 视图管理器中的【外观】选项卡

该功能使用户可以为模型定义不同的外观状态，也可以为特定使用情况定义不同的颜色组合，且不会影响到用户的设计，如下图所示。

3. 用户界面中的主题

Creo Parametric 4.0引入了新用户界面主题。对于用户界面和图形区域，用户可以选择首选颜色方案，即默认主题、浅色主题和深色主题等，如下图所示。每个主题均提供了优化的界面与系统颜色组合，以确保2D和3D几何及其他图元以高对比度进行显示。

用户也可以单独定义和更改系统颜色，以便创建自定义主题。

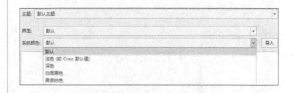

1.2 Creo Parametric的版本演化

本节视频教程时间：3分钟

 Creo Parametric是PTC核心产品Pro/E的升级版本，是新一代Creo产品系列的参数化建模软件。经过不断的努力发展，Creo Parametric已经从1.0版本发展到了现在的4.0版本。

1. Creo Parametric 1.0版本

作为新一代PTC参数化设计软件，Creo Parametric 1.0的界面在命令搜索、实体预览、带锥度拉伸等多方面做出了更新。其界面如左下图所示。

2. Creo Parametric 2.0版本

Creo Parametric 2.0提供了新的模块化产品设计功能和功能更强的概念设计应用程序，在很大程度上提高了用户的工作效率。其界面如右下图所示。

3. Creo Parametric 3.0版本

Creo Parametric 3.0在质量属性、视图法向方向、窗口自动激活、自定义快捷菜单等多方面均做了很大改进，使用户的操作更加简单、快捷。其界面如左下图所示。

4. Creo Parametric 4.0版本

Creo Parametric 4.0在视图对话框、视图管理器、用户界面主题等多方面均做了重大优化，使用户的体验更加完美。其界面如右下图所示。

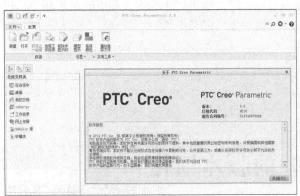 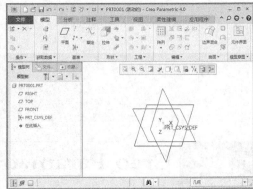

1.3 如何学习Creo Parametric 4.0

🔵 **本节视频教程时间：3分钟**

 为了更好地学习Creo Parametric 4.0，需要做一个合理、有效的计划，以达到事半功倍的效果。建议性学习方法介绍如下。

（1）对Creo Parametric 4.0做一个基本的了解后，掌握该软件的用途及新建文件、打开文件、保存文件、文件另存为等基本操作，为后面的学习做好准备。

（2）了解基准特征的创建方法。Creo Parametric 4.0作为参数化软件，基准特征在工作过程中起到了举足轻重的作用。常用的基准特征包括基准面、基准轴、基准点、基准坐标系、基准曲线等，用户可以在学习的过程中灵活运用。下图所示为基准面及基准坐标系。

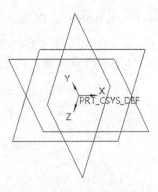

（3）掌握草图的绘制及编辑方法。Creo Parametric 4.0通常基于草图生成模型，草图绘制得准确与否将直接影响到工作效率。下页图所示为圆角矩形草图。

（4）对创建的草图进行编辑，得到简单的实体模型或曲面模型。对上面绘制的圆角矩形草图进行拉伸操作后，便可得到相应的三维模型。下面左图为拉伸后得到的实体模型，下面右图为拉伸后得到的曲面模型。

（5）对三维模型进行编辑得到相应的更为复杂的三维模型。上图实体三维模型进行孔特征操作，即可得到右上左图所示的效果；对上图曲面三维模型进行延伸编辑操作，即可得到

下右图所示的效果。

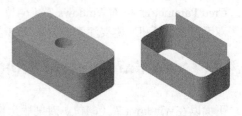

（6）得到相应的三维模型后便可以创建工程图。将上图实体三维模型创建工程图，即可得到下图所示的效果。

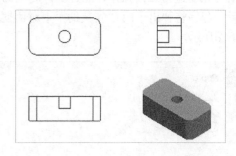

（7）对于Creo Parametric 4.0中的钣金及其他功能，用户也可以参考上述方法进行学习。

1.4 安装Creo Parametric 4.0

本节视频教程时间：10分钟

与其他软件类似，Creo Parametric 4.0在应用之前也需要先进行安装。下面将对相关内容进行详细介绍。

1.4.1 Creo Parametric 4.0的安装要求

Creo Parametric 4.0的安装要求分为硬件要求和软件要求，下面将分别进行介绍。

◈ 1. 硬件要求

Creo Parametric 4.0对硬件要求比较高，为了更好地运行程序，在配置计算机时可参考下表推荐的硬件要求。

设　备	要　求
CPU	CPU主率在2.5GHz以上
硬盘	硬盘可使用空间最小为4GB。为了保证软件能顺利运行，建议使用缓存不低于16MB、转数为7200r/min的机械硬盘或固态硬盘
内存	建议使用2GB或更大容量的内存
显卡	独立显卡，显存建议为1GB或更高
光驱	CD-ROM或DVD-ROM
鼠标	强烈建议使用三键鼠标（中键为滚轮式）

2. 软件要求

Creo Parametric 4.0对Windows 7 （64位）或更高版本的操作系统都可以很好地兼容。对于安装了双系统的计算机，需要注意安装目录的选择，以免造成麻烦。

1.4.2 Creo Parametric 4.0的安装步骤

下面以在Windows 7 （64位）旗舰版操作系统下安装Creo Parametric 4.0为例，对其具体的安装过程进行介绍。为了避免安装失败，用户在安装时请暂时关闭防火墙及杀毒程序。

步骤 01 将软件的安装光盘放入光驱中，光驱会自动对光盘进行扫描操作，经过少许时间的计算后，程序将弹出【PTC 安装助手】对话框，如下图所示。

步骤 02 单击对话框中的【下一步】按钮，对话框自动切换至【软件许可协议】界面，选择对话框中的【我接受软件许可协议】单选项，如下图所示。

步骤 03 单击对话框中的【下一步】按钮，对话框自动切换至【许可证标识】界面，将软件服务商提供的许可证文件拖放至【许可证汇总】区域的【源】文本框中，如下图所示。

步骤 04 单击【下一步】按钮，对话框切换至【应用程序选择】界面，如下图所示。为了避免有些功能在安装后无法正常使用，建议将界面中的功能全部选中。有条件的用户，可以根据需要适当选择。

步骤 05 单击【安装】按钮，对话框切换至【应用程序安装】界面，系统开始自动安装，如下页图所示。

步骤06 软件较大，安装时间较长，需要耐心等待，下图为安装进度界面。

步骤07 经过一段时间的等待后，软件安装完成，界面如下图所示。

步骤08 单击【完成】按钮，即可退出【PTC安装助手】。

> **小提示**
>
> 机器型号不同，操作系统不同，安装起来可能会略有差异，具体操作需根据实际情况而定。

1.4.3 Creo Parametric 4.0的启动与退出

Creo Parametric 4.0的启动与退出有多种方式，具体介绍如下。

1. 启动Creo Parametric 4.0

若要启动Creo Parametric 4.0，可以执行下列操作之一。

（1）执行【开始】➤【所有程序】➤【PTC】➤【Creo Parametric 4.0】命令。

（2）直接在桌面上双击 快捷图标。

（3）双击Creo Parametric 4.0相关联的文档。

2. 退出Creo Parametric 4.0

若要退出Creo Parametric 4.0，可以执行下列操作之一。

（1）单击Creo Parametric 4.0程序窗口右上角的 按钮。

（2）执行【文件】➤【退出】命令。

（3）双击Creo Parametric 4.0程序窗口左上角的 图标。

（4）按【Alt+F4】组合键。

> **小提示**
>
> 【Alt+F4】表示同时按下键盘上的【Alt】键和【F4】键。如无特别说明，本书均用这种形式表示组合键。

1.5 Creo Parametric 4.0的界面导航

本节视频教程时间：5分钟

下面介绍Creo Parametric 4.0用户界面的各项功能。Creo Parametric 4.0主窗口包括快速访问工具栏、功能区、导航区、绘图窗口、信息栏、视图工具栏、状态栏、网络浏览器等。

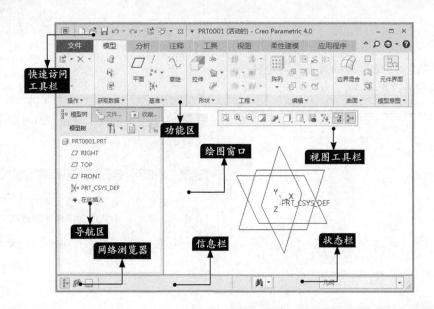

1. 快速访问工具栏

Creo Parametric 4.0 快速访问工具栏主要包括新建、打开、保存、撤销、重做、重新生成、窗口、关闭等选项。用户可自定义快速访问工具栏，使其位于功能区上方或下方显示；也可以开启或关闭某些现存功能；利用【更多命令…】选项往快速访问工具栏内调入更多命令选项。

2. 功能区

单击某个选项卡的标签，系统会自动调出相应的功能区选项。用户可以自定义功能区，同时也可以将功能区最小化。下图所示为最小化功能区后的效果。

3. 导航区

导航区包括模型树、文件夹浏览器、收藏夹等内容。用户可以通过单击【显示导航区域切换】按钮来对导航区进行显示或隐藏。下图所示为隐藏导航区后的效果。

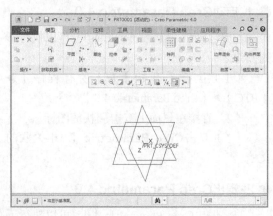

4. 绘图窗口

绘图窗口是反馈操作过程及结果的最有效区域，用户可以在各种环境下对绘图窗口进行操作，如草绘、模型、装配等。

5. 信息栏

当鼠标单击某些菜单命令及某些对话框项目时，信息栏会出现屏幕提示内容。执行不同的命令或操作将产生不一样的提示信息（见右上图），并用不同的图标区分。下面列举了部分信息栏 图标。

（信息）/ ➡（提示）/ ⚠（警告）/

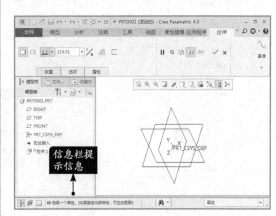
⊗（危险）

6. 状态栏

状态栏主要用于显示执行操作的状态信息，它主要包括以下几种类型。

（1）模型当前所选取的项目数。

（2）可用的选取过滤器。

（3）模型再生状态。

（4）屏幕提示。

7. 网络浏览器

网络浏览器提供对内部和外部网站的访问功能。

1.6 管理图形文件

🌐 本节视频教程时间：6分钟

图形文件管理是进行Creo设计时最基本的一个环节，它贯穿整个设计的全过程。下面介绍管理图形文件的4个最常用操作。

1.6.1 新建文件

要在Creo Parametric 4.0中创建特征，通常首先需要新建一个文件。

若要新建文件，可以选择【文件】➤【新建】命令或在快速访问工具栏中单击【新建】按钮，系统会弹出【新建】对话框，如下图所示。在【新建】对话框中可以创建新的草绘、零件、装配、制造、绘图、格式、记事本和布局等文件。

1.6.2 打开文件

Creo Parametric 4.0有两种打开文件的方法，分别为传统方法和使用文件夹浏览器打开的方法。

若要打开文件，可以选择【文件】➤【打开】命令，系统会弹出【文件打开】对话框，如下左图所示。也可以在导航区中单击【文件夹浏览器】标签，然后选择所需的文件夹，即可在右侧的快捷清单中看到文件及其信息，如下右图所示，双击需要打开的文件，即可在Creo Parametric 4.0中打开该文件。

 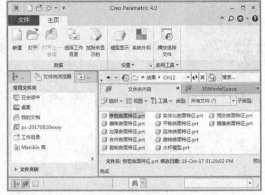

1.6.3 保存文件

文件创建完成后，如果需要保留，就要执行保存操作，选择【文件】➤【保存】命令或直接单击快速访问工具栏中的【保存】按钮，系统会弹出【保存对象】对话框，如下图所示。

单击该对话框中的【确定】按钮，即可保存文件；单击【取消】按钮，则放弃此次保存。在这里用户不能更改文件名，只能以进程中已有的文件名进行保存。

如果不想使用系统默认的文件名（如零件模块的文件名默认为"prt000X.prt"，X取1、2、3…），可以修改名称，通常有以下两种方法。

（1）在新建文件时就输入需要的文件名。

（2）选择【文件】▶【管理文件】▶【重命名】命令对文件进行重命名。

> **小提示**
>
> 每一次保存文件后，先前的文件并没有被覆盖。Creo Parametric 4.0 的这种保存文件的方法有利于文件在出现重大错误后及时地进行修复。

1.6.4 文件另存为

如果需要将当前特征以副本方式进行保存，则需要执行【另存为】命令。选择【文件】▶【另存为】▶【保存副本】命令，系统会弹出【保存副本】对话框，如下图所示，从中可以选择新的存放路径、文件名称及文件类型。

1.7 综合应用——对图形进行简单编辑

🌐 **本节视频教程时间：2分钟**

本节将通过图形文件管理功能对图形进行简单编辑操作，主要会应用到文件的打开、特征的删除及文件的保存功能。具体操作步骤如下。

 选择【文件】▶【打开】命令，系统弹出【文件打开】对话框，选择随书资源中的"素材\CH01\简单编辑.prt"文件，如下图所示。

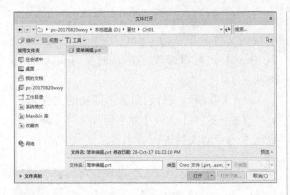

步骤② 在【文件打开】对话框中单击【打开】按钮，打开的文件如下图所示。

步骤③ 在模型树中选择特征【孔2】，如下图所示。

步骤④ 按键盘【Delete】键将其删除，系统弹出【删除】提示框，如下图所示。

步骤⑤ 单击【确定】按钮，得到的文件如下图所示。

步骤⑥ 选择【文件】➤【保存】命令，即可进行保存操作，系统提示如下图所示。

● 简单编辑 已保存。

第2章

管理用户工作界面

学习目标

本章主要讲解Creo Parametric 4.0中工作界面的显示状态及单位的设置，用户可以根据自己的喜好进行个性化设置。

学习效果

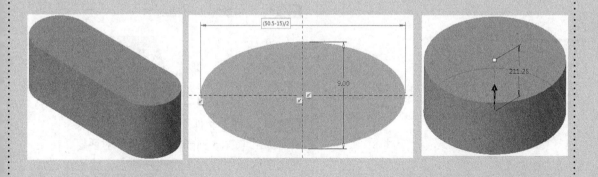

2.1 定制个性的工作界面

● 本节视频教程时间：11分钟

Creo Parametric 4.0 的人性化界面不仅体现在功能区选项卡的使用上，还体现在用户能够通过特定的操作定制自己的用户界面上。

2.1.1 定制系统外观

● 1. 功能常见调用方法

在Creo Parametric 4.0中选择【文件】➤【选项】菜单命令，系统会弹出【Creo Parametric选项】对话框，在左侧选项区域中选择【系统外观】，如下图所示。

● 2. 系统提示

选择【系统外观】后，在右侧会显示出相关选项，如下图所示。

● 3. 实战演练——定制系统外观

更改几何模型着色边颜色及草绘图形颜色，具体操作步骤如下。

步骤01 打开随书资源中的"素材\CH02\定制系统外观.prt"文件，如下图所示。

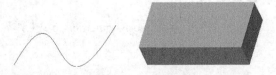

步骤02 将当前视图的显示样式更改为【带边着色】，如下图所示。

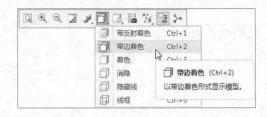

步骤03 显示效果如下图所示。

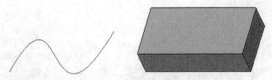

步骤04 选择【文件】➤【选项】菜单命令，系统会弹出【Creo Parametric选项】对话框，在左侧选项区域中选择【系统外观】，然后在右侧【全局颜色】区域中单击▶ 图形将其展开，如下图所示。

步骤 05 单击【着色边】颜色下拉三角箭头，选择一种合适的颜色，如下图所示。

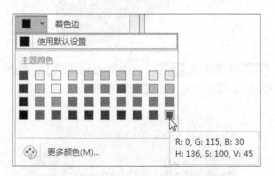

步骤 06 单击【草绘】颜色下拉三角箭头，选择

一种合适的颜色，如下图所示。

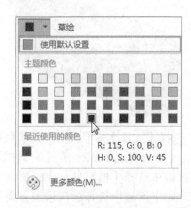

步骤 07 在【Creo Parametric选项】对话框中单击【确定】按钮，绘图区域中图形的颜色会相应地改变，如下图所示。

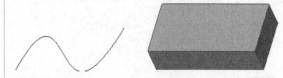

2.1.2 定制模型显示

● 1. 功能常见调用方法

在Creo Parametric 4.0中选择【文件】▶【选项】菜单命令，系统会弹出【Creo Parametric选项】对话框，在左侧选项区域中选择【模型显示】，如下图所示。

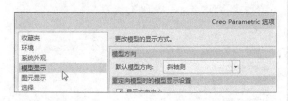

● 2. 系统提示

选择【模型显示】后，在右侧会显示出相关选项，如右上图所示。

● 3. 实战演练——定制模型显示

更改模型显示的标准方向，具体操作步骤如下。

步骤 01 打开随书资源中的"素材\CH02\定制模型显示.prt"文件，如下图所示。

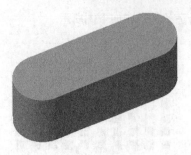

步骤02 选择【文件】➤【选项】菜单命令，系统会弹出【Creo Parametric选项】对话框，在左侧选项区域中选择【模型显示】，然后在右侧【模型方向】区域中选择默认模型方向为【等轴测】，如下图所示。

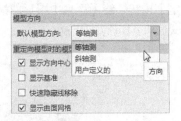

步骤03 在【Creo Parametric选项】对话框中单

击【确定】按钮，绘图区域中模型的显示状态如下图所示。

步骤04 如果在 **步骤02** 中选择【斜轴测】，绘图区域中模型的显示状态如下图所示。

2.1.3 定制窗口设置

● 1. 功能常见调用方法

在Creo Parametric 4.0中选择【文件】➤【选项】菜单命令，系统会弹出【Creo Parametric选项】对话框，在左侧选项区域中选择【窗口设置】，如下图所示。

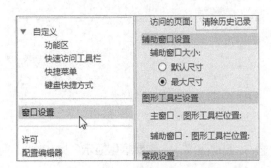

● 2. 系统提示

选择【窗口设置】后，在右侧会显示出相关选项，如右上图所示。

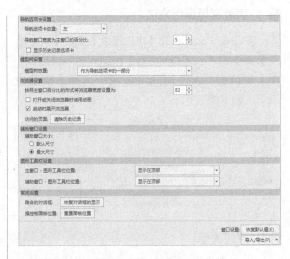

● 3. 实战演练——定制窗口设置

更改窗口的显示，具体操作步骤如下。

步骤01 打开随书资源中的"素材\CH02\定制窗口设置.prt"文件，如下页图所示。

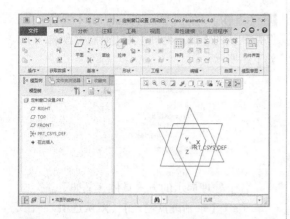

步骤02 选择【文件】▶【选项】菜单命令，系统会弹出【Creo Parametric选项】对话框，在左侧选项区域中选择【窗口设置】，然后在右侧【导航选项卡设置】区域中选择导航选项卡放置为【右】，如下图所示。

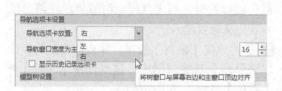

步骤03 在【模型树设置】区域中选择模型树放置为【图形区域上方】，如下图所示。

步骤04 在【Creo Parametric选项】对话框中单击【确定】按钮，窗口显示状态如下图所示。

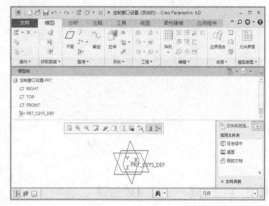

2.1.4　定义映射键

在Creo Parametric 4.0中，映射键是将常用命令序列映射到特定键盘键或组合键的键盘宏。映射键保存在配置文件 mapkey 中，每一个宏开始于一个新行。定义单键或组合键后，按这些键时可以运行映射键宏。实际上，在Creo Parametric 4.0 中执行的任何任务，都可以为其创建映射键。

● 1. 功能常见调用方法

在Creo Parametric 4.0的命令搜索框中输入【映射键】，然后在搜索结果中单击【映射键】，如下图所示。

● 2. 系统提示

单击【映射键】后系统会弹出【映射键】对话框，如下图所示。

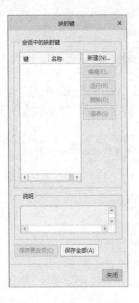

● 3. 实战演练——定义映射键

将选择【新建】命令创建文件的操作定义成映射键，具体操作步骤如下。

步骤 01 在命令搜索框中输入【映射键】，然后在搜索结果中单击【映射键】，系统弹出【映射键】对话框，单击【新建】按钮，如上图所示。

步骤 02 打开【录制映射键】对话框，在【键盘快捷方式】文本框中输入用于运行映射键宏的键盘快捷方式，并可在下方的文本框中输入映射键的【名称】和【说明】，如下图所示。

步骤 03 在下方的【Creo Parametric】选项卡中，保持默认的【提示处理】为【录制键盘输入】，如下图所示。

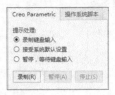

各个处理提示的方式具体含义如下。

（a）【录制键盘输入】（默认选项）：在定义映射键时录制键盘输入，在运行宏时使用。

（b）【接受系统默认设置】：在运行宏时接受系统默认设置。

（c）【暂停，等待键盘输入】：在录制宏时，在任何需要用户输入之处等待用户输入值；运行宏时，当出现提示时暂停，在消息区域等待从键盘输入。

步骤 04 单击【录制】按钮，并按适当的顺序选取菜单命令开始录制宏，这里选择【文件】▶【新建】命令，如下图所示。

步骤 05 完成录制宏后单击【停止】按钮，并单击【确定】按钮，返回到【映射键】对话框，这样就定义了一个映射键，如下图所示。

2.2 设置零件单位

本节视频教程时间：4分钟

在Creo Parametric 4.0中，用户可以选择零件的单位。英制和公制是两种不同的单位标准，我国以"公制"为单位标准。

1. 功能常见调用方法

在Creo Parametric 4.0中选择【文件】➤【准备】➤【模型属性】菜单命令，可以打开【模型属性】窗口，然后单击【单位】右侧的【更改】按钮，如下图所示。

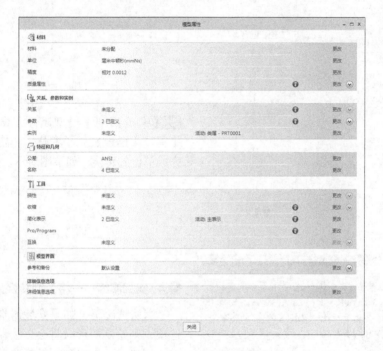

2. 系统提示

单击【更改】按钮后系统会弹出【单位管理器】对话框，如下图所示。

3. 实战演练——将英制转换为公制

如果文件的单位为英制，用户可以将其修改为公制，具体操作步骤如下。

步骤01 选择【文件】➤【准备】➤【模型属性】菜单命令，在打开的【模型属性】窗口中单击【单位】右侧的【更改】按钮，系统弹出【单位管理器】对话框，在【单位制】选项卡中选择公制的具体模式，如【毫米千克秒（mmKs）】，单击【设置】按钮，如下图所示。

小提示

公制单位主要包括【厘米克秒（CGS）】、【毫米千克秒（mmKS）】、【毫米牛顿秒（mmNS）】和【米千克秒（MKS）】，英制单位主要包括【英寸磅秒（IPS）】和【英尺磅秒（FPS）】等。

步骤02 打开【更改模型单位】对话框，选择【转换尺寸（例如，1″变为25.4mm）】单选项，单击【确定】按钮，如下图所示。

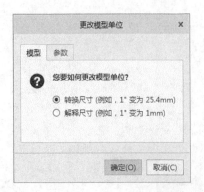

步骤03 返回到【单位管理器】对话框，单击【关闭】按钮，如下图所示。

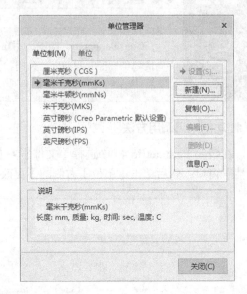

步骤04 返回到【模型属性】窗口，即可发现【单位】已经发生了变化，单击【关闭】按钮完成单位的转换，如下图所示。

4. 实战演练——将公制转换为英制

默认情况下，如果安装时选择【公制】单选项，则绘制图形时将会以公制的单位进行标注。用户也可以将公制转换为英制，具体操作步骤如下。

步骤01 选择【文件】➤【准备】➤【模型属性】菜单命令，在打开的【模型属性】窗口中单击【单位】右侧的【更改】按钮，系统弹出【单位管理器】对话框，在【单位制】选项卡中选择英制的具体模式，如【英寸磅秒（Creo Parametric 默认设置）】，单击【设置】按钮，如下图所示。

步骤 03 返回到【单位管理器】对话框，即可看到【单位制】列表中的单位已经发生了改变，单击【关闭】按钮完成单位的转换，如下图所示。

步骤 02 打开【更改模型单位】对话框，选择【转换尺寸（例如，1″变为25.4mm）】单选项，单击【确定】按钮，如下图所示。

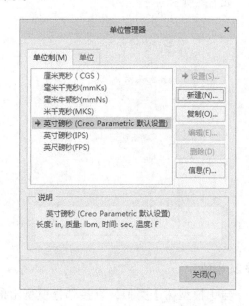

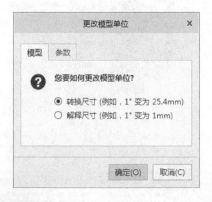

2.3 工作界面使用技巧

本节视频教程时间：6分钟

通过前面对第2.1节的学习，用户对Creo Parametric 4.0系统的个性化界面已经有了较深的印象。本节介绍有关工作界面的其他较重要的使用技巧。

2.3.1 快捷菜单

在一般的窗口化软件中，单击鼠标右键会出现快捷菜单，用户即可方便、迅速地进行相关的操作。在Creo Parametric 4.0软件中，对应不同的操作环境会出现不同内容的快捷菜单，下面介绍3种较常见的情况。

1. 模型树

直接从【模型树】中点选特征，单击鼠标右键弹出快捷菜单后，即可选择要进行的操作，如下图所示。

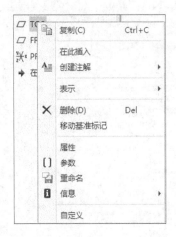

3. 草绘

在草绘阶段直接单击鼠标右键，即可选择要进行的操作，如图元绘制、尺寸标注和修改等，如下图所示。

2. 模型

与【模型树】类似，直接选择模型上的点、边和面特征等对象，然后单击鼠标右键，即可选择要进行的操作，如下图所示。

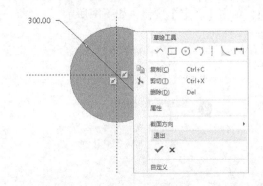

2.3.2 数值输入

在特征的创建过程中经常需要输入数值，例如倒圆角半径、拉伸深度和草绘截面尺寸等。

Creo Parametric 4.0软件提供了数学计算的功能，例如某个尺寸为50.5和15两个数差的一半，则可以直接在信息区内输入：(50.5-15)/2，如下图所示。

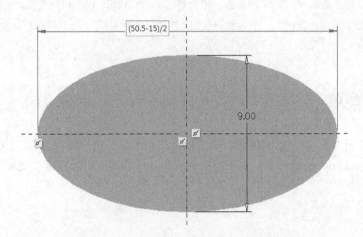

要想修改特征的尺寸，只需单击选择要修改的特征，然后双击要修改的尺寸，直接输入新值即可。

在输入数值或数学公式后，有以下两种方式通知系统已完成输入。

（1）按【Enter】键。

（2）按鼠标中键。

若要取消输入，则可按【Esc】键。

该软件所能接受的数学公式内容有一般的数学运算符号，如加（＋）、减（－）、乘（＊）、除（/）等；还有在一般的计算机语言中均能使用的数学函数，如三角函数等。

2.4 综合应用——设置用户界面的个性化风格

🔖 本节视频教程时间：3分钟

 本节以启用和禁用系统分配模型曲面颜色为例，对设置用户界面个性化风格的方法进行讲解，具体操作步骤如下。

步骤 01 打开随书资源中的"素材\CH02\系统分配颜色.prt"文件，如下图所示。

步骤 04 单击【模型】选项卡▶【形状】面板▶【拉伸】按钮📄，可以看到系统分配的颜色，如下图所示。

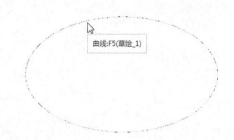

步骤 02 选择【文件】▶【选项】菜单命令，在系统弹出的【Creo Parametric选项】对话框中选择【图元显示】▶【几何显示设置】，然后勾选【显示为模型曲面分配的颜色】复选项，并单击【确定】按钮，如下图所示。

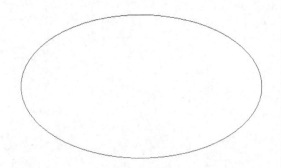

步骤 05 选择【文件】▶【选项】菜单命令，在系统弹出的【Creo Parametric选项】对话框中选择【图元显示】▶【几何显示设置】，然后取消勾选【显示为模型曲面分配的颜色】复选项，并单击【确定】按钮，如下图所示。

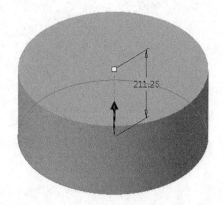

步骤 03 在绘图区域中选择"草绘_1"，如下图所示。

收藏夹	更改图元的显示方式。
环境	
系统外观	**几何显示设置**
模型显示	默认几何显示： 着色 ▾
图元显示	边显示质量： 中 ▾
选择	
草绘器	相切边显示样式： 实线 ▾
装配	消除锯齿： 关闭 ▾
通知中心	☐ 显示为模型曲面分配的颜色
ECAD 装配	☑ 显示轮廓边
板	

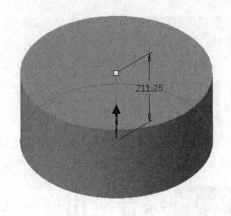

步骤 06 可以看到正在执行的拉伸特征颜色发生了变化，如下图所示。

第2篇
二维绘图

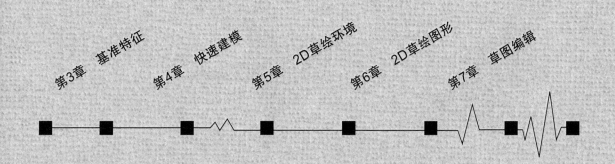

第**3**章

基准特征

学习目标——

　　本章主要讲解Creo Parametric 4.0中基准特征的相关知识及其创建方法。在学习的过程中应重点掌握基准特征的各种创建方法并灵活运用，为后续三维建模打下良好的学习基础。

学习效果——

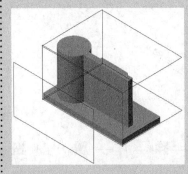
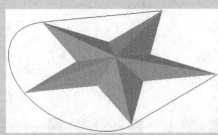

3.1 基准特征的相关知识

🌐 本节视频教程时间：13分钟

Creo Parametric 4.0中的基准包括基准平面、基准坐标系、基准轴、基准点和基准曲线，这些基准在创建零件一般特征、曲面、零件的剖切面及装配中都十分有用。

3.1.1 基于特征的建模方式

基于特征是指用户通过定义特征创建零件，这些特征包括拉伸、扫描、切削、孔、沟槽和倒角等。例如，下图所示的零件实体就是通过使用拉伸、孔和倒角这3个特征构成的。

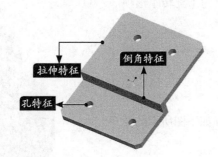

概括地说，使用特征主要有以下两个好处。

（1）特征取代了低层次的几何图形，如线、弧和圆等，这意味着用户可以把计算机作为一种高层次的设计平台，而不必仔细考虑Creo Parametric 4.0使用过程中的几何图形。Creo Parametric 4.0也兼容了几何设计图形的模式，在进行设计细化的过程中仍然可以设计和修改其中的几何图形细节。

（2）在设计的过程中用户可以方便地隐藏和改变特征参数，从而快速地修改图形，提高工作的效率。下图所示的图形分别是隐藏孔特征和修改孔特征尺寸的实体模型。

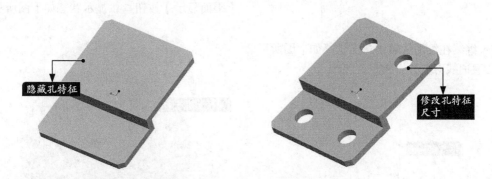

3.1.2 实战演练——基于特征进行建模

本小节分别利用旋转、孔和倒圆角等特征进行建模（这几个特征的详细讲解可参照第3篇），具体操作步骤如下。

步骤 01 打开随书资源中的"素材\CH03\特征建模.prt"文件，如下图所示。

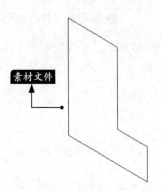

素材文件

步骤 02 单击【模型】选项卡➤【形状】面板➤【旋转】按钮 ✺，在系统弹出的【旋转】选项卡中进行如下图所示的设置。

步骤 03 在绘图区域中单击选择如下图所示的草绘对象。

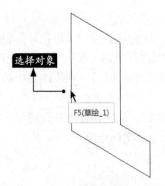

选择对象

F5(草绘_1)

步骤 04 继续在绘图区域中单击选择如下图所示的草绘直曲线对象，以指定旋转轴。

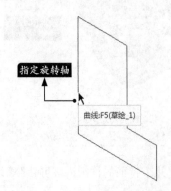

指定旋转轴

曲线:F5(草绘_1)

步骤 05 旋转特征并预览结果，如下图所示。

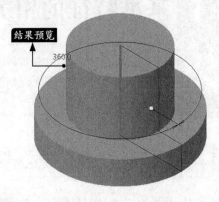

结果预览

360.0

步骤 06 在【旋转】选项卡中单击 ✔ 按钮，结果如下图所示。

> **小提示**
>
> 关于旋转特征，详见第8.3节的内容。

步骤 07 单击【视图】选项卡➤【显示】面板➤【平面显示】按钮 ◿，显示状态如下图所示。

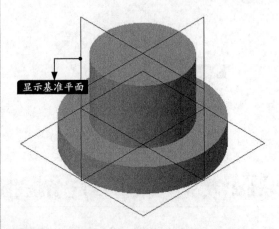

显示基准平面

步骤 08 单击【模型】选项卡➤【工程】面板➤【孔】按钮 ▥，在系统弹出的【孔】选项卡中进行如下图所示的设置。

步骤 09 在绘图区域中单击如下图所示的平面。

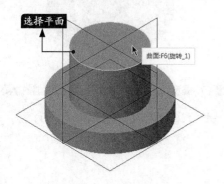

步骤 10 拖动如下图所示的小方块至RIGHT基准平面。

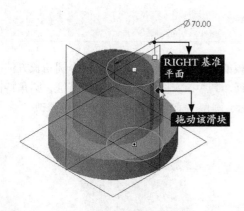

步骤 11 将距离参考值设置为"0"，结果如下图所示。

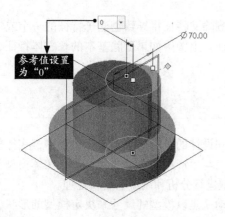

步骤 12 拖动如右上图所示的小方块至FRONT基准平面。

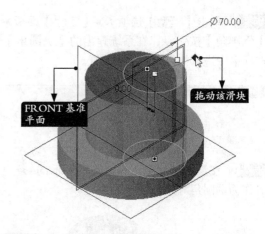

步骤 13 将距离参考值设置为"0"，结果如下图所示。

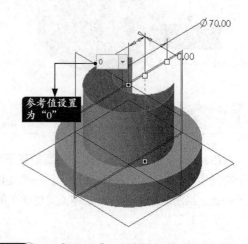

步骤 14 在【旋转】选项卡中单击✔按钮，然后单击【视图】选项卡➤【显示】面板➤【平面显示】按钮，将基准平面隐藏，结果如下图所示。

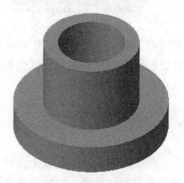

> **小提示**
>
> 关于孔特征，详见第10.1节的内容。

步骤15 单击【模型】选项卡▶【工程】面板▶【倒圆角】按钮 ，在系统弹出的【倒圆角】选项卡中进行如下图所示的设置。

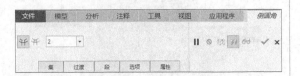

步骤16 在绘图区域中选择如下图所示的4条边界作为倒圆角对象。

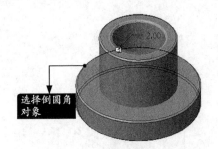

选择倒圆角对象

步骤17 在【倒圆角】选项卡中单击 按钮，结果如下图所示。

小提示

关于倒圆角特征，详见第10.4节的内容。

3.1.3 父子关系

在Creo Parametric 4.0中，父子关系是基于特征建模的一个重要方面。例如，一个圆角长方体由两个特征生成，一个是实体拉伸特征，一个是圆角特征。其中，实体拉伸特征为父特征，圆角特征为子特征。当用户使用基本长方体（父特征）的尺寸时，圆角（子特征）就会被相应地修改。

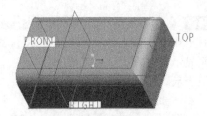
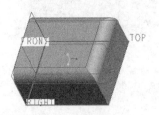

通常情况下改变父特征都将影响子特征。例如，删除父特征将导致创建子特征的一个或多个参考条件被删除，因此删除父特征会删除所有的子特征。上图中如果删除基本的长方体特征，圆角特征就将自动地被删除。

3.1.4 参数化体系

相较于传统模型设计，参数化设计更注重于产品和设计的结合。在参数化设计中，实体模型将取代线框模型和面模型，因为实体模型直观、真实、与生产中的产品非常接近；实体模型具有质量、体积、质心和重心等物理属性，方便用户对模型进行分析和制造等后续处理。

尺寸驱动是参数化设计的重要特点。所谓尺寸驱动就是以模型的尺寸来决定模型的形状，一个模型由一组具有一定相互关系的尺寸来进行定义。用户修改尺寸参数后，经过再生处理获得新的模型形状，既直观、又快捷。这对于习惯了看图纸、用尺寸描述零件的工程人员来说，很容易接受。事实上，生产中对于结构、形状比较定型的产品采取系列化、标准化的设计就是参数化设计的典型应用。此外，参数化设计还利于检查各种模型尺寸之间是否有不一致、模型上是否有欠约束和过约束的情况，如果有，系统会适时地给出相关的提示。

3.1.5 软件的模块化和设计的关联性

与一般的软件有所不同，Creo Parametric 4.0 实际上是一个大型的软件包，它包含了众多的模块。这些模块可以分为两类，一类为基本模块，如零件编辑模块、草绘模块、工程图绘图模块和简单装配图绘图模块等；另一类为扩展模块，如电缆布线功能模块、参数化组装管理系统模块、钣金图形和组装模块等。安装Creo Parametric 4.0后，用户便可以直接使用基本模块。若需使用扩展模块，则需要单独安装。

尽管Creo Parametric 4.0由众多的模块组成，但它是建立在一个统一的数据库上的，而不像一些传统的CAD/CAM系统那样是建立在多个数据库上的。单一数据库，是指工程中的全部数据均来自同一个数据库。换言之，整个设计的任何一处有改动，都可以反映在整个设计过程的相关环节上。例如，一旦改变了工程图，NC（数控）工具路径将会自动更新；如果更改了装配图，这种修改将相应地被反映在零件图中。所以这种独特的数据结构能使产品的设计速度更快、质量更高、性能更好，从而也能使产品更快地被市场认可、接受。

3.2 三维造型基础

🕐 **本节视频教程时间：12分钟**

Creo Parametric 4.0最重要的特点是其强大的三维造型设计功能。与二维平面设计相比，三维建模要复杂得多。这是因为三维实体在空间上更富于变化，三维实体的特征更加丰富，所以更不容易被表达清楚。在正式开始三维实体建模前，本节首先向读者介绍有关三维造型的基础知识。

3.2.1 三维造型原理

无论是创建实体特征还是曲面特征，都不能脱离二维平面草绘。三维实体建模与二维平面草绘密切相关，二维草绘是大多数三维实体造型的关键步骤。此外，在进行三维建模时一般都需要草绘剖面，然后由草绘剖面生成三维实体特征。

下面4个图所示的是拉伸实体特征的生成过程。图（1）所示的是二维草绘平面。该草绘平面实际上是基础实体特征上的一个表面，如图（2）所示。图（3）所示的箭头方向就是由草绘剖面创建拉伸实体特征时特征的生成方向。图（4）所示的则是最后生成的拉伸实体特征。

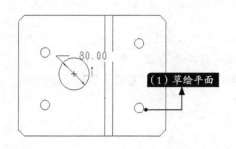

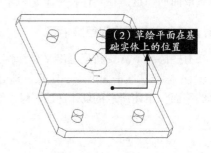

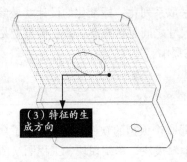

（3）特征的生成方向

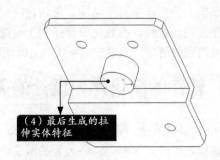

（4）最后生成的拉伸实体特征

3.2.2 草绘平面设置

在进行二维草绘时需要有一个草绘平面。在简单二维草绘的过程中对草绘平面没有严格的要求，只需在系统提供的区域之内进行草图绘制即可。但是在创建三维实体特征时，由于各个特征之间存在着复杂的位置关系，因此选取和设定草绘平面已经成为设计中的重要步骤。可见，正确地选取和设定草绘平面是设计的重要前提条件。

在使用Creo Parametric 4.0进行三维造型设计时，有以下3种草绘平面的选取方式。

● 1. 选取系统提供的标准基准平面作为草绘平面

在生成基础实体特征前，系统提供了3个互相正交的基准平面作为标准基准平面，分别命名为TOP、FRONT和RIGHT。从零开始进行三维建模工作时，通常选取标准基准平面中的一个作为草绘平面。用户可以根据自己的习惯选择一个，一般建议使用TOP标准基准平面作为草绘平面。下图所示为使用TOP基准平面作为草绘平面的情况。

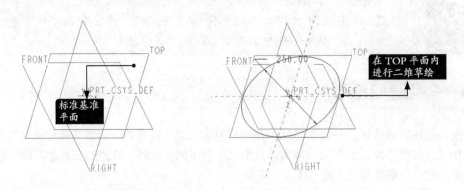

● 2. 使用基础实体特征上的表面作为草绘平面

在创建放置实体特征时，通常选取实体特征上的表面作为草绘平面。但是在选取草绘平面时不能选取曲面，这是在实体特征上选取草绘平面时应该注意的一个问题。

● 3. 新建基准平面作为草绘平面

在有些情况下需要新建基准平面来作为草绘平面，这主要有以下两种情况。

（1）标准基准平面并不一定正好适合作为草绘平面，同时实体特征上也没有更恰当的平面作为草绘平面。下图所示的DTM1是新建草绘平面。

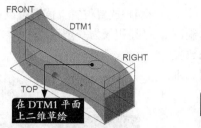
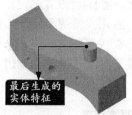

（2）在创建偏距特征、筋特征等放置实体特征时，系统要求指定实体特征以外的平面作为草绘平面。如果标准基准平面不可使用，则必须新建基准平面作为草绘平面，下图所示的DTM1是新建草绘平面。

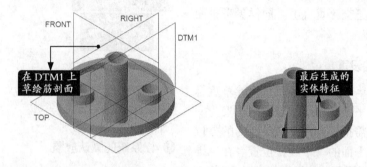

3.2.3 参考平面设置

选定了草绘平面就相当于在绘画时找到了绘图板。这里以下图所示的绘图板为例，说明其在绘图时的4种放置位置。

从绘图板的4种放置方式来看，这里主要依据绘图板一端的曲线边缘来区别不同的放置位置。假如绘图板四边的结构完全一致，就很不容易区分这4种放置位置。由此可见，曲线边缘在这里充当了放置的参照。

从以上图例中可以看出Creo的参照物体，下面讲解参考平面。

● 1. 参考平面的作用

三维造型设计中，在实体特征上选定草绘平面以后，系统会将视角调整到纯二维平面草绘的状态，草绘平面会被放置到与屏幕完全重合的位置，这时显示的就是上图所示的绘图板。因此草绘平面也就会有上面所述的4种放置位置。

更为重要的是，在用三维造型设计绘制剖面图的时候，经常需要按照确定的位置来放置草绘平面，这样才能方便而正确地绘制出二维草绘图形。

2. 对参考平面的基本要求

参考平面是一种特殊的平面，能选定为参考平面的可以是基准平面或实体特征的表面。但是对这些平面都有一个基本的要求，那就是必须和草绘平面正交（垂直）。同样参考平面也只允许选取平面。

3. 参考平面的设置

由于在二维草绘时草绘平面是与屏幕重合放置，这时参考平面在草绘图形中则积聚为一条直线，因此只需指定其在草绘平面内的方位就可以确定草绘平面的一个放置位置。在二维草绘平面上，参考平面的放置方位有以下4种。

（1）上（顶）：正确地放置草绘平面后，参考平面位于草绘平面的上部（顶部）。

（2）下（底）：参考平面位于草绘平面的下部（底部）。

（3）左：参考平面位于草绘平面的左边。

（4）右：参考平面位于草绘平面的右边。

下面举例说明参考平面的选择与草绘平面的放置位置之间的关系。

在实体特征上选定草绘平面和参考平面以后，就可以根据参考平面在草绘平面上的相对位置来正确放置。下图（1）～图（4）所示的

是4种放置位置，读者可以看到这时的参考平面已经积聚为一条直线。

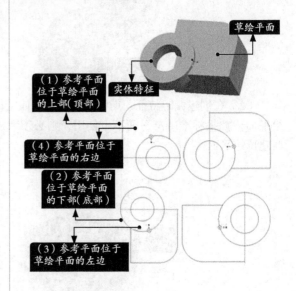

4. 系统的默认放置

在Creo Parametric 4.0中，为了使设计能够更加简单、快捷地进入草绘模式，当在实体特征上指定草绘平面以后，系统会自动地选择合理的位置来放置草绘平面，这就是系统默认放置的基本用途。

使用默认放置方式不仅可以更迅速地进入草绘模式，还可以避免在各个参考平面之间引入不必要的父子关系。但是当实体特征上没有明显的参考平面可以选择时，系统则会提示用户自行选取参考平面。另外，如果希望选取特定的实体表面作为参考平面，以便按照特定的方式放置草绘平面时，也必须自行选取参考平面。

3.2.4 绘图时的方向参数设置

在三维造型的设计中，特征在产生和操作时最多可以具有6个方向的自由度。如果有多个设计方向可供选择，系统则会根据实际情况给出方向选择的相关提示，然后用户即可根据设计的需要选取最符合设计意图的方向。

在设计中，系统使用方向箭头来指示特征的产生方向。使用【方向】菜单可以调整实体的生成方向。如果在【方向】菜单中选取【反向】选项，就可以调整特征生成如下页图所示的方向。

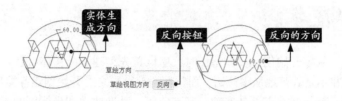

当实体特征生成的方向正好垂直于草绘平面时，这时的方向指示则如下图所示。

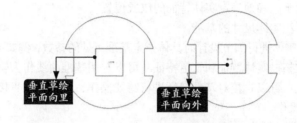

3.3 特征的分类

● 本节视频教程时间：9分钟

初次接触Creo Parametric 4.0软件的读者常常会发现"特征"两字在相关书籍中出现的频率非常高。其实作为采用参数化设计、基于特征的实体建模系统来说，特征是Creo的基本操作单位。使用拉伸方法创建一个六面体就是生成一个拉伸实体特征，在六面体上加工一个孔就是生成一个孔实体特征，创建一个曲面就是生成一个曲面特征。一个三维实体模型的创建过程，就是从无到有依次生成各种类型特征的过程，只不过有的特征的生成过程是在实体上添加材料，有的却是在实体上切除材料。

下图所示的三维实体模型（即三维实体特征）包含了图中标示的各类基本的实体特征。依据各种不同类型的基本特征进行合理组合就可以生成结构复杂的高级实体特征这个基本原则，可以通过三维实体造型设计，把一个个简单的实体特征组装成规模庞大的实体模型。

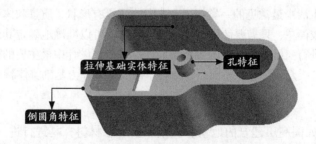

对于工程设计人员来说，生活中的素材就是设计的对象。为了能够对这些千差万别的事物进行造型设计，需对它们进行适当的特征抽象处理。尽管各种特征从外观到其设计方法都有很大的差异，但是从三维造型的角度来看，在Creo Parametric 4.0中通常把特征分为以下3种基本类型。

（1）基准特征。

（2）实体特征。

（3）曲面特征。

3.3.1 基准特征

前面曾经说过，从零开始创建实体特征时，应该首先创建基础实体特征。但是实际上，在创建基础实体特征时并不是真正地从零开始，而是在基准特征之上开始创建各类基础实体特征。

所谓基准特征，就是基准点、基准轴、基准曲线、基准曲面和坐标等的统称。这种特征不是实体特征，它虽然没有质量、体积和厚度，但是在特征创建的过程中有着极其重要的用途。具体用途如下。

（1）放置参照：用于正确地确定实体特征的放置位置。

（2）尺寸参照：标注实体尺寸的基准。

（3）设计参照：对实体进行细节设计时具体指定基准点处的参数，例如可变尺寸的圆角设计。

（4）轨迹线：生成扫描实体特征和管道特征时可以选用基准曲线作为轨迹线。

（5）特征操作对象：可以直接对基准特征进行特征操作，例如可以直接对基准曲线进行样条折弯、环形折弯等扭曲操作。

基准特征的示例如下图所示。

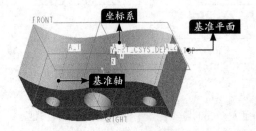

不管是基础实体特征、放置实体特征、曲面特征还是基准特征，都可以对其进行特定的操作，例如删除、重定义、修改等，直至达到用户的设计意图为止。使用Creo Parametric 4.0进行实体造型的主要任务就是创建基础实体特征、放置实体特征及曲面特征，从而进行更高级的大型综合实体特征的创建，其中包括生成工程图和进行模型的装配。

3.3.2 实体特征

实体特征是平常生活中最常见的一类特征，这类特征具有形状、质量和体积等实体属性。对实体特征的几何描述比较简单，只需要使用有限的尺寸参数就可以准确地确定其形状。实体特征是使用Creo Parametric 4.0进行三维造型设计的主要功能，也是造型设计中最主要的操作对象。

由于实体特征的分类众多、特点不同，因此实体特征又可分为基础实体特征和放置实体特征。

● 1. 基础实体特征

基础实体特征就如同高层建筑的地基、机械加工的原材料，是进行进一步施工或加工的基础。在进行三维实体图形设计时，第一步的工作常常都是从零开始创建基础实体特征，然后使用各种方法在基础实体特征上添加其他的各类特征。

按照创建方法的不同，基础实体特征又分为以下几种基本类型。

（1）拉伸实体特征。

（2）旋转实体特征。

（3）扫描实体特征。

（4）混合实体特征。

（5）其他的高级实体特征。

基础实体特征的分类主要依据其生成的基本原理，也就是说主要是从几何角度来分类。下图所示的是两个不同类别的基础实体特征。其中，一个是拉伸实体特征，该类实体特征有一个明显的特点，就是特征在特定方向上具有相同的截面形状，包括形状和大小；另一个是混合实体特征，该类特征没有拉伸实体特征那样的公共截面，可以是由多个不同形状和大小的截面通过一定的方式连接生成的。

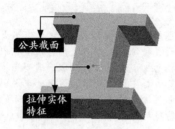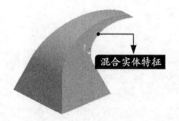

2. 放置实体特征

所谓放置实体特征，是因为这类特征绝大部分都必须建立在已有的基础实体特征之上，即它是放置在基础实体特征之上的特征。一方面，因为大部分的放置实体特征都属于切减材料性质的特征，例如孔特征、倒圆角特征、倒角特征及壳特征等。另一方面，一些加工材料性质的放置实体特征也必须依赖于基础实体特征，例如筋特征（离开了基础实体特征的筋特征已经没有实际意义了）。不过仍有部分放置实体特征可以脱离基础实体特征而单独存在，例如管道特征和部分的扭曲特征。

放置实体特征的分类原则与基础实体特征的有较大区别。放置实体特征不再根据其生成的几何原理进行分类，而是根据其具体的形态进行分类。各种放置实体特征都具有确定的用途和形式。常见的几种放置实体特征如下。

（1）孔特征。

（2）圆角特征。

（3）扭曲特征。

（4）倒角特征。

（5）管道特征。

（6）壳特征。

（7）筋特征。

下图所示的是部分放置实体特征的示例。其中，一个是拔模特征，属于扭曲特征的一种，常用在实体表面加入斜度结构；另一个为壳特征，是一种中空的拔模特征。

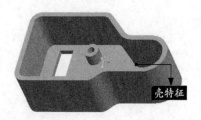

在创建放置实体特征时，必须在基础实体特征上选取准确的放置位置，这是创建放置实体特

征时最重要的工作。

3.3.3 曲面特征

与实体特征相比，曲面特征是一类相对抽象的特征。曲面特征没有质量、体积和厚度等实体属性，对其准确的几何描述显得相对复杂一些。曲面特征的示例如下图所示。

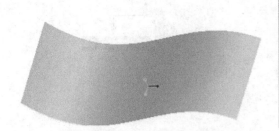

> **小提示**
>
> 虽然曲面特征和实体特征之间有很大的差异，但是这两类特征的创建方法却有很多相似之处。这两类特征的创建原理极其相似，这一点将在讲解它们的创建过程中详细介绍。这里着重说明的是两者在操作和用途上的差异。因为端点封闭的曲面特征与实体特征从外形上看没有比较明显的差异，所以用户一定不要将它们混淆了。

曲面特征可以用作生成实体特征的材料。对特定曲面进行合理的设计和裁剪后，可以将其作为实体特征的表面，这是曲面特征的一个重要用途。下图所示的实体特征的上表面就是由上图所示的曲面特征围成的。

3.4 创建基准特征

🌐 **本节视频教程时间：39分钟**

 在三维造型的设计中，基准特征是一种很重要的且很有用的特征。Creo Parametric 4.0提供了3个相互正交的标准基准平面，并分别命名为TOP、FRONT和RIGHT。除此之外，还提供一个坐标系和一个特征的旋转中心。本节将结合实战演练来讲解基准特征的创建方法。

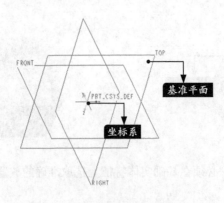

3.4.1 创建基准平面

基准平面是所有的基准特征中使用最频繁，同时也是最重要的基准特征。当用户打开一个新的工作界面时，首先就会看到系统提供的3个标准的基准平面。

● 1. 功能常见调用方法

在Creo Parametric 4.0中单击【模型】选项卡➤【基准】面板➤【平面】按钮□，如下图所示。

● 2. 系统提示

单击【平面】按钮□后系统会弹出【基准平面】对话框，如下图所示。

● 3. 知识点扩展

基准平面并非实体特征，它具有几何元素的基本特点：没有厚度，并且在空间上无限延伸。在设计中，用户可以根据具体的情况设置基准平面的延伸范围。

3.4.2 实战演练——创建新的基准平面

本小节利用三维模型上的面作为参考，采用不同方式创建新的基准平面，具体操作步骤如下。

步骤01 打开随书资源中的"素材\CH03\基准平面.prt"文件，如下图所示。

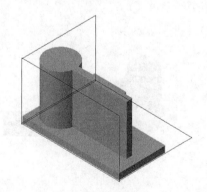

步骤02 单击【模型】选项卡➤【基准】面板➤【平面】按钮□，系统会自动弹出【基准平面】对话框，在绘图区域中选择模型上的曲面F6作为参考，如右上图所示。

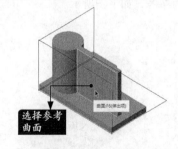

步骤03 在【基准平面】对话框中将约束条件设置为【偏移】，并将偏移距离设置为"170"，如下图所示。

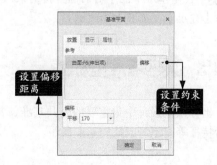

步骤 04 偏移方向设置如下图所示。

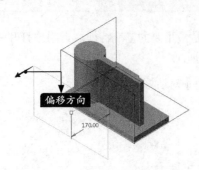

步骤 05 在【基准平面】对话框中单击【确定】按钮，即可创建一个新的基准平面DTM1，如下图所示。

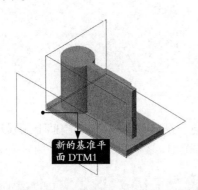

步骤 06 继续单击【平面】按钮 ，调出【基准平面】对话框，在绘图区域中选择模型上的曲面F6作为参考，如下图所示。

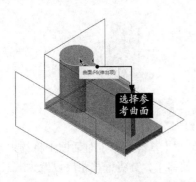

步骤 07 在【基准平面】对话框中将约束条件设置为【穿过】，如右上图所示。

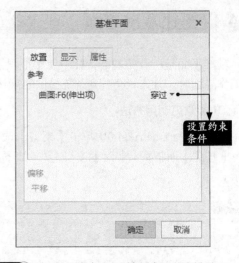

步骤 08 绘图区域中显示效果如下图所示。

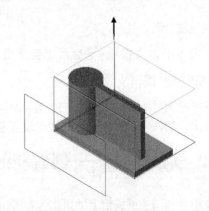

步骤 09 在【基准平面】对话框中单击【确定】按钮，即可创建一个新的基准平面DTM2，如下图所示。

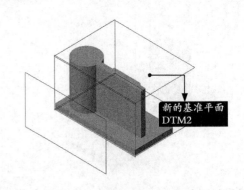

3.4.3 创建基准坐标系

坐标系是设计中最重要的公共基准，常用来确定特征的绝对位置。它是创建混合实体特征、折弯特征等时不可或缺的基本参照。

● 1. 功能常见调用方法

在Creo Parametric 4.0中单击【模型】选项卡➤【基准】面板➤【坐标系】按钮 ，如下图所示。

● 2. 系统提示

单击【坐标系】按钮 后系统会弹出【坐标系】对话框，如下图所示。

● 3. 知识点扩展

创建基准坐标系的基本方法如下。

● 三平面：选取3个实体特征上的平面、基准平面或平曲面，然后在其交点处创建坐标系，交点即为坐标原点。当3个平面不是两两正

交时，系统会自动地生成最近似的坐标系。在选取坐标系的放置位置后，用户可以根据需要设定各个轴的正向。如下图的坐标系CS0就是以3个平面作为参照生成的。

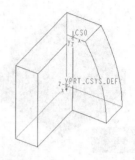

● 点和两轴：选定一个基准点、角落点或现存的某个坐标系的原点为新坐标系的原点，再选择两个基准轴、直线型实体边或曲线，然后指定任意的两个轴向，系统就会根据右手定则得出第3轴的方向。

● 两轴：选择两个基准轴、直线型实体边或曲线，将其交叉处或最短距离处定为新原点（原点会落在所选的第1条线上），然后指定任意的两个轴向，系统就会依据右手定则得出第3轴的方向。

● 偏移：移动或旋转已经存在的坐标建立新的坐标系。建立新的坐标系时首先要选取的是使用移动方式还是旋转方式，然后根据系统的提示输入移动的距离数值或转角数值即可。

● 从文件：使用外部文件中的数据建立坐标系。

● 缺省：在没有生成特征时，系统会缺省设置坐标系。

3.4.4 实战演练——对基准坐标系进行创建操作

本小节利用多种方式对基准坐标系进行创建操作，具体操作步骤如下。

● 1. 三平面及两轴方式创建基准坐标系

步骤 01 打开随书资源中的"素材\CH03\基准坐标系（三平面、两轴）.prt"文件，如右图所示。

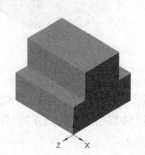

步骤 02 单击【模型】选项卡▶【基准】面板▶【坐标系】按钮，系统会自动弹出【坐标系】对话框，配合【Ctrl】键在绘图区域中选择如下图所示的3个F6曲面。

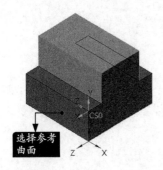

选择参考曲面

步骤 03 此时查看【坐标系】对话框，如下图所示。

步骤 04 在【坐标系】对话框中单击【确定】按钮，将会创建新基准坐标系CS0:F9，如下图所示。

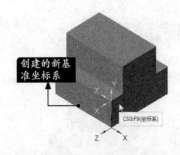

创建的新基准坐标系

步骤 05 继续单击【坐标系】按钮，系统会弹出【坐标系】对话框，配合按住【Ctrl】键在绘图区域中选择如右上图所示的F8边界。

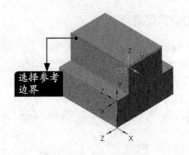

选择参考边界

步骤 06 在【坐标系】对话框中进行如下图所示的设置。

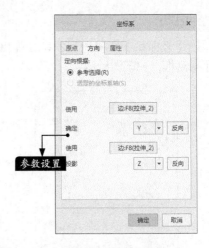

参数设置

步骤 07 绘图区域显示状态如下图所示。

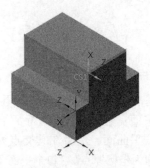

步骤 08 在【坐标系】对话框中单击【确定】按钮，将会创建新基准坐标系CS1:F10，如下图所示。

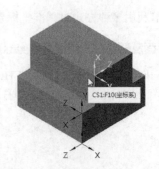

2. 偏移方式创建基准坐标系

步骤 01 打开随书资源中的 "素材\CH03\基准坐标系（偏移）.prt" 文件，如下图所示。

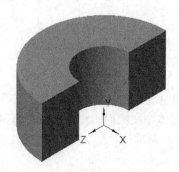

步骤 02 单击【模型】选项卡▶【基准】面板▶【坐标系】按钮，系统会自动弹出【坐标系】对话框，在绘图区域中选择CSYS基准坐标系，如下图所示。

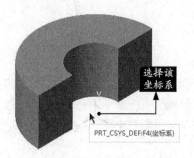

步骤 03 在【坐标系】对话框中进行如右上图所示的设置。

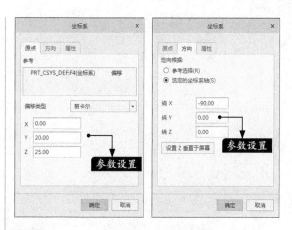

步骤 04 绘图区域显示状态如下图所示。

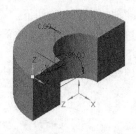

步骤 05 在【坐标系】对话框中单击【确定】按钮，将会创建新基准坐标系CS0:F7，如下图所示。

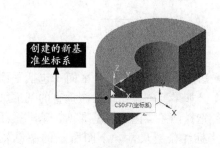

3.4.5 创建基准轴

基准轴也常用作特征创建的参照，特别是在建立孔等旋转特征时，它是一种重要的辅助基准特征。

1. 功能常见调用方法

在Creo Parametric 4.0中单击【模型】选项卡▶【基准】面板▶【轴】按钮，如下图所示。

2. 系统提示

单击【轴】按钮后系统会弹出【基准轴】对话框，如下页图所示。

FPNT0创建的。

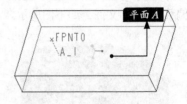

● 3.知识点扩展

创建基准轴的基本方法如下。

● 穿过边界：指通过实体特征的边线创建基准轴线。下图所示的基准轴线A_1和A_2就是通过该方法创建的。

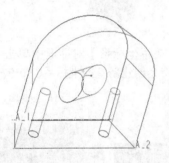

● 法向平面：选定一个平面（包括平面型曲面），如果要创建与该平面垂直的基准轴，就必须选择两条实体边、基准轴、基准平面或平面来标注位置尺寸。下图所示的基准轴线A_3就是通过该方法创建的。

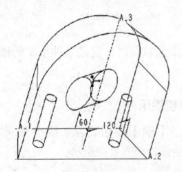

● 通过一点且垂直于平面：指通过平面上一点创建与该平面垂直的轴线。右上图所示的轴线A_1就是通过实体特征平面A上的域点

● 通过圆柱面：指通过圆柱面等具有旋转中心的实体特征的回转中心来创建基准轴线。下图所示的基准轴线A_2就是用该方法创建的。

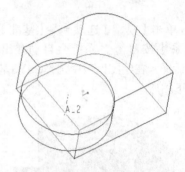

● 两平面相交：指通过两个平面的交线创建基准轴线。下图所示的基准轴线A_1就是通过标准的基准平面TOP和FRONT的交线创建的。

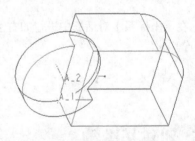

● 两点联机：指通过两个基准点或两个实体特征上的顶点创建基准轴线，如下图所示的A_1。

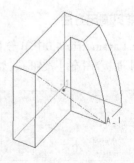

● 曲面点：指通过曲面上的基准点创建与该曲面垂直的基准轴线。下图所示的基准轴线A_1就是使用该方法创建的。

● 曲线相切：指通过实体特征上的边线或曲线的端点沿其切线方向创建基准轴线。下图所示的基准轴线A_1就是使用该方法创建的。

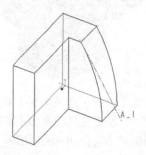

3.4.6 实战演练——对基准轴进行创建操作

本小节利用多种方式对基准轴进行创建操作，具体操作步骤如下。

1. 穿过边界方式创建基准轴

步骤01 打开随书资源中的"素材\CH03\基准轴.prt"文件，如下图所示。

步骤02 单击【模型】选项卡▶【基准】面板▶【轴】按钮，系统会自动弹出【基准轴】对话框。在绘图区域中选择如下图所示的边界F6。

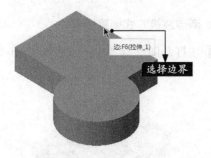

步骤03 此时查看【基准轴】对话框，如右上图所示。

步骤04 在【基准轴】对话框中单击【确定】按钮，将会创建新基准轴A_1:F7，如下图所示。

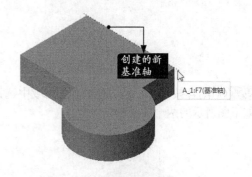

2. 法向平面方式创建基准轴

步骤01 打开随书资源中的"素材\CH03\基准轴.prt"文件，如下页图所示。

步骤 02 单击【模型】选项卡➤【基准】面板➤【轴】按钮 ，系统会自动弹出【基准轴】对话框。在绘图区域中选择如下图所示的曲面F6。

选择曲面

曲面:F6(拉伸_1)

步骤 03 单击【基准轴】对话框中【偏移参考】中的选项，如下图所示。

步骤 04 配合按住【Ctrl】键在绘图区域中选择如下图所示的两个曲面F6。

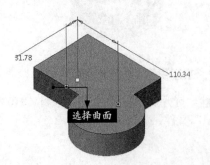

选择曲面

步骤 05 对参考数值进行设置，如下图所示。

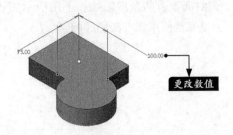

更改数值

步骤 06 此时查看【基准轴】对话框，如下图所示。

步骤 07 在【基准轴】对话框中单击【确定】按钮，将会创建新基准轴A_1:F7，如下图所示。

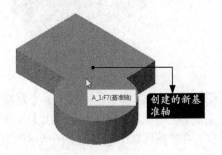

A_1:F7(基准轴)

创建的新基准轴

3. 两点联机方式创建基准轴

步骤 01 打开随书资源中的"素材\CH03\基准轴.prt"文件，如下图所示。

步骤 02 单击【模型】选项卡➤【基准】面板➤【轴】按钮，系统会自动弹出【基准轴】对话框。配合按住【Ctrl】键在绘图区域中选择如下图所示的两个顶点。

选择顶点

步骤 03 此时查看【基准轴】对话框，如下图所示。

步骤 04 在【基准轴】对话框中单击【确定】按钮，将会创建新基准轴A_1:F7，如下图所示。

创建的新基准轴
A_1:F7(基准轴)

4. 通过圆柱面方式创建基准轴

步骤 01 打开随书资源中的"素材\CH03\基准轴.prt"文件，如右上图所示。

步骤 02 单击【模型】选项卡➤【基准】面板➤【轴】按钮，系统会自动弹出【基准轴】对话框。在绘图区域中选择如下图所示的曲面F6。

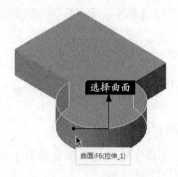

选择曲面

曲面:F6(拉伸_1)

步骤 03 此时查看【基准轴】对话框，如下图所示。

步骤 04 在【基准轴】对话框中单击【确定】按钮，将会创建新基准轴A_1:F7，如下图所示。

创建的新基准轴
A_1:F7(基准轴)

3.4.7 创建基准点

基准点在三维实体造型的设计中，常用来辅助创建基准曲线、样条曲线及实体特征上特定点的参数等。

方法1：基准点工具生成基准点

● 1. 功能常见调用方法

在Creo Parametric 4.0中单击【模型】选项卡➤【基准】面板➤【点】➤【点】选项，如下图所示。

● 2. 系统提示

单击【点】选项后系统会弹出【基准点】对话框，如下图所示。

● 3. 知识点扩展

此类型的基准点创建方法是先选择基准点的放置【参考】，以指定基准点是放在哪一个对象（曲面、曲线、边、基准面）上，然后选择【偏移参考】用以设置基准点的位置尺寸，【偏移参考】会根据所选择【参考】的类型自行改变。

在【基准点】对话框左侧的窗格中单击鼠标右键，在弹出的快捷菜单中选择【删除】命令，即可快速地删除所选的参照。另外，按住【Ctrl】键后，再单击一次绘图工作区中已选取

的参照，也可以取消被选取的参照。

利用基准点工具生成基准点的基本方法如下。

● 曲面上：使用这种方法可以创建位于曲面上的基准点。创建时应首先在曲面上选取一点，然后指定该点具体位置的尺寸参照（可以指定实体边线、实体上的平面及基准平面作为尺寸参照），最后根据系统的提示输入相应的定位尺寸参数，就可以成功地创建基准点。下图所示的就是在曲面上创建基准点的示例，新建的基准点为PNT0。

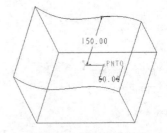

● 从曲面偏移：这种方法是使用"曲面上"方法创建的基准点再继续沿曲面的方向偏移一定的数值而生成新的基准点。下图所示的就是使用从曲面偏移的方法生成基准点的示例，新建的基准点为PNT0。

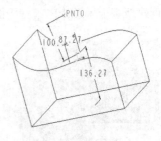

● 曲线与曲面的交点：这种方法是在曲线与曲面的交汇处创建基准点。曲线和曲面的选取范围非常广泛，其中曲线可以选取实体边线、曲面边界曲线或基准轴线；曲面可以选取实体表面或基准平面。下图所示的基准点PNT0、PNT1和PNT2都是用"曲线与曲面"方法创建生成的。

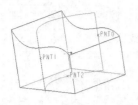

● 在顶点上：使用这种方法创建基准点比较简单，选取实体特征的边线端点、曲线的端点或实体特征的顶点都可以在顶点处直接创建基准点。下图所示的基准点PNT0和PNT1就是用"顶点"方法直接生成的。

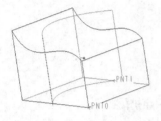

● 在三曲面交点上：这种方法是在3个曲面特征的相交处创建基准点，这里使用的曲面还包括实体表面和基准平面。下图所示的基准点PNT0创建于曲面特征、FRONT基准平面及实体特征的上表面3个曲面的交点处。

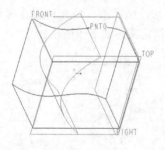

● 在中心：要在旋转特征的中心创建基准点，直接根据系统的提示选取特征的边线或曲线即可。下图所示的基准点PNT0就是在旋转特征的中心创建的。

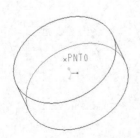

● 在曲线上：即指在曲线或实体特征的边线上创建基准点。也可以在一条参照边上同时创建数个基准点。在【基准点】对话框中，【偏移参考】有【曲线末端】和【参考】两种，如下图所示。

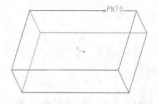

如果【偏移参考】选择【曲线末端】，则以所选曲线或实体边的端点作为偏移参考，以定义基准点与此偏移参考点的距离，而距离（偏移）设置的方式又分为【比率】和【实际值】两种。【比率】：该曲线或实体边的长度为1，然后设置0～1的任意比例值在其上创建基准点。【实际值】：设置的是该基准点位于曲线或实体边上的实际长度。

● 曲线相交点：使用这种方法可以在相交曲线的交点处创建基准点。但要注意的是，对于非相交曲线，系统会在两条曲线距离最近的位置创建基准点，并且将该基准点创建在第一次选取的曲线上。如下图所示，基准点PNT0创建在两条相交曲线（曲线1和曲线2）的交点处；基准点 PNT1创建在曲线2上且该点与曲线3的距离最短；基准点PNT2创建在曲线3上且该点与曲线1的距离最短。

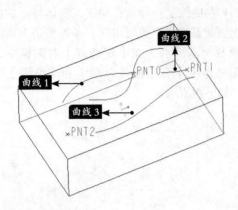

● 偏移点：将已经存在的基准点、实体上的顶点、曲线的端点或坐标系原点等，沿指定的参考偏移得到新的基准点。可以使用的参考如下。

● 图元/边：直线型实体边、曲线、基准轴的轴向。

● 平面法线：所选的平面的法向。

● 坐标系：沿着坐标中的x、y、z其中一轴平移一定的距离。

方法2：偏移坐标系生成基准点

1. 功能常见调用方法

在Creo Parametric 4.0中单击【模型】选项卡➤【基准】面板➤【点】➤【偏移坐标系】选项，如下图所示。

2. 系统提示

单击【偏移坐标系】选项后系统会弹出【基准点】对话框，如右上图所示。

3. 知识点扩展

此类型的基准点创建方法是通过指定基准点相对坐标系的位置偏移数值，准确地定位基准点的位置。其中，坐标系可以在笛卡儿、柱坐标和球坐标3种类型中选取。

基准点矩阵与非参数矩阵的不同点在于：非参数矩阵无法以【编辑】的方式直接在绘图工作区中修改坐标值，但允许以【编辑定义】的方式重新定义，如下图所示。

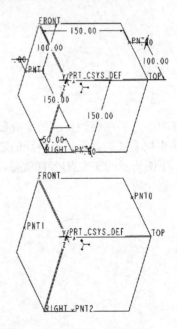

关于【导入】按钮，用户可以利用一般的文本编辑器（如记事本、写字板）编辑各轴坐标值并加以保存，文件的扩展名为".pts"，然后到Creo Parametric 4.0中通过【偏移坐标系基准点】对话框导入该文件即可。而【保存】按钮的作用正好相反，可以将已创建的基准点保存成"xxxx.pts"文件。

方法3：域点生成基准点

● 1. 功能常见调用方法

在Creo Parametric 4.0中单击【模型】选项卡▶【基准】面板▶【点】▶【域】，如下图所示。

● 2. 系统提示

单击【域】选项后系统会弹出【基准点】对话框，如下图所示。

● 3. 知识点扩展

此类型的基准点创建方法可以随意地在实体上加入基准点。在创建域点时无需基准点的精确位置。下图所示的FPNT0、FPNT1和FPNT2等即为创建的域点，FPNT是域点的标识符号。

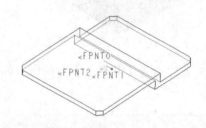

3.4.8 实战演练——对基准点进行创建操作

本小节利用多种方式对基准点进行创建操作，具体操作步骤如下。

● 1. 基准点工具生成基准点

步骤01 打开随书资源中的"素材\CH03\基准点.prt"文件，如下图所示。

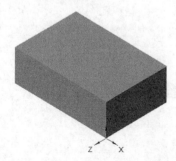

步骤02 单击【模型】选项卡▶【基准】面板▶【点】▶【点】选项，系统会自动弹出【基准点】对话框。在绘图区域中选择如右上图所示的曲面F6。

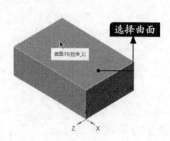

步骤03 在绘图区域中拖动小方块至边界，如下图所示。

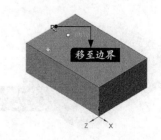

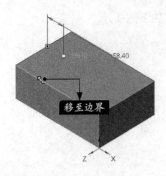

移至边界

步骤 04 在绘图区域中修改参考数值，结果如下图所示。

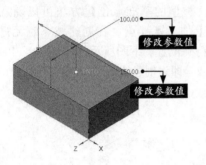

修改参数值
修改参数值

步骤 05 此时查看【基准点】对话框，如下图所示。

步骤 06 在【基准点】对话框中单击【确定】按钮，将会创建新基准点PNT0:F7，如下图所示。

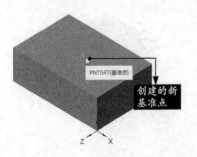

创建的新基准点

2. 偏移坐标系生成基准点

步骤 01 打开随书资源中的"素材\CH03\基准点.prt"文件，如下图所示。

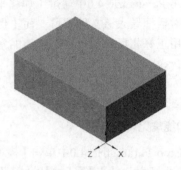

步骤 02 单击【模型】选项卡➤【基准】面板➤【点】➤【偏移坐标系】选项，系统会自动弹出【基准点】对话框。在绘图区域中选择CSYS基准坐标系，如下图所示。

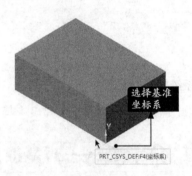

选择基准坐标系

PRT_CSYS_DEF:F4(坐标系)

步骤 03 在【基准点】对话框中【名称】处单击一下，如下图所示。

在此处单击

步骤04 在【基准点】对话框中将【y轴】参数设置为"100.00"，如下图所示。

步骤05 在【基准点】对话框中单击【确定】按钮，将会创建新基准点PNT0:F7，如下图所示。

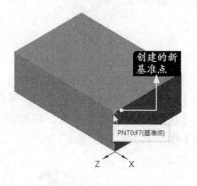

3. 域点生成基准点

步骤01 打开随书资源中的"素材\CH03\基准点.prt"文件，如下图所示。

步骤02 单击【模型】选项卡➤【基准】面板➤【点】➤【域】选项，系统会自动弹出【基准点】对话框。在绘图区域中单击指定点的放置位置，如下图所示。

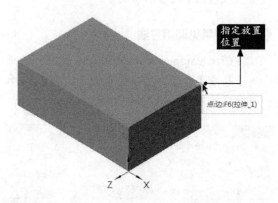

步骤03 此时查看【基准点】对话框，如下图所示。

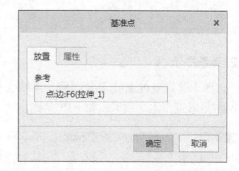

步骤04 在【基准点】对话框中单击【确定】按钮，将会创建新基准点FPNT0:F7，如下图所示。

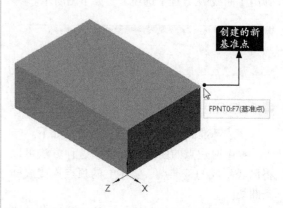

3.4.9 创建基准曲线

基准曲线也是三维实体造型中使用得较多的一种基准特征。基准曲线常常被用作轨迹及实体特征生成过程中的辅助曲线等。

🔴 1. 功能常见调用方法

在Creo Parametric 4.0中单击【模型】选项卡➤【基准】面板➤【曲线】选项，然后选择一种合适的方式，如下图所示。

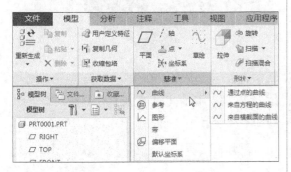

🔴 2. 系统提示

选择【通过点的曲线】方式后，系统会弹出【曲线:通过点】选项卡，如下图所示。

选择【来自方程的曲线】方式后，系统会弹出【曲线:从方程】选项卡，如下图所示。

🔴 3. 知识点扩展

生成基准曲线的3种基本方法含义如下。

● 【通过点的曲线】：使用这种方法可以将已经生成的基准点、实体上的顶点连接成样条曲线。

● 【来自方程的曲线】：使用数学方程式的方法生成基准曲线。这种方法适合于做复杂而精确的曲线设计。

● 【来自横截面的曲线】：该方法需首先在实体特征上创建剖截面，然后使用剖截面的边界曲线作为基准曲线。这种使用剖截面创建基准曲线的方法比较简单，只需在实体特征上选取相应的剖截面即可。

🔴 4. 实战演练——对基准曲线进行创建操作

利用【通过点的曲线】方式创建基准曲线，具体操作步骤如下。

步骤 01 打开随书资源中的"素材\CH03\基准曲线.prt"文件，如下图所示。

步骤 02 单击【模型】选项卡➤【基准】面板➤【曲线】➤【通过点的曲线】选项，系统会自动弹出【曲线:通过点】选项卡。在绘图区域中单击如下图所示的顶点位置。

步骤 03 继续在绘图区域中单击如下页图所示的顶点位置。

步骤 04 在【曲线:通过点】选项卡中单击 ∧ 按钮，如下图所示。

步骤 05 继续在绘图区域中单击如下图所示的顶点位置。

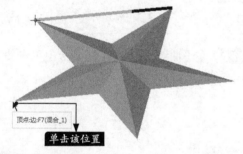

步骤 06 在【曲线:通过点】选项卡中单击 ∧ 按钮，如下图所示。

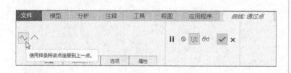

步骤 07 继续在绘图区域中单击如右上图所示的顶点位置。

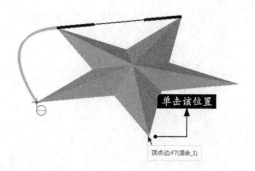

步骤 08 继续在绘图区域中单击如下图所示的顶点位置。

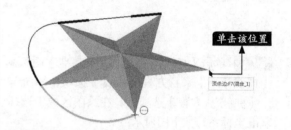

步骤 09 在【曲线:通过点】选项卡中单击 ∧ 按钮，如下图所示。

步骤 10 在【曲线:通过点】选项卡中单击 ✔ 按钮，效果如下图所示。

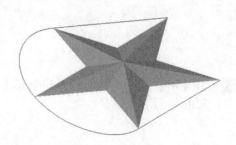

3.5 综合应用——创建蝶形曲线

 本节视频教程时间：2分钟

 本节利用【来自方程的曲线】的方式绘制蝶形曲线，具体操作步骤如下。

步骤 01 选择【文件】➤【新建】菜单命令，在弹出的【新建】对话框中选择【类型】分组框中的【零件】单选项，在【子类型】分组框中选择【实体】单选项，并输入文件的名称，然后单击【确定】按钮，如下页图所示。

步骤 05 系统弹出【方程】窗口，输入曲线方程为 "rho－12*t－theta＝360*t*6－phi＝ －360*t*12"，并单击【确定】按钮，如下图所示。

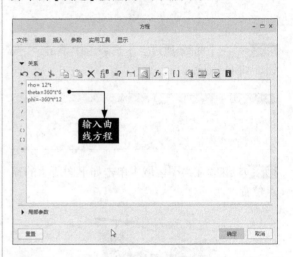

步骤 02 单击【模型】选项卡➤【基准】面板➤【曲线】➤【来自方程的曲线】选项，系统弹出【曲线:从方程】选项卡，在绘图区域中选择基准坐标系，如下图所示。

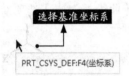

步骤 03 在【曲线:从方程】选项卡中选择坐标系类型为【球坐标】，如下图所示。

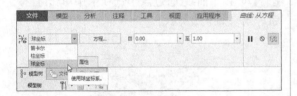

步骤 04 在【曲线:从方程】选项卡中单击【方程…】按钮，如下图所示。

步骤 06 在【曲线:从方程】选项卡中单击 ✔ 按钮，效果如下图所示。

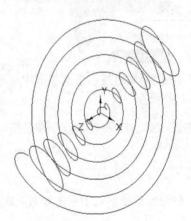

第 **4** 章

快速建模

本章主要讲解Creo Parametric 4.0的一些重要且常见的高级应用,例如使用图层来操作对象,或者创建定义特征库等。熟练、灵活地掌握这些高级应用可以极大地提高设计的效率。

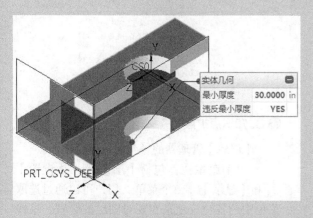

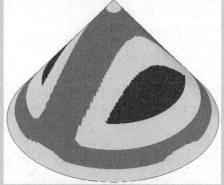

4.1 使用图层

📹 本节视频教程时间：21 分钟

在使用Creo Parametric 4.0进行复杂的产品设计时，一个令人烦恼的问题就是模型上的各种特征太多。在原本有限的设计界面中有过多的几何图元交错重叠，不仅会影响界面的整洁美观，还会给设计工作带来诸多的不便。

在设计的过程中用户除了采用实时基准特征外，常常还需要插入大量的基准曲线特征、曲面特征等作为设计参考。当设计工作完成后，这些插入特征也就没有什么意义了，但是它们作为许多特征的父特征是不能随便被删除的，因此需要有一种妥善的处理办法。

其实解决这个问题并不难，使用系统提供的图层管理方法就可以将不同的对象或特征放置到不同的图层中，图层及其上的各类特征既可以显示也可以隐藏，这种方法极大地方便了管理模型上各类特征的显示。图层在很多的应用软件中都已经得到了广泛的应用，相信用户对此已经有了一定的了解。

4.1.1 图层管理器

● 1. 功能常见调用方法

方法一：在Creo Parametric 4.0中单击导航栏【模型树】管理器的【显示】按钮，在弹出的下拉菜单中选择【层树】命令，如下图所示。

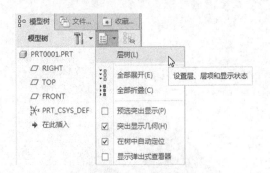

方法二：在Creo Parametric 4.0中单击【视图】选项卡中的【层】按钮，如下图所示。

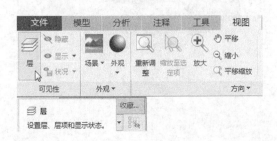

● 2. 系统提示

调用【层树】功能后【模型树】管理器将变成如下图所示的【层树】管理器。

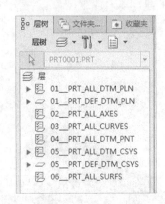

● 3. 知识点扩展

【层树】管理器的各个组成部分如下。

（1）菜单栏：包括【层】、【设置】和【显示】3个菜单，用户可以通过选取菜单中的各个选项来实现对图层的管理。这些菜单中的一些选项还可以通过单击鼠标右键，打开快捷菜单进行选择。

（2）激活对象分组框：用于选取将要进行图层管理的零件。一般情况下，系统默认将当前零件作为激活对象。

（3）树状图层信息表：这是显示图层信息的主要区域。随着【显示】菜单中所选命令的不同，其显示的内容也会随着变化。

菜单栏中各个菜单的用途如下。

● 【显示】菜单：该菜单用于显示位于不同级别的层（包括组件中的嵌套层和子模型层）中的模型树或项目的内容以及子菜单的内容。

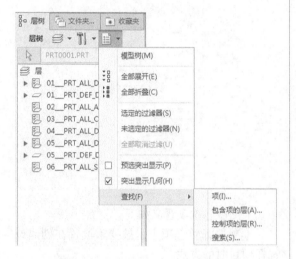

上图中各选项含义如下。

【模型树】：选择该命令可以切换到【模型树】管理器。

【全部展开】：选择该命令可以展开层树的全部分支。

【全部折叠】：选择该命令可以收缩层树的全部分支。

【选定的过滤器】：选择该命令，在树状图层信息表中会显示【选定的过滤器】的内容。

【未选定的过滤器】：选择该命令，在树状图层信息表中会显示【未选定的过滤器】的内容。

【突出显示几何】：在层树中选择了层项目时，在几何窗口中会将其加亮。

【查找】：该菜单用于查找与指定项目有关的图层，在使用中经常要用到其子菜单中的【搜索】命令。选中【搜索】命令后系统会弹出【搜索】对话框，如下图所示。在此对话框中可以方便地查找任何符合要求的图层。

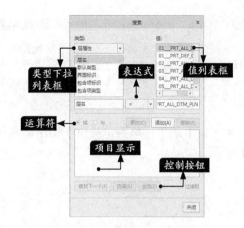

上图中各选项含义如下。

【类型】下拉列表框：在该下拉列表框中可以设定搜索的类型，包括【层属性】、【层状况】、【层所有者】、【项属性】和【项所有者】5种。

【项目】列表框：在该列表框中可以选取【类型】中的具体项目。

【值】列表框：在该列表框中可以选取项目的值，以组成查询表达式。

【表达式】列表框：由项目、运算符和项目值组成查询条件表达式，系统可以根据该表达式查询符合条件的项目。

【运算符】单选项：当查询条件多于两条时，必须使用关系运算符确定各个条件之间的关系。其中，【或】表示列出的两个条件满足一个即可；【与】表示列出的两个条件必须同时满足。

【项目显示】选项区：显示指定的查询条件表达式。

【控制按钮】：【更改】按钮用于修改指定表达式，【添加】按钮用于将设置的表达式添加到项目显示列表框中，【移除】按钮用于删除已有的表达式。

完成查询条件的设置后单击【查找下一个】按钮，系统开始搜索符合条件的项目。查找完成后单击【选择】按钮，可以在树状图层信息表中高亮度显示查询到的结果。单击【全选】按钮，则可高亮度显示所有选中的项目。

【过滤树】复选项：若选中该复选项，在找到所需项目后系统会自动地在【层】对话框的树状态图层信息表中去掉不符合要求的项目，仅显示查找的项目。

小提示

在使用图层时，有时会在多个图层中放置同一个项目，并且在不同的图层中将该项目设定为不同的显示状态。这样做并不会发生冲突，这些层就是控制项目的层。

• 【层】菜单：该菜单提供了图层的常用操作选项。

上图中各选项含义如下。

【新建层】：新建图层。

【重命名】：在所在模型中重命名选定层。

【层属性】：选中该菜单项会弹出【层属性】对话框，显示选定图层的属性。

【延伸规则】：在不具有此名称的层的子模型中创建具有同样名称和规则的层。

【删除层】：删除所选的图层。

【移除项】：将所选的项目从层中移除。

【移除所有项】：将所选层中的所有项目移除。

【剪切】：将层项目放在剪贴板上。

【复制】：将层项目的副本放在剪贴板上。

【粘贴】：将剪贴板中的层项目放到层中。

【层信息】：选中该菜单项会弹出【信息窗口】对话框，显示选定图层的相关信息。

• 【设置】菜单：该菜单用于设置在进行子模型定义时的方式，并且可以对相关的配置文件进行操作。其内容及各子菜单如下图所示。

上图中各选项含义如下。

【项选择首选项】：按要求设置在创建或选择项目时的方式。

【传播状况】：将对用户定义层的可视性更改应用到子层。

【设置文件】：对层信息文件进行操作。其中，【打开】命令用于打开层信息文件，【保存】命令用于将活动对象的层信息保存到文件，【编辑】命令用于修改活动对象的层信息，【显示】命令用于显示活动对象的层信息。单击【显示】菜单项会弹出如下图所示的【信息窗口】，从中可以查看并编辑图层的信息。

4.1.2 图层的基本操作

图层的主要用途是放置选定对象上的各类项目并管理这些项目。

1. 功能常见调用方法（新建图层）

方法一：在Creo Parametric 4.0中单击【层树】管理器中菜单栏的【层】按钮，在弹出的下拉菜单中选择【新建层】命令即可，如下左图所示。

方法二：在Creo Parametric 4.0中的【层树】管理器的图层信息表内单击鼠标右键，在系统弹出的快捷菜单中选择【新建层】命令即可，如下右图所示。

2. 系统提示（新建图层）

调用【新建层】功能后系统会弹出如下图所示的【层属性】对话框。

3. 知识点扩展（新建图层）

在【层树】管理器中选中【设置】▶【显示的层】命令，系统将显示默认的图层，【层树】管理器的树状图层信息表中将显示各个默认图层中放置的内容。下表列出了这些默认图层的用途。

默认图层名称	基本用途
01___PRT_ALL_DTM_PLN	放置零（组）件的全部基准平面特征
01___PRT_DEF_DTM_PLN	放置零（组）件上系统定义的基准平面
02___PRT_ALL_AXES	放置零（组）件的全部基准轴特征
03___PRT_ALL_CURVES	放置零（组）件的全部基准曲线特征
04___PRT_ALL_DTM_PNT	放置零（组）件的全部基准点特征
05___PRT_ALL_DTM_CSYS	放置零（组）件的全部坐标系
05___PRT_DEF_DTM_CSYS	放置零（组）件上系统定义的坐标系
06___PRT_ALL_SURFS	放置零（组）件的全部曲面平面

以下左图所示的实体特征为例，当在【层树】管理器中选择【显示】▶【全部展开】时，在树状图层信息表中将显示各个默认图层中放置的内容，单击相应层前面的 ▶ 符号也可以显示该层中的内容。全部展开的【层树】管理器如下页右图所示。

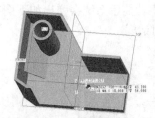

● 4. 功能常见调用方法（向图层中添加项目）

步骤01 在Creo Parametric 4.0【层树】管理器的树状图层信息表中选取准备添加项目的图层，然后在【层树】管理器的图层信息表内单击鼠标右键，在系统弹出的快捷菜单中选择【新建层】命令，如下左图所示，打开【层属性】对话框。

步骤02 在模型窗口中单击想要添加到该层的项目即可，如下右图所示。

● 6. 知识点扩展（向图层中添加项目）

为了方便添加项目到选定的图层中，还可以定义在当前层中选取项目的规则，将符合要求的项目一次全部添加到图层中。在【层属性】对话框的【规则】选项卡中单击【编辑规则】按钮，弹出【规则编辑器】对话框。在此对话框中选择搜索的方式，并选择想要查找的项目类型，如下图所示。

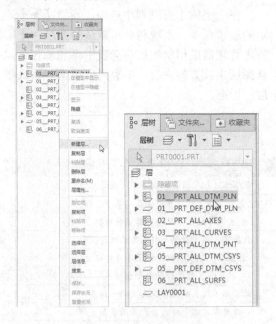

● 5. 系统提示（向图层中添加项目）

向图层中添加项目后，相应的项目会出现在【层属性】对话框的【项】列表框中，如右上图所示。

单击【预览结果】按钮，在对话框下方会弹出搜索结果，单击【确定】按钮，即可将搜索到的项目添加到选定的图层中，如下页图所示。

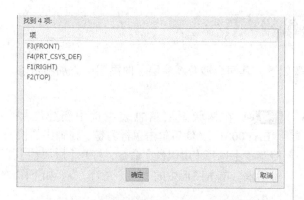

7. 功能常见调用方法（从图层中移除项目）

步骤 01 在Creo Parametric 4.0【层树】管理器的树状图层信息表中，在想要选取的图层上单击鼠标右键，在弹出的快捷菜单中选择【层属性】命令，如下左图所示。

步骤 02 在弹出的【层属性】对话框中选取要移除的项目后，单击 排除... 按钮，如下右图所示。

9. 功能常见调用方法（删除图层）

方法一：在Creo Parametric 4.0【层树】管理器中的树状图层信息表中选定要删除的层，然后选择【层】▶【删除层】命令，如下左图所示。

方法二：在Creo Parametric 4.0【层树】管理器中的树状图层信息表中，在要删除的图层名单上单击鼠标右键，然后在弹出的快捷菜单中选择【删除层】命令，如下右图所示。

8. 系统提示（从图层中移除项目）

从图层中移除项目后，该项目的状态就会变成 ━ ，表明该项目已从选定层中移除，如右上图所示。

10. 系统提示（删除图层）

选择【删除层】命令后，系统会弹出如下图所示的提示对话框。

4.1.3 实战演练——对图层进行编辑操作

本小节对图层进行编辑操作，具体操作步骤如下，其间会涉及新建层、向图层中添加项目、从图层中移除项目和复制图层中的项目等。

步骤01 打开随书资源中的"素材\CH04\图层编辑操作.prt"文件，如下图所示。

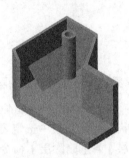

步骤02 单击【视图】选项卡中的【层】按钮，打开【层树】管理器，系统默认的图层均已在树状图层信息表中显示，如下图所示。

步骤03 选择【层树】管理器菜单栏的【层】▶【新建层】命令，弹出【层属性】对话框，如下图所示。在【层标识】文本框中输入"1"，然后单击【确定】按钮，得到新建图层"LAY0001"，同时该图层显示在管理器树状图层信息表中。

步骤04 在树状图层信息表中选中新建图层"LAY0001"，然后单击鼠标右键，在弹出的快捷菜单中选择【层属性】命令，打开【层属性】对话框。单击图形中的"F8（壳_1）"，如下图所示。

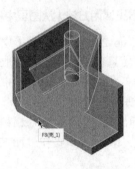

步骤05 【层属性】对话框的显示状态如下图所示。

步骤06 在【层属性】对话框中单击【确定】按钮，此时从下图所示的树状图层信息表中可以看出，新建图层"LAY0001"中已经加入实体特征。

步骤 07 在树状图层信息表中选中新建图层"LAY0001"下的项目"F8（壳_1）"，然后单击鼠标右键，在弹出的快捷菜单中选择【移除项】命令，如下图所示。

步骤 08 在弹出的【确认】对话框中单击【是】按钮，即可将图层"LAY0001"下的项目"F8（壳_1）"删除，如下图所示。

步骤 09 在树状图层信息表中选中图层"02_PRT_ALL_AXES"下的项目"F7（孔_1）"，然后单击鼠标右键，在弹出的快捷菜单中选择【复制项】命令，如下图所示。

步骤 10 在树状图层信息表中选中新建图层"LAY0001"，然后单击鼠标右键，在弹出的快捷菜单中选择【粘贴项】命令，如下图所示。

步骤 11 从下图所示的树状图层信息表中可以看出，图层中的项目已经完成复制，如下图所示。

步骤 12 选择【设置】➤【设置文件】➤【保存】命令，保存图层状态文件，如下图所示。

4.2 文件的输入与输出

本节视频教程时间：4分钟

随着CAD技术的高速发展，CAD软件的种类也日益增多。由于各种CAD软件在应用中各有其特长，因此有时需要综合使用多种软件来开发一个项目。

这样就会出现一个比较重要的问题，即如何在不同的CAD软件之间传输文件，包括将Creo Parametric 4.0的文件输出到其他的软件中，以及从其他的软件中引文件到Creo Parametric 4.0中。下面将讲解Creo Parametric 4.0和外界软件间如何传输文件。

4.2.1 文件输入

本小节讲解将其他类型的文件输入到Creo Parametric 4.0中的一般方法。

1. 功能常见调用方法

在Creo Parametric 4.0中选择【文件】➤【打开】菜单命令，系统会弹出下图所示的【文件打开】对话框，在其中选择合适的文件类型。

2. 系统提示

在【文件打开】对话框中选择合适的文件类型，选择相应的文件并单击【导入】按钮

后，系统会弹出【导入新模型】对话框，如下图所示。

3. 实战演练——输入AutoCAD文件

下面以AutoCAD文件为例来讲解在Creo Parametric 4.0中引入其他软件文件的方法，具体操作步骤如下。

步骤 01 选择【文件】➤【打开】菜单命令，系统弹出【文件打开】对话框，在【类型】下拉列表中选取文件类型"DWG（*.dwg）"，如下页图所示。

步骤 02 浏览到随书资源中的"素材\CH04\机械图形.dwg"文件，如下图所示。

步骤 03 在【文件打开】对话框中单击【导入】按钮，系统弹出【导入新模型】对话框，在该对话框中选中【草绘器】单选项，并采用原来提供的文件名称，如下图所示。

> **小提示**
>
> 【导入新模型】对话框提供了该文件在Creo Parametric 4.0下可以被转换的模型类型。对于CAD不同软件的文件而言，在导入Creo Parametric 4.0后可供转换的文件类型将不相同。

步骤 04 在【导入新模型】对话框中单击【确定】按钮，绘图区域如下图所示。

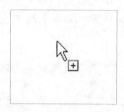

步骤 05 在绘图区域中需要放置模型的位置单击一下，模型显示出来后，系统会弹出【导入/绘图】选项卡，绘图区域如下图所示。

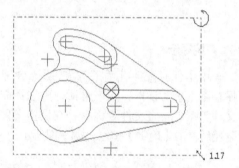

步骤 06 在【导入/绘图】选项卡中进行如下图所示的设置。

步骤 07 在【导入/绘图】选项卡中单击 ✔ 按钮，便可以利用Creo Parametric 4.0中的草绘功能对该图形进行编辑，绘图区域如下图所示。

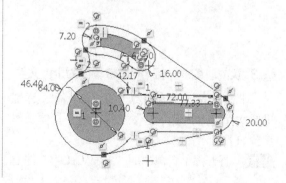

4.2.2 文件输出

在设计的过程中常常需要将Creo Parametric 4.0中的文件传输到其他的软件中做进一步的处理，这时就需要将文件输出。Creo Parametric 4.0提供了多种文件格式，可以将文件转换输出，以供其他的软件使用。

● 1. 功能常见调用方法

在Creo Parametric 4.0中选择【文件】➤【另存为】➤【保存副本】菜单命令，如下图所示。

● 2. 系统提示

调用【保存副本】命令后，系统会弹出【保存副本】对话框，在该对话框中选择需要的文件类型、指定文件名称，并在设置文件保存路径后单击【确定】按钮，如下图所示。

● 3. 实战演练——将.prt文件输出为.igs文件

下面以.prt文件输出为.igs文件为例，详细讲解文件输出在实际工作中的应用，具体操作步骤如下。

步骤 01 打开随书资源中的"素材\CH04\文件输出.prt"文件，如下图所示。

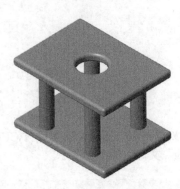

步骤 02 选择【文件】➤【另存为】➤【保存副本】菜单命令，系统会弹出【保存副本】对话框，在该对话框中选择文件类型为"IGES(*.igs)"，如下图所示。

步骤 03 在【保存副本】对话框中将文件名称指定为"0001"，并设置文件保存路径，然后单击【确定】按钮，文件类型转换完成，结果如下图所示。

0001.igs
IGS 文件
334 KB

4.3 创建和使用用户特征库

🔵 本节视频教程时间：18分钟

在对零件进行三维实体建模的过程中，常常需要创建具有固定外形的系列产品，如螺栓、齿轮等。这类零件的创建方法相似，尺寸参数值相当。为了更加简单、快捷地创建这类零件，可以使用用户定义特征库的方法。

4.3.1 创建特征库

创建用户定义特征库的主要步骤是创建一个原型特征作为模板，并在该特征上产生特征、尺寸等项目，然后通过加入项目操作将这些特征和尺寸设置为控制参数。适当地调整这些参数的数值，即可由模板特征生成多种形式的子特征。

◢ 1. 功能常见调用方法

在Creo Parametric 4.0中单击【工具】选项卡➤【实用工具】面板➤【UDF库】按钮，如下图所示。

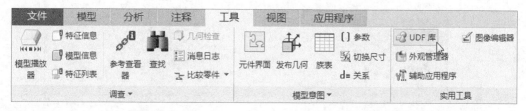

◢ 2. 系统提示

单击【UDF库】按钮后，系统会弹出UDF菜单管理器，如下图所示。

◢ 3. 实战演练——创建用户定义特征库

下面通过一个具体的实例讲解创建特征库的基本步骤，同时讲解相关菜单选项的含义及使用方法。

（1）选择特征。

步骤01 打开随书资源中的"素材\CH04\创建特

征库.prt"文件，如下图所示。

步骤02 单击【工具】选项卡➤【实用工具】面板➤【UDF库】按钮，系统会弹出UDF菜单管理器，从中选择【创建】命令，如下图所示。

步骤 03 系统会弹出如下图所示的提示对话框，按照系统的提示输入UDF的名称，在这里输入"features"。

步骤 04 单击 ✓ 按钮系统会弹出【UDF选项】菜单，该菜单中有【独立】和【从属的】两个命令。选择【独立】命令后，该定义特征可以独立使用；若选择【从属的】命令，该特征使用时必须从属于别的特征。在这里选择【独立】命令，如下图所示。

步骤 05 单击【完成】命令，系统会弹出如下图所示的【确认】对话框，询问用户是否包括参照零件。如果单击【是】按钮，那么以后在使用该UDF特征时，系统会使用单独的窗口显示模板特征的原始状态，这样有助于对照模板特征上的尺寸标注来设置新创建特征的尺寸参数。

步骤 06 单击【是】按钮，系统会提示加入特征。在【UDF特征】菜单中选择【添加】命令，在【选择特征】菜单中选择【选择】命令，如右上图所示。

步骤 07 配合按住【Ctrl】键在【模型树】管理器中选取模板特征中全部的4个特征，如下图所示。然后在【选择特征】菜单中选择【完成】命令。

步骤 08 如果需要删除某些特征，则可以在如下图所示的【UDF特征】菜单中选择【移除】命令。选择【显示】命令可以将选中的特征加亮显示。这里在【UDF特征】菜单中直接选择【完成/返回】命令即可。

（2）保存特征到库。

步骤 01 系统提示指定"以参考颜色为特征（曲

线）输入提示"，单击 ✓ 按钮，如下图所示。

步骤 02 系统提示指定"以参考颜色为曲面输入提示"，单击 ✓ 按钮，如下图所示。

步骤 03 系统会弹出下图所示的【提示】菜单，选择【完成/返回】命令，如下图所示。

步骤 04 系统提示指定"以参考颜色为曲面输入提示"，单击 ✓ 按钮，如下图所示。

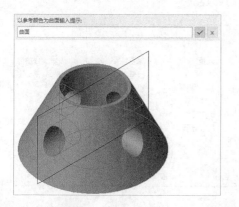

步骤 05 重复**步骤 03**的操作，在【提示】菜单中选择【完成/返回】命令，之后系统会提示指定"以参考颜色为曲面输入提示"，单击 ✓ 按钮，如下图所示。

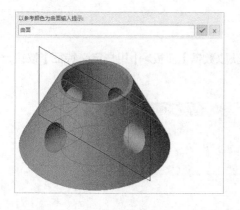

步骤 06 重复**步骤 03**的操作，在【提示】菜单中选择【完成/返回】命令，之后系统会提示指定"以参考颜色为曲面输入提示"，输入相应的文字，单击 ✓ 按钮，如下图所示。

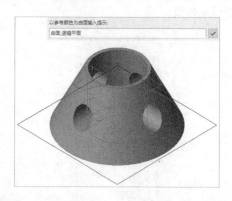

步骤 07 系统将弹出，如下图所示的【修改提示】菜单，用于修改某个参照提示。在【修改提示】菜单中选择【下一个】命令或【先前】命令可以决定修改提示的位置，在【提示设置】菜单中选择【输入提示】命令可以修改提示，完成提示修改后选择【完成/返回】命令。至此，必选项目的设置已经完成，下面进行可选项目的设置。

步骤 08 在如下图所示的对话框中选择【可变尺寸】，然后单击【定义】按钮。

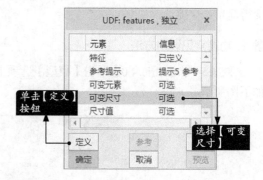

步骤 09 在【可变尺寸】菜单中选择【添加】

命令，在【添加尺寸】菜单中选择【全选】命令，如下图所示。若选择【选择尺寸】命令，则可依次选择需要的尺寸。这些选择的尺寸为可变尺寸，在使用UDF特征创建新特征时可以重新设定数值。

步骤 12 绘图区域中实体特征如下图所示。

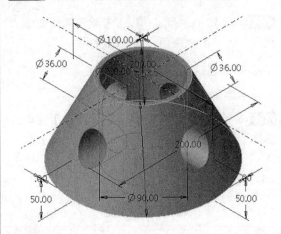

步骤 10 在【添加尺寸】菜单中选择【完成/返回】命令，然后在【可变尺寸】菜单中选择【完成/返回】命令，系统会弹出"输入尺寸值的提示"，在输入框中输入"请输入尺寸数值"，并单击 ✓ 按钮，如下图所示。

步骤 11 系统会弹出"输入尺寸值的提示"，在输入框中输入"请输入尺寸数值"，并单击 ✓ 按钮，如下图所示。重复这一操作，为所有尺寸指定尺寸值的提示。

步骤 13 单击左下图所示对话框中的【确定】按钮。返回UDF菜单管理器，选择【完成/返回】命令，如右下图所示。至此，便完成了UDF特征的创建。

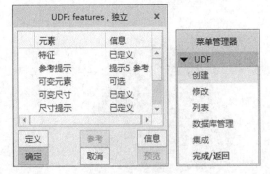

4.3.2 使用特征库

成功地创建特征库后，就可以使用该特征库来创建实体特征了。这样可以使特征的创建过程变得简单、快捷。

1. 功能常见调用方法

在Creo Parametric 4.0中单击【模型】选项卡▶【获取数据】面板▶【用户定义特征】按钮 ，如下图所示。

2. 系统提示

单击【用户定义特征】按钮后，系统会弹出【打开】对话框，如下图所示。

3. 知识点扩展

对于从属 UDF，在【打开】对话框中可以单击【预览】按钮来预览选取的 .gph 文件的参照模型。

4. 实战演练——使用UDF特征创建实体特征

使用第4.3.1小节创建的UDF特征创建实体特征，具体操作步骤如下。

步骤 01 打开随书资源中的 "素材\CH04\特征库的使用.prt" 文件，如下图所示。

步骤 02 单击【模型】选项卡➤【获取数据】面板➤【用户定义特征】按钮，系统弹出【打开】对话框，如下图所示。

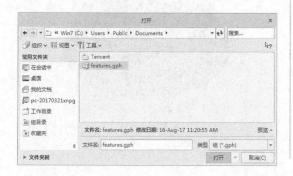

步骤 03 选择第4.3.1小节创建的 "features.gph" 文件，然后单击【打开】按钮，系统弹出【插入用户定义的特征】对话框，如下图所示。

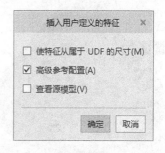

步骤 04 单击【确定】按钮，系统弹出【用户定义的特征放置】对话框，选择【放置】选项卡，如下图所示。其中【原始特征的参考】区域共有5项，下面将分别对它们进行定义。

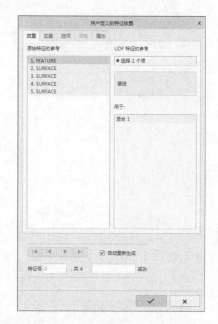

步骤 05 定义 "1.FEATURE"。在【模型树】管理器中单击选择【草绘1】，如下图所示。

步骤 06 定义 "2.SURFACE"。在绘图区域中单击选择 "曲面:F7（混合_1）"，如下图所示。

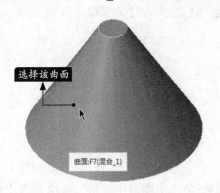

选择该曲面

曲面:F7(混合_1)

步骤 07 定义 "3.SURFACE"。在【模型树】管理器中单击选择【RIGHT】基准平面，如下图所示。

步骤 08 定义 "4.SURFACE"。在【模型树】管理器中单击选择【FRONT】基准平面，如下图所示。

步骤 09 定义 "5.SURFACE"。在【模型树】管理器中单击选择【TOP】基准平面，如下图所示。

步骤 10 在【用户定义的特征放置】对话框中切换到【变量】选项卡，并进行相关参数的设置，如下图所示。

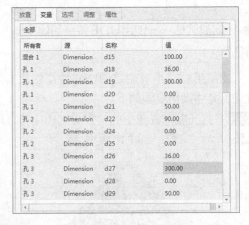

所有者	源	名称	值
混合 1	Dimension	d15	100.00
孔 1	Dimension	d18	36.00
孔 1	Dimension	d19	300.00
孔 1	Dimension	d20	0.00
孔 1	Dimension	d21	50.00
孔 2	Dimension	d22	90.00
孔 2	Dimension	d24	0.00
孔 2	Dimension	d25	0.00
孔 3	Dimension	d26	36.00
孔 3	Dimension	d27	300.00
孔 3	Dimension	d28	0.00
孔 3	Dimension	d29	50.00

步骤 11 在【用户定义的特征放置】对话框中单击 ✔ 按钮，结果如下图所示。

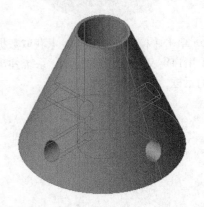

4.4 特征分析工具

🌐 **本节视频教程时间：24 分钟**

由于CAD技术的高速发展，使用三维建模方法创建的实体模型已经不仅仅是一个由点、线、面组成的简单几何图形，模型中还包含了丰富的信息。

本节讲解怎样使用Creo Parametric 4.0 中的分析工具获取模型上丰富的特征信息，如实体的体积、密度、组件中元件之间的间隙及干涉量等。根据这些模型信息，设计者可以重新调整设计的方案，以便获得准确而又完善的设计结果。

4.4.1 模型测量工具

很多时候用户需要知道模型的准确尺寸参数。例如在设计可进行装配的两个零件时，经常需要由一个零件的尺寸来设计另一个零件，这时就需要知道零件的准确尺寸。

● 1. 功能常见调用方法

在Creo Parametric 4.0中单击【分析】选项卡▶【测量】面板▶【测量】按钮 ✎，在下拉菜单中选择一个需要的选项即可，如下图所示。

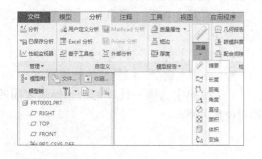

● 2. 系统提示

选择【长度】选项后，系统会弹出【测量：长度】对话框，如下图所示。

选择【距离】选项后，系统会弹出【测量：距离】对话框，如下图所示。

选择【角度】选项后，系统会弹出【测量：角度】对话框，如下图所示。

选择【直径】选项后，系统会弹出【测量：直径】对话框，如下页图所示。

选择【面积】选项后，系统会弹出【测量：面积】对话框，如下图所示。

选择【体积】选项后，系统会弹出【测量：体积】对话框，如下图所示。

选择【变换】选项后，系统会弹出【测量：变换】对话框，如下图所示。

3. 知识点扩展

【测量】下拉菜单中各选项含义如下。

• 【长度】选项：测量曲线段的长度。

• 【距离】选项：测量选定的两个对象之间的距离参数。

• 【角度】选项：测量曲线、实体边、基准平面、坐标轴之间的夹角。

• 【直径】选项：测量曲面上选定点处的直径大小。

• 【面积】选项：计算曲面的面积。

• 【体积】选项：测量实体的体积。

• 【变换】选项：计算两个坐标系之间的相对位置关系。

4.4.2 实战演练——对模型进行测量操作

本小节分别利用模型测量的各种功能对模型进行测量操作，具体操作步骤如下。

步骤 01 打开随书资源中的 "素材\CH04\模型测量工具.prt" 文件，如下图所示。

步骤 02 单击【分析】选项卡▶【测量】面板▶【测量】按钮的下拉三角箭头 ▼，选择【长度】选项，系统弹出【测量:长度】对话框，在绘图区域中选择 "边:F6（拉伸_1）"，如下页图所示。

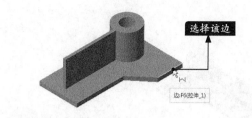

选择该边

边:F6(拉伸_1)

步骤 03 测量结果如下图所示。

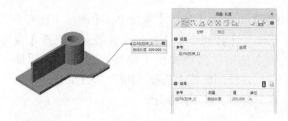

步骤 04 单击【分析】选项卡➤【测量】面板➤【测量】按钮 的下拉三角箭头 ，选择【距离】选项，系统弹出【测量：距离】对话框后，在绘图区域中配合按住【Ctrl】键选择如下图所示的两个顶点。

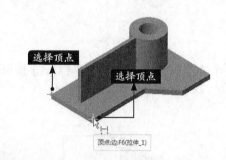

选择顶点
选择顶点

顶点:边:F6(拉伸_1)

步骤 05 测量结果如下图所示。

步骤 06 单击【分析】选项卡➤【测量】面板➤【测量】按钮 的下拉三角箭头 ，选择【角度】选项，系统弹出【测量：角度】对话框后，在绘图区域中选择"边:F6（拉伸_1）"，

如下图所示。

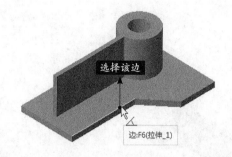

选择该边

边:F6(拉伸_1)

步骤 07 在绘图区域中配合按住【Ctrl】键选择"边:F6（拉伸_1）"，如下图所示。

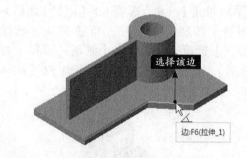

选择该边

边:F6(拉伸_1)

步骤 08 测量结果如下图所示。

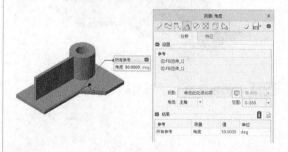

步骤 09 单击【分析】选项卡➤【测量】面板➤【测量】按钮 的下拉三角箭头 ，选择【直径】选项，系统弹出【测量：直径】对话框后，在绘图区域中选择"边:F8（拉伸_2）"，如下图所示。

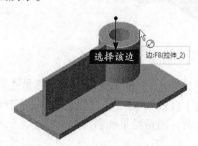

选择该边
边:F8(拉伸_2)

步骤10 测量结果如下图所示。

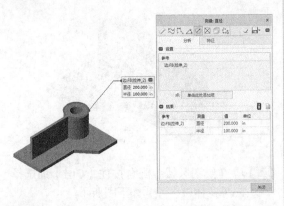

步骤11 单击【分析】选项卡➤【测量】面板➤【测量】按钮 的下拉三角箭头 ，选择【面积】选项，系统弹出【测量：面积】对话框后，在绘图区域中选择"曲面:F6（拉伸_1）"，如下图所示。

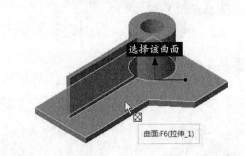

步骤12 测量结果如下图所示。

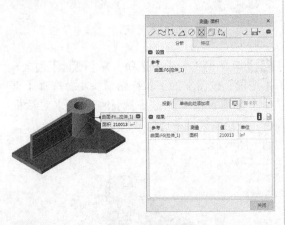

步骤13 单击【分析】选项卡➤【测量】面板➤【测量】按钮 的下拉三角箭头 ，选择【体积】选项，测量结果如右上图所示。

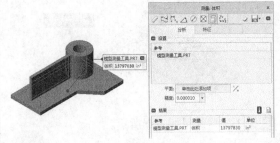

步骤14 单击【分析】选项卡➤【测量】面板➤【测量】按钮 的下拉三角箭头 ，选择【变换】选项，系统弹出【测量：变换】对话框后，在绘图区域中选择"PRT_CSYS_DEF"基准坐标系，如下图所示。

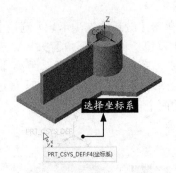

步骤15 在绘图区域中配合按住【Ctrl】键选择"CS0"基准坐标系，如下图所示。

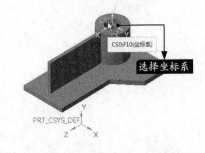

步骤16 测量结果如下图所示。

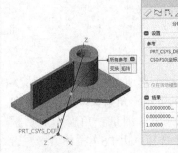

4.4.3 模型分析工具

模型分析工具是获取模型的质量、体积、组件之间的间隙等参数,以及干涉情况的重要工具。

● 1. 功能常见调用方法(质量属性)

在Creo Parametric 4.0中单击【分析】选项卡➤【模型报告】面板➤【质量属性】➤【质量属性】选项 🖾 ,如下图所示。

● 2. 系统提示(质量属性)

调用【质量属性】功能后,系统会弹出【质量属性】对话框,如下图所示。

● 3. 知识点扩展(质量属性)

该功能用于计算模型的质量、表面体积和重心位置等参数。

● 4. 功能常见调用方法(横截面质量属性)

在Creo Parametric 4.0中单击【分析】选项卡➤【模型报告】面板➤【质量属性】➤【横截面质量属性】选项 🖾 ,如下图所示。

● 5. 系统提示(横截面质量属性)

调用【横截面质量属性】功能后,系统会弹出【横截面属性】对话框,如下图所示。

● 6. 知识点扩展(横截面质量属性)

该功能用于计算剖截面的表面积、重心位置及惯量等参数。

● 7. 功能常见调用方法(短边)

在Creo Parametric 4.0中单击【分析】选项卡➤【模型报告】面板➤【短边】按钮 🖾 ,如下图所示。

● 8. 系统提示(短边)

调用【短边】功能后,系统会弹出【短边】对话框,如下页图所示。

9. 知识点扩展（短边）

该功能用于寻找一个模型中最短的实体边。

10. 功能常见调用方法（厚度）

在Creo Parametric 4.0中单击【分析】选项卡➤【模型报告】面板➤【厚度】按钮，如下图所示。

11. 系统提示（厚度）

调用【厚度】功能后，系统会弹出【测量：3D深度】对话框，如下图所示。

12. 知识点扩展（厚度）

该功能用于对模型进行厚度分析，计算选定截面上模型厚度的数值是否在许可的范围内。

13. 功能常见调用方法（配合间隙）

在Creo Parametric 4.0中单击【分析】选项卡➤【检查几何】面板➤【配合间隙】按钮，如下图所示。

14. 系统提示（配合间隙）

调用【配合间隙】功能后，系统会弹出【配合间隙】对话框，如下图所示。

15. 知识点扩展（配合间隙）

该功能用于计算两个物体之间的间隙。

16. 功能常见调用方法（边类型）

在Creo Parametric 4.0中单击【分析】选项卡➤【检查几何】面板➤【几何报告】按钮，然后选择【边类型】选项，如下图所示。

17. 系统提示（边类型）

调用【边类型】功能后，系统会弹出【边类型】对话框，如下页图所示。

18. 知识点扩展（边类型）

该功能用于显示选取的实体边的类型，如圆弧、样条曲线等。

4.4.4 实战演练——对模型进行分析操作

本小节分别利用各种模型分析工具对模型进行分析操作，具体操作步骤如下。

步骤 01 打开随书资源中的"素材\CH04\模型分析工具.prt"文件，如下图所示。

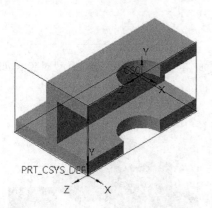

步骤 02 单击【分析】选项卡▶【模型报告】面板▶【质量属性】▶【质量属性】选项 🍥，系统弹出【质量属性】对话框后，在绘图区域中选择"CS0"基准坐标系，如下图所示。

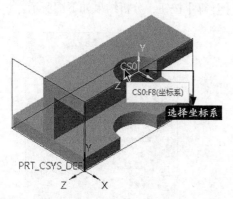

步骤 03 质量属性分析结果将会显示在如下图所示的【质量属性】对话框中。当使用模型质量分析工具时，可以设置模型密度，在【质量属性】对话框的【密度】文本框中输入新的密度数值。

步骤 04 单击【分析】选项卡▶【模型报告】面板▶【质量属性】▶【横截面质量属性】选项 ⌀，系统弹出【横截面属性】对话框后，选择【分析】选项卡，并单击【名称】栏的下拉三角箭头，选择【XSEC0001】选项，如下图所示。

步骤 05 横截面质量属性分析结果将会显示在【横截面属性】对话框中。在该对话框中可以全面地分析"XSEC0001"剖截面的表面积、重心位置及惯量等参数，如下图所示。

小提示

除了可以直接在模型上选取已经创建的剖截面外，还可以选取与模型相交的基准平面来临时创建剖截面。

步骤 06 单击【分析】选项卡➤【模型报告】面板➤【短边】按钮，系统弹出【短边】对话框后可以找出模型上尺寸最小的实体边，分析结果将会显示在【短边】对话框的【长度】文本框中，如下图所示。

步骤 07 单击【分析】选项卡➤【模型报告】面板➤【厚度】按钮，系统弹出【测量：3D深度】对话框，利用该对话框可以确认所选择参考项的厚度是不是在设定的厚度数值范围内。可以对该对话框中的【值】进行相关设置，如右上图所示。

步骤 08 在绘图区域中选择模型对象，如下图所示。

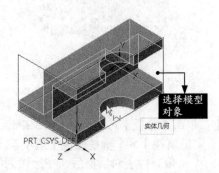

步骤 09 在【测量：3D深度】对话框中单击【计算】按钮，分析结果如下图所示。

步骤⑩ 绘图区域中的模型显示结果如下图所示。

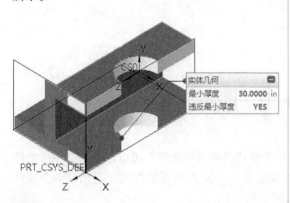

步骤⑪ 单击【分析】选项卡➤【检查几何】面板➤【配合间隙】按钮，系统弹出【配合间隙】对话框，选择【分析】选项卡，单击【自】分组框中的【选择项】文字，然后选择曲面1，如下图所示。

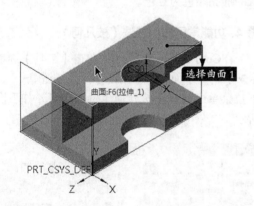

步骤⑫ 继续在【配合间隙】对话框中单击【至】分组框中的【选择项】文字，然后选择曲面2，如下图所示。

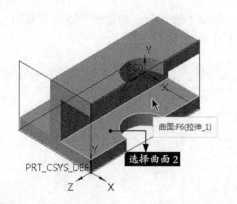

步骤⑬ 系统完成计算后还会在模型图上标识出间隙最小的点，如下图所示。

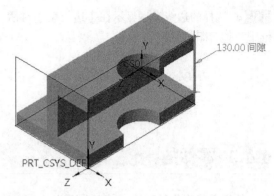

步骤⑭ 测量后的结果显示在【配合间隙】对话框中，如下图所示。

步骤⑮ 单击【分析】选项卡➤【检查几何】面板➤【几何报告】按钮，然后选择【边类型】选项，系统弹出【边类型】对话框，用户可以在绘图区域中选择实体边线的类型，例如直线、圆弧及样条曲线等。在这里选择实体模型上面的圆弧边线，如下图所示。

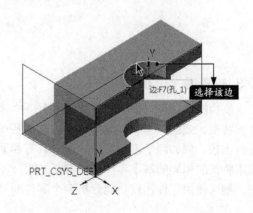

步骤⑯ 选择的边线类型显示在【边类型】对话框中，如右图所示。

4.4.5 零件的比较

使用系统提供的零件比较工具可以比较两个零件的共同及差异之处。可以比较两个零件文件或一个零件文件的两个不同版本，获得两个零件或版本间不同点的图形报表。在比较两个零件时，可以按照特征和几何形状两种方式进行比较。

● 1. 功能常见调用方法（按特征）

在Creo Parametric 4.0中单击【工具】选项卡➤【调查】面板➤【比较零件】按钮 ，在下拉菜单中选择【按特征】选项，如下图所示。

● 2. 系统提示（按特征）

调用【按特征】功能后，系统会弹出【打开】对话框，如下图所示。

● 3. 知识点扩展（按特征）

该功能可以将一个零件的特征与另一个零件的特征，或同一个零件的另一个版本的特征进行比较。例如两个零件文件均包含具有相同基本特征的相同的基本零件，但特征的尺寸不同，则可使用零件比较功能分析两个零件间尺寸的差异。已修改的特征列表及仅存在于零件文件之间的任何特征将显示在零件比较对话框中。Creo Parametric 4.0还显示第二个零件在第一个零件上的叠加，并加亮被比较的特征。默认的加亮颜色为红色。

● 4. 功能常见调用方法（按几何）

在Creo Parametric 4.0中单击【工具】选项卡➤【调查】面板➤【比较零件】按钮 ，在下拉菜单中选择【按几何】选项即可，如下图所示。

● 5. 系统提示（按几何）

调用【按几何】功能后，系统会弹出【打开】对话框，如下图所示。

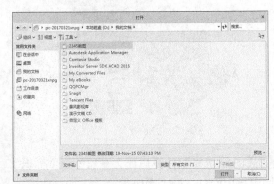

6. 知识点扩展（按几何）

该功能可以测量一个零件与另一个零件之间的几何偏差。在这种情况下，Creo Parametric 4.0生成第1个零件的几何分析，然后将其叠加到第2个零件上并与第2个零件对齐。之后，系统生成两个零件间偏差的着色显示，并在图形窗口中显示它。

调用【按几何】功能后系统会弹出【打开】对话框，在此对话框中选中想要用来进行比较的第2个零件，系统会弹出【比较几何】对话框，如下图所示，从中设置【测量间距】和【公差】两个参数。

上图中【测量间距】和【公差】两个参数的含义如下。

● 【测量间距】：设置零件比较时在第2个零件上选取的测量点之间的间距。该数值越小计算的结果越准确，但运算的时间也越长。对于不同的模型，允许设定的【测量间距】的取值范围也不同。当输入的数值不在该范围内时，系统会给出正确的范围提示。

● 【公差】：设置零件比较精度的参数，设定公差范围内的大小误差将被忽略。公差越小，比较的结果越精确，但运算的时间也越长。对于不同的模型，当设置的公差数值超出许可的范围时，系统将给出正确的范围提示。

零件比较完成后，系统会以不同的颜色显示比较的结果，如下图所示。一般使用3种颜色表示3种不同的结果：红色表示正差，即在第1个零件上存在，而在第2个零件上不存在的部分；绿色表示两个零件上都具有的部分，即认为没有差别的部分；蓝色表示负差，即在第1个零件上不存在，而在第2个零件上存在的部分。比较的结果首先以定义的公差范围为前提。

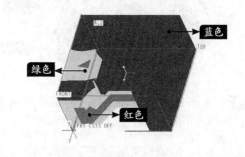

4.4.6 实战演练——比较两个零件的不同

本小节利用【按几何】方式比较零件，具体操作步骤如下。比较过程中会对【比较几何】对话框中的参数进行多次设置，以表示不同参数设置下零件比较结果的不同。

步骤 01 打开随书资源中的"素材\CH04\零件1.prt"文件，如下图所示。

步骤 02 单击【工具】选项卡▶【调查】面板▶【比较零件】按钮，在下拉菜单中选择【按

几何】选项，系统弹出【打开】对话框后，在该对话框中选择"素材\CH04\零件2.prt"文件，并单击【打开】按钮，如下图所示。

步骤 03 系统弹出【比较几何】对话框，在该对话框中设置基本参数，然后单击【应用】按钮，如下图所示。

步骤 04 系统计算并显示出比较结果，如下图所示。显然，这里设置的参数比较粗略，虽然运算的速度很快，但是比较的精度不高。

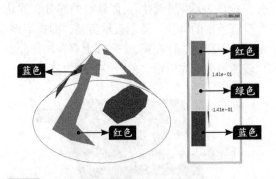

步骤 05 重新设置【比较几何】对话框中的参数，并单击【应用】按钮，如下图所示。

步骤 06 修改【比较几何】对话框中参数后的比较结果如下图所示。显然，本次比较的精度提高了，但运算的时间也相应地加长了。

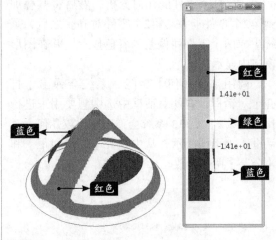

步骤 07 如果取消选中【仅显示已更改的区域】复选项，则比较的结果如下图所示。

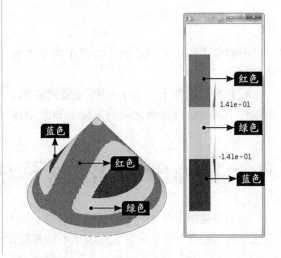

4.5 综合应用——输入CAD文件并对其进行测量、分析

🔘 本节视频教程时间：7分钟

本节对AutoCAD文件的导入功能及Creo Parametric 4.0的模型测量、分析功能进行综合应用，以便对导入的AutoCAD模型文件的参数进行详细了解。对该模型的测量及分析需要根据实际需求灵活运用。具体操作步骤如下。

步骤 01 选择【文件】▶【新建】菜单命令，在弹出的【新建】对话框中选择【类型】分组框中的【零件】单选项，在【子类型】分组框中选择【实体】单选项，并输入文件的名称"机械图形2"，然后单击【确定】按钮，如下页图所示。

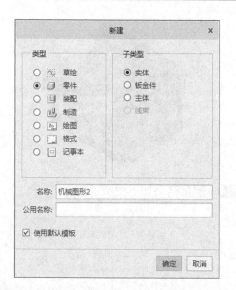

步骤 02 单击【模型】选项卡➤【基准】面板➤
【草绘】按钮，系统弹出【草绘】对话框
后，在【模型树】管理器中单击"FRONT"基
准平面，如下图所示。

步骤 03 【草绘】对话框显示状态如下图所示，
在该对话框中单击【草绘】按钮。

步骤 04 系统弹出【草绘】选项卡后，单击该
选项卡中【获取数据】面板中的【文件系统】

按钮，系统弹出【打开】对话框后，在【类
型】下拉列表中选择"DWG（*.dwg）"选
项，如下图所示。

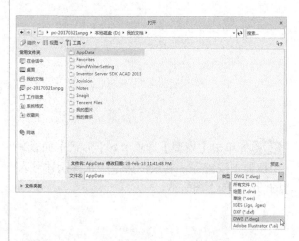

步骤 05 浏览到随书资源中的"素材\CH04\机械
图形2.dwg"文件，选中它并单击【打开】对话
框中的【导入】按钮，绘图区域如下图所示。

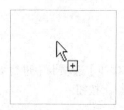

步骤 06 在绘图区域中需要放置模型的位置单击
一下，模型显示出来后，系统会弹出【导入/绘
图】选项卡，绘图区域如下图所示。

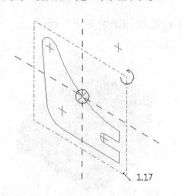

1.17

步骤 07 在【导入/绘图】选项卡中进行如下图
所示的设置。

步骤 08 在【导入/绘图】选项卡中单击 ✔ 按

钮，系统返回【草绘】选项卡后，单击 ✔ 按钮，绘图区域如下图所示。

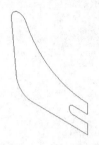

步骤⑨ 单击【模型】选项卡➤【形状】面板➤【拉伸】按钮 ，在绘图区域中选择刚才导入的图形，如下图所示。

F5(草绘_1)

步骤⑩ 在【拉伸】选项卡中进行如下图所示的设置，并单击 ✔ 按钮。

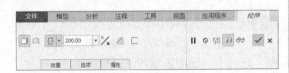

步骤⑪ 特征拉伸结果如下图所示。

步骤⑫ 单击【分析】选项卡➤【测量】面板➤【测量】按钮 的下拉三角箭头 ▼，选择【面积】选项，系统弹出【测量：面积】对话框后，在绘图区域中选择"曲面:F6（拉伸_1）"，如右上图所示。

选择该曲面

曲面:F6(拉伸_1)

步骤⑬ 测量结果如下图所示。

步骤⑭ 单击【分析】选项卡➤【测量】面板➤【测量】按钮 的下拉三角箭头 ▼，选择【体积】选项，测量结果如下图所示。

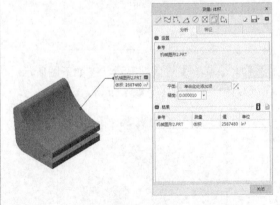

步骤⑮ 单击【分析】选项卡➤【模型报告】面板➤【短边】按钮 ，系统弹出【短边】对话框后可以找出模型上尺寸最小的实体边，分析结果将会显示在【短边】对话框的【长度】文本框中，如下页图所示。

步骤⑯ 单击【分析】选项卡➤【模型报告】面板➤【厚度】按钮🔩，系统弹出【测量：3D深度】对话框后，利用该对话框可以确认所选择的参考项的厚度是不是在设定的厚度数值范围内。可以对该对话框中的【值】进行相关设置，如下图所示。

步骤⑰ 在绘图区域中选择模型对象，如下图所示。

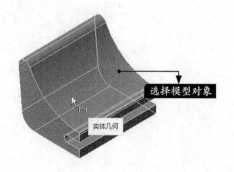

步骤⑱ 在【测量：3D深度】对话框中单击【计算】按钮，该对话框中的分析结果如下图所示。

步骤⑲ 绘图区域中的模型显示结果如下图所示。

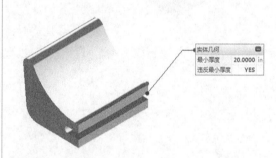

步骤⑳ 单击【分析】选项卡➤【检查几何】面板➤【配合间隙】按钮🔩，系统弹出【配合间隙】对话框后，选择【分析】选项卡，单击【自】分组框中的【选择项】文字，然后选择曲面，如下图所示。

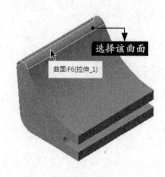

步骤 21 继续在【配合间隙】对话框中单击【至】分组框中的【选择项】文字，然后选择边，如下图所示。

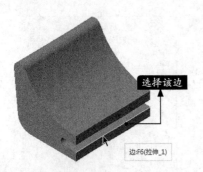

选择该边

边:F6(拉伸_1)

步骤 22 系统完成计算后还会在模型图上标识出最小的间隙，如下图所示。

174.77 间隙

步骤 23 测量后的结果显示在【配合间隙】对话框中，如下图所示。

第5章

2D草绘环境

学习目标

本章主要讲解Creo Parametric 4.0中的2D草绘环境。在学习的过程中应重点掌握进入草绘模式的不同方式及各种约束的运用技巧，以便于实现2D草绘环境的灵活应用。

学习效果

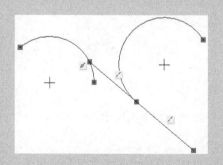
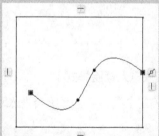
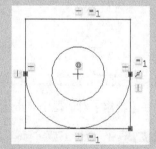

5.1 认识草绘环境

本节视频教程时间：8分钟

本节主要对草绘时的界面环境做简单的介绍，以便用户了解此环境下的功能及基本视图的操作。进入草绘模式后系统会自动启动【视图管理器】，让用户能够动态地标注和约束几何。草绘模式可以快速地创建2D图形，进而产生3D特征，从而提高绘图的效率。

5.1.1 进入草绘模式的方式

草绘就是二维平面图形的绘制。在三维实体建模中，二维平面草绘图形是最基础，也是最关键的设计步骤。绝大部分的三维模型是通过对二维平面的一系列编辑操作而得到的。只有正确地绘制出系统需要的二维草绘剖面图，三维实体模型才能成功地创建。进入草绘模式的方法通常有两种，一种是通过【草绘】模块进入草绘模式，还有一种是在3D零件设计模块中进入草绘环境。

1. 功能常见调用方法（通过【草绘】模块进入草绘模式）

在Creo Parametric 4.0中选择【文件】▶【新建】菜单命令，如下左图所示。系统弹出【新建】对话框后，在【类型】分组框中选择【草绘】单选项，可以定义草绘文件名称，如下右图所示。

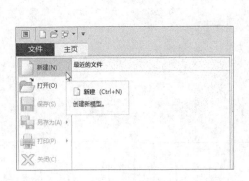 

2. 系统提示（通过【草绘】模块进入草绘模式）

在【新建】对话框中单击【确定】按钮后，系统会进入草绘模式，如下图所示。

● 3. 功能常见调用方法（在3D零件设计模块中进入草绘模式）

在Creo Parametric 4.0的零件设计模式中单击【模型】选项卡➤【基准】面板➤【草绘】按钮，如下左图所示。系统弹出【草绘】对话框后，用户需要指定草绘平面及草绘方向，如下右图所示。

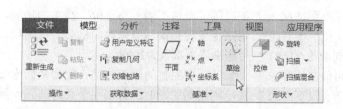

● 4. 系统提示（在3D零件设计模块中进入草绘模式）

在【草绘】对话框中单击【草绘】按钮后，系统会进入草绘模式，如下图所示。

● 5. 知识点扩展

在创建草绘特征时，选择需要操作的草绘特征命令后，一般可以进入草绘模式进行图形的草绘操作。例如【拉伸】命令，单击左上方特征操作面板中的【放置】按钮，在弹出的下滑面板中单击【草绘】下方的【定义…】按钮，如下左图所示。系统弹出【草绘】对话框后，用户需要指定草绘平面及草绘方向，如下右图所示。单击【草绘】对话框中的【草绘】按钮后，系统即可进入草绘模式。

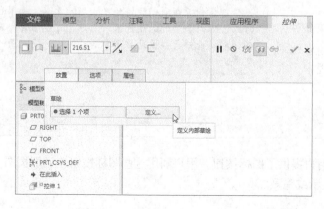

5.1.2 视图管理器

视图管理器在功能上可称为智能型草绘视图引导模式，它能在创建2D草绘图形的同时实时显示各种可利用的约束条件，并自动标注完整的尺寸，从而提高2D草绘的效率。

进入2D草绘环境时，系统会自动地启动默认的视图管理器模式，用户可以利用此模式进行2D草绘工作。

启动视图管理器模式有以下多种优点。

（1）自动判断用户可能选择的绘图情况。例如用户在绘制多条直线时，在确定第二条直线的起始点后，任意地移动鼠标指针到准备点选的终止点上，系统会自动地判断用户可能选择哪一种情况，如水平、垂直、互相平行等。以下面的两条直线为例，图中下方中央点为起始点，带虚线的箭头方向为鼠标指针移动方向。

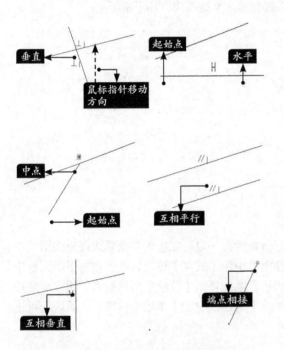

（2）对于视图管理器所给出的约束条件，用户可以随时增加、停止使用或删除，以达到实际设计的意图。例如，在草绘的过程中，系统提供了撤销（↶）与重做（↷）的功能，让用户在发现错误后有修改的机会。系统默认的可撤销修改次数为200次。

以一个完整的剖面为例，使用鼠标连续点选绘制剖面图形时，每当一个几何图元绘制完成后，系统就会立即显示出约束符号，且加上完整的尺寸标注。此时尺寸标注以灰色呈现（处于不活动状态）。

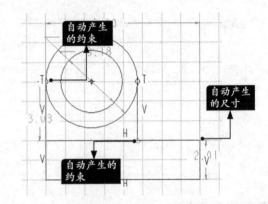

总之，视图管理器的主要优点是通过锁点、水平、垂直、平行和对齐等方式提供实时动态的约束条件，以让用户参考选用，且在几何图元创建后能自动地加上合适的尺寸标注。

> **小提示**
>
> 通常对系统自动给定的尺寸标注需要做具体的修改，以符合实际的设计需求。但是有视图管理器的协助就能够大幅度地节省草绘时间，加快剖面的完成。

5.1.3 图标按钮功能

在Creo Parametric 4.0中，系统为用户提供了图标按钮。用户利用这些图标按钮（见下页图）可以控制尺寸、约束符号及栅格等的显示或隐藏。

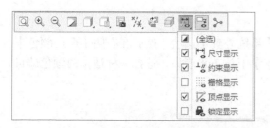

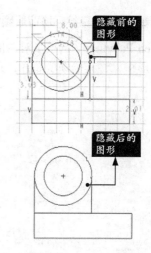

隐藏前的图形

隐藏后的图形

在右上图中，尺寸部分为点虚线，约束符号所在的线为实线，多条垂直虚线与水平虚线交叉为栅格。关闭尺寸、约束符号与栅格后的效果如右下图所示。

5.2 设置草图环境

📀 本节视频教程时间：8分钟

用户可以根据使用的习惯设置草图绘制环境，例如选择背景色、栅格的密度、参考坐标系的形式、绘制过程中的捕捉类型和自动设定的集合约束等。

5.2.1 定制草绘背景颜色与线条

草绘环境的背景颜色及几何图形的线条颜色都可以根据需要进行定制，下面讲述具体的定制方法。

● 1. 功能常见调用方法（定制草绘环境背景颜色）

在Creo Parametric 4.0中选择【文件】➤【选项】菜单命令，如下左图所示。之后系统会弹出【Creo Parametric 选项】对话框，如下右图所示。

2. 系统提示（定制草绘环境背景颜色）

在【Creo Parametric 选项】对话框左侧选择【系统外观】选项，然后在右侧【全局颜色】区域单击【图形】，将其子选项展开，并单击【背景】下拉三角箭头，选择一种适当的颜色即可，如下图所示。

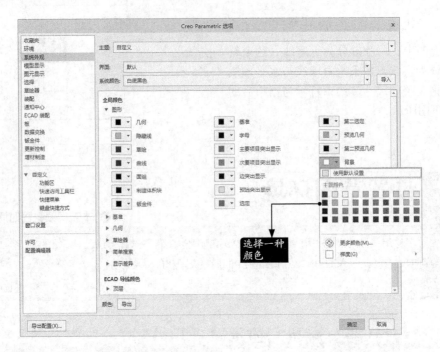

3. 知识点扩展（定制草绘环境背景颜色）

在【背景】下拉菜单中选择【更多颜色（M）…】选项，系统会弹出【颜色编辑器】窗口，如下图所示。该窗口中包括颜色轮盘、混合调色板和RGB/HSV滑块3种颜色设置方式。使用混合调色板和RGB/HSV滑块可以精确地设置背景颜色。但颜色轮盘方式显示更直观、操作更简单，用户只需在轮盘中选择颜色，然后在轮盘下方的横条中选择颜色的深浅度即可。

4. 功能常见调用方法（定制草绘几何线条颜色）

在Creo Parametric 4.0中选择【文件】▶【选项】菜单命令，之后系统会弹出【Creo Parametric 选项】对话框，该调用方法与上面介绍的定制草绘环境背景颜色的调用方法相同。

5. 系统提示（定制草绘几何线条颜色）

在【Creo Parametric 选项】对话框左侧选择【系统外观】选项，然后在右侧【全局颜色】区域单击【草绘器】，将其子选项展开，并单击【几何】下拉三角箭头，选择一种适当

的颜色即可，如下图所示。

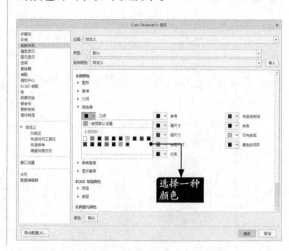

5.2.2 设置草绘器的优先选项

Creo Parametric 4.0草图的绘制是参数化的。用户可以对草绘器的优先选项进行设置，以便于完成草图的绘制。

1. 功能常见调用方法

在Creo Parametric 4.0中选择【文件】▶【选项】菜单命令，之后系统会弹出【Creo Parametric 选项】对话框。

2. 系统提示

在【Creo Parametric 选项】对话框左侧选择【草绘器】选项，右侧显示出多个与其相关的选项区域，例如【对象显示设置】区域、【草绘器约束假设】区域、【精度和敏感度】区域、【拖动截面时的尺寸行为】区域、【草绘器栅格】区域、【草绘器启动】区域、【线条粗细】区域、【图元线型和颜色】区域、【草绘器参考】区域及【草绘器诊断】区域等，如下图所示。

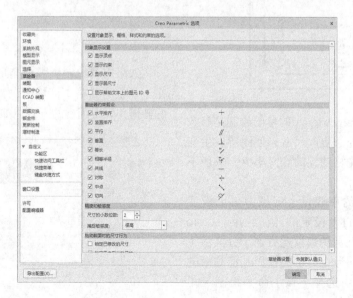

3. 知识点扩展

　　对于复杂的草图，临时关闭尺寸或几何约束的显示可以使图形区域变得清晰，从而便于用户进行操作。例如，以下图形为对比效果。

　　不关闭尺寸和几何约束的图形如下图所示。

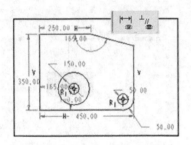

　　关闭几何约束的图形如下图所示。

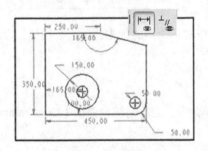

　　关闭尺寸的图形如下图所示。

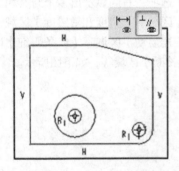

　　因为Creo Parametric 4.0的草图绘制是参数化的，用户可以通过更改尺寸来使图形发生变化，所以栅格及栅格捕捉的意义不大，一般不需要开启栅格显示。

　　在【草绘器约束假设】区域中可以设置草图绘制过程中自动设定的几何约束。Creo Parametric 4.0在几何约束设定方面十分灵活，已经绘制完成的图形也有可能按照几何约束的要求加以调整。当选择【弧】命令绘制与矩

形上边线相切的弧时，捕捉右侧的圆，绘制的结果可能会改变已有矩形与圆的空间尺寸和位置，如下图所示。在某些时候，这种情况是需要避免的，此时就有必要暂时关闭相关几何约束的自动生成。

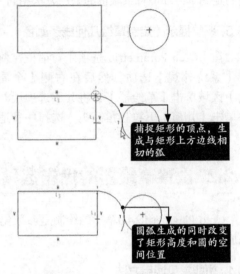

　　在上面的例子中，在【草绘器约束假设】区域中取消【切向】复选项和【对称】复选项，即可避免改变已有的矩形和圆，如下图所示。

　　如果需要绘制圆弧分布形式的草图，则可在【草绘器栅格】区域中设置采用极坐标形式的栅格并设置捕捉的方式，如下图所示。

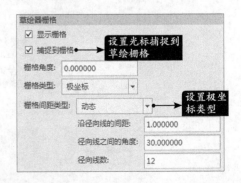

5.3 使用约束

⏱ 本节视频教程时间：14 分钟

 启动视图管理器模式时系统会实时地显示适用的约束条件（符号），以引导用户快速有效地完成剖面设计。约束条件使用得越多，尺寸标注的数量就会越少。另外，用户还可以手动选择约束条件，以便快速完成草绘操作。

5.3.1 水平约束

该功能用于使直线或两图元端点约束为水平状态。

⬤ 1. 功能常见调用方法

在Creo Parametric 4.0中单击【草绘】选项卡➤【约束】面板➤【水平】按钮➕即可调用【水平】约束功能，如下图所示。

⬤ 2. 系统提示

调用【水平】约束功能后会看到信息栏中的提示信息，如下图所示。

➡ 选择一直线或两点

⬤ 3. 实战演练——水平约束操作

利用【水平】约束功能对草绘图形进行水平约束操作，具体操作步骤如下。

步骤 01 打开随书资源中的"素材\CH05\水平约束.sec"文件，如下图所示。

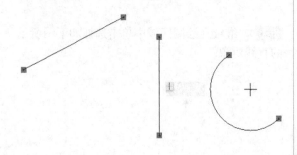

步骤 02 单击【草绘】选项卡➤【约束】面板➤【水平】按钮➕，然后在绘图区域中单击选择如下图所示的直线对象。

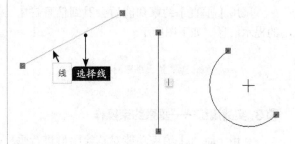

步骤 03 水平约束后的结果如下图所示。

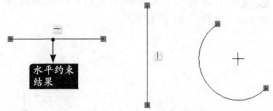

步骤 04 继续调用【水平】约束功能，在绘图区域中单击选择如下页图所示的图元端点。

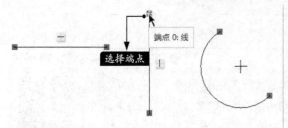

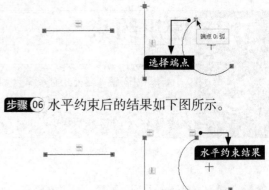

步骤 06 水平约束后的结果如下图所示。

步骤 05 继续在绘图区域中单击选择如右上图所示的图元端点。

5.3.2 垂直约束

该功能用于使两图元约束为正交状态。

1. 功能常见调用方法

在Creo Parametric 4.0中单击【草绘】选项卡➤【约束】面板➤【垂直】按钮⊥即可调用【垂直】约束功能，如下图所示。

2. 系统提示

调用【垂直】约束功能后会看到信息栏中的提示信息，如下图所示。

➡ 选择两图元使它们正交

3. 实战演练——垂直约束操作

利用【垂直】约束功能对草绘图形进行垂直约束操作，具体操作步骤如下。

步骤 01 打开随书资源中的"素材\CH05\垂直约束.sec"文件，如下图所示。

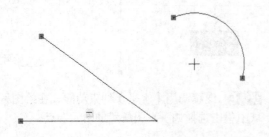

步骤 02 单击【草绘】选项卡➤【约束】面板➤【垂直】按钮⊥，然后在绘图区域中单击选择如下图所示的直线对象。

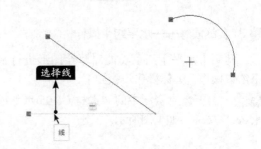

步骤 03 继续在绘图区域中单击选择如下图所示的直线对象。

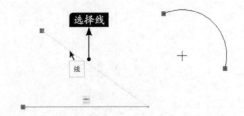

步骤 04 垂直约束后的结果如下图所示。

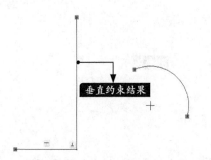

步骤 05 继续调用【垂直】约束功能，在绘图区域中单击选择如下图所示的直线对象。

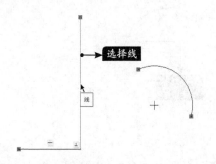

步骤 06 继续在绘图区域中单击选择如下图所示的圆弧对象。

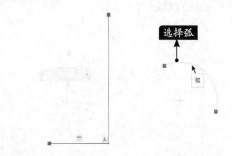

步骤 07 垂直约束后的结果如下图所示。

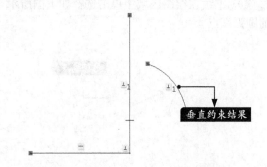

5.3.3 重合约束

该功能用于使两图元约束为端点吻合、点落于图元上、共线等状态。

● 1. 功能常见调用方法

在Creo Parametric 4.0中单击【草绘】选项卡➤【约束】面板➤【重合】按钮 ━◦━ 即可调用【重合】约束功能，如下图所示。

● 2. 系统提示

调用【重合】约束功能后会看到信息栏中的提示信息，如下图所示。

● 3. 实战演练——重合约束操作

利用【重合】约束功能对草绘图形进行重合约束操作，具体操作步骤如下。

步骤 01 打开随书资源中的"素材\CH05\重合约束.sec"文件，如下图所示。

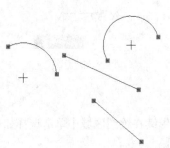

步骤 02 单击【草绘】选项卡▶【约束】面板▶【重合】按钮 ⊶，然后在绘图区域中单击选择如下图所示的直线端点。

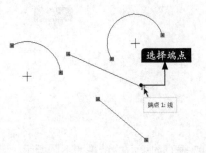

步骤 03 继续在绘图区域中单击选择如下图所示的圆弧端点。

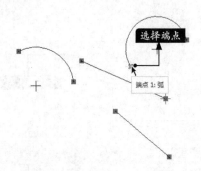

步骤 04 重合约束后的结果如下图所示。

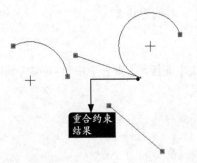

步骤 05 继续调用【重合】约束功能，然后在绘图区域中单击选择如下图所示的直线端点。

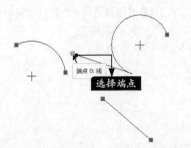

步骤 06 继续在绘图区域中单击选择如右上图所示的圆弧。

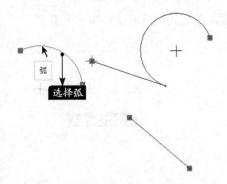

步骤 07 重合约束后的结果如下图所示。

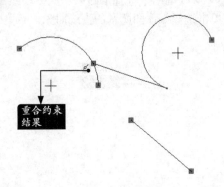

步骤 08 继续调用【重合】约束功能，然后在绘图区域中单击选择如下图所示的直线。

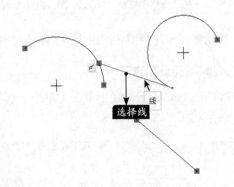

步骤 09 继续在绘图区域中单击选择如下图所示的直线。

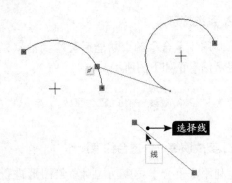

步骤⑩ 重合约束后的结果如下图所示。

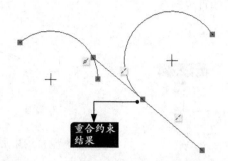

5.3.4 竖直约束

该功能用于使直线或两图元端点约束为竖直状态。

1. 功能常见调用方法

在Creo Parametric 4.0中单击【草绘】选项卡➤【约束】面板➤【竖直】按钮＋即可调用【竖直】约束功能，如下图所示。

2. 系统提示

调用【竖直】约束功能后会看到信息栏中的提示信息，如下图所示。

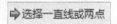

3. 实战演练——竖直约束操作

利用【竖直】约束功能对草绘图形进行竖直约束操作，具体操作步骤如下。

步骤① 打开随书资源中的"素材\CH05\竖直约束.sec"文件，如下图所示。

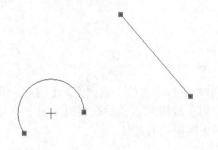

步骤② 单击【草绘】选项卡➤【约束】面板➤【竖直】按钮＋，然后在绘图区域中单击选择如下图所示的直线。

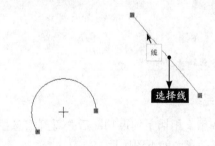

步骤③ 竖直约束后的结果如下图所示。

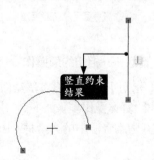

步骤 04 继续调用【竖直】约束功能，然后在绘图区域中单击选择如下图所示的直线端点。

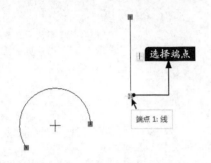

步骤 05 继续在绘图区域中单击选择如右上图所示的圆弧端点。

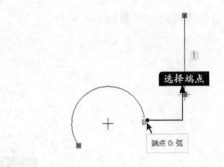

步骤 06 竖直约束后的结果如下图所示。

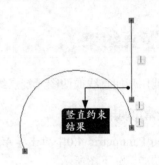

5.3.5 相切约束

该功能用于使两图元约束为相切状态。

1. 功能常见调用方法

在Creo Parametric 4.0中单击【草绘】选项卡➤【约束】面板➤【相切】按钮 即可调用【相切】约束功能，如下图所示。

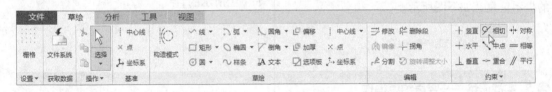

2. 系统提示

调用【相切】约束功能后会看到信息栏中的提示信息，如下图所示。

⇨ 选择两图元使它们相切

3. 实战演练——相切约束操作

利用【相切】约束功能对草绘图形进行相切约束操作，具体操作步骤如下。

步骤 01 打开随书资源中的"素材\CH05\相切约

束.sec"文件，如下图所示。

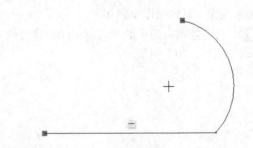

步骤 02 单击【草绘】选项卡➤【约束】面板➤【相切】按钮 ，然后在绘图区域中单击选择如下页图所示的直线。

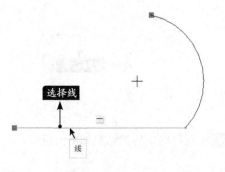

步骤 03 继续在绘图区域中单击选择如右上图所示的圆弧。

步骤 04 相切约束后的结果如下图所示。

5.3.6 对称约束

该功能用于使两图元端点以中心线为对称轴形成两侧对称的约束状态。

● 1. 功能常见调用方法

在Creo Parametric 4.0中单击【草绘】选项卡➤【约束】面板➤【对称】按钮 ╪ 即可调用【对称】约束功能，如下图所示。

● 2. 系统提示

调用【对称】约束功能后会看到信息栏中的提示信息，如下图所示。

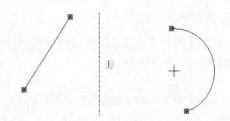

● 3. 实战演练——对称约束操作

利用【对称】约束功能对草绘图形进行对称约束操作，具体操作步骤如下。

步骤 01 打开随书资源中的"素材\CH05\对称约束.sec"文件，如右上图所示。

步骤 02 单击【草绘】选项卡➤【约束】面板➤【对称】按钮 ╪，然后在绘图区域中单击选择如下图所示的中心线。

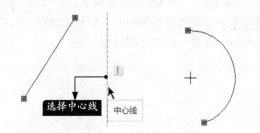

步骤 03 继续在绘图区域中单击选择如下图所示的直线端点。

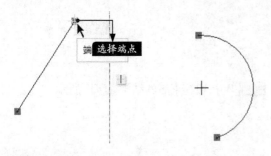

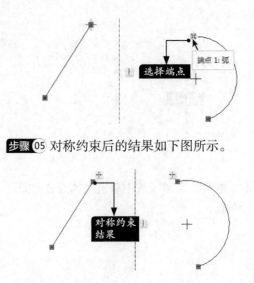

步骤 05 对称约束后的结果如下图所示。

步骤 04 继续在绘图区域中单击选择如右上图所示的圆弧端点。

5.3.7 平行约束

该功能用于使两线约束为平行状态。

1. 功能常见调用方法

在Creo Parametric 4.0中单击【草绘】选项卡➤【约束】面板➤【平行】按钮∥即可调用【平行】约束功能，如下图所示。

2. 系统提示

调用【平行】约束功能后会看到信息栏中的提示信息，如下图所示。

⇨ 选择两个或多个线图元使它们平行。

3. 实战演练——平行约束操作

利用【平行】约束功能对草绘图形进行平行约束操作，具体操作步骤如下。

步骤 01 打开随书资源中的"素材\CH05\平行约束.sec"文件，如右上图所示。

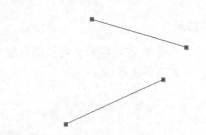

步骤 02 单击【草绘】选项卡➤【约束】面板➤【平行】按钮∥，然后在绘图区域中单击选择如下图所示的直线。

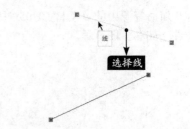

步骤 03 继续在绘图区域中单击选择如下图所示的直线。

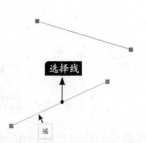

步骤 04 平行约束后的结果如下图所示。

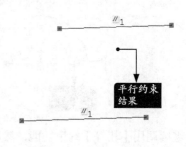

5.3.8 相等约束

该功能用于使两图元或多图元约束为等长、等半径、等曲率、等尺寸状态。

1. 功能常见调用方法

在Creo Parametric 4.0中单击【草绘】选项卡➤【约束】面板➤【相等】按钮═即可调用【相等】约束功能，如下图所示。

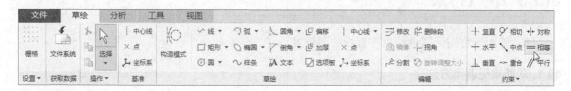

2. 系统提示

调用【相等】约束功能后会看到信息栏中的提示信息，如下图所示。

> ➡选择两条或多条直线 (相等段)、两个或多个弧/圆/椭圆 (等半径)、一个样条与一条线或弧 (等曲率)、两个或多个线性/角度尺寸 (等尺寸)。

3. 实战演练——相等约束操作

利用【相等】约束功能对草绘图形进行相等约束操作，具体操作步骤如下。

步骤 01 打开随书资源中的"素材\CH05\相等约束.sec"文件，如下图所示。

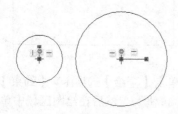

步骤 02 单击【草绘】选项卡➤【约束】面板➤【相等】按钮═，然后在绘图区域中单击选择如右上图所示的圆形。

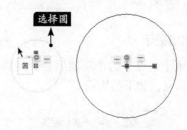

步骤 03 继续在绘图区域中单击选择如下图所示的圆形。

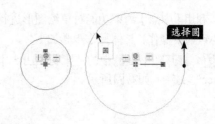

步骤 04 相等约束后的结果如下图所示。

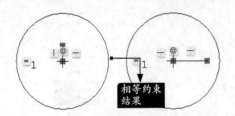

步骤 05 继续调用【相等】约束功能，然后在绘图区域中单击选择如下图所示的直线。

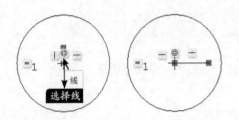

步骤 06 继续在绘图区域中单击选择如下图所示的直线。

步骤 07 相等约束后的结果如下图所示。

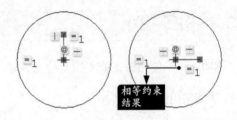

5.3.9 中点约束

该功能用于将图元端点约束在直线中间位置。

1. 功能常见调用方法

在Creo Parametric 4.0中单击【草绘】选项卡▶【约束】面板▶【中点】按钮✎即可调用【中点】约束功能，如下图所示。

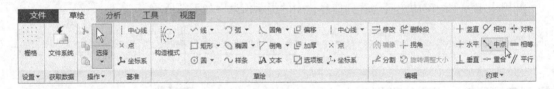

2. 系统提示

调用【中点】约束功能后会看到信息栏中的提示信息，如下图所示。

⟹ 选择一点和一条线或弧。

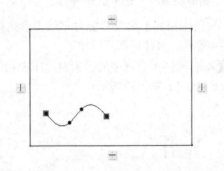

3. 实战演练——中点约束操作

利用【中点】约束功能对草绘图形进行锁定中心点约束操作，具体操作步骤如下。

步骤 01 打开随书资源中的"素材\CH05\中点约束.sec"文件，如右图所示。

步骤 02 单击【草绘】选项卡▶【约束】面板▶【中点】按钮✎，然后在绘图区域中单击选择如下页图所示的样条曲线端点。

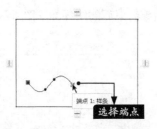

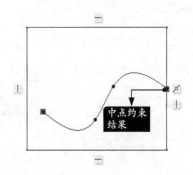

步骤 04 中点约束后的结果如下图所示。

步骤 03 继续在绘图区域中单击选择如下图所示的矩形边。

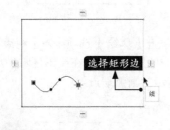

5.4 综合应用——利用约束功能编辑草绘图形

⊗ 本节视频教程时间：2分钟

本节综合利用约束功能编辑草绘图形，在编辑过程中重点会应用竖直、重合、相等及中点等约束方式，具体操作步骤如下。

步骤 01 打开随书资源中的"素材\CH05\草绘编辑.sec"文件，如下图所示。

步骤 03 竖直约束后的结果如下图所示。

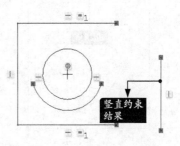

步骤 02 单击【草绘】选项卡➤【约束】面板➤【竖直】按钮 ，然后在绘图区域中单击选择如下图所示的直线。

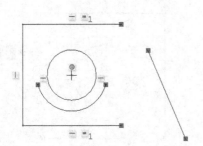

步骤 04 单击【草绘】选项卡➤【约束】面板➤【重合】按钮 —○—，然后在绘图区域中单击选择如下图所示的直线端点。

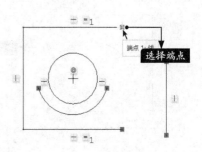

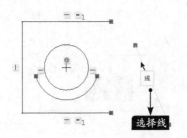

步骤 05 继续在绘图区域中单击选择如下图所示的直线端点。

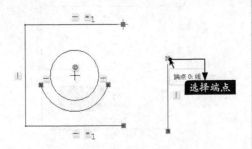

步骤 06 重合约束后的结果如下图所示。

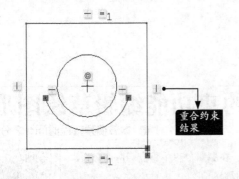

步骤 07 单击【草绘】选项卡▶【约束】面板▶【相等】按钮 ，然后在绘图区域中单击选择如下图所示的直线。

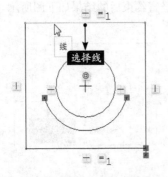

步骤 08 继续在绘图区域中单击选择如下图所示的直线。

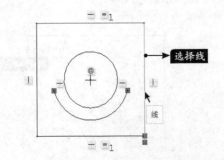

步骤 09 相等约束后的结果如下图所示。

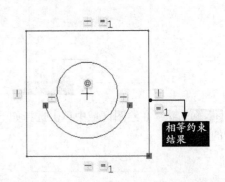

步骤 10 单击【草绘】选项卡▶【约束】面板▶【中点】按钮 ，然后在绘图区域中单击选择如下图所示的圆弧端点。

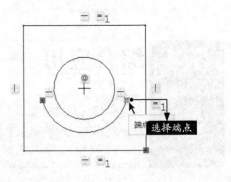

步骤 11 继续在绘图区域中单击选择如下图所示的直线。

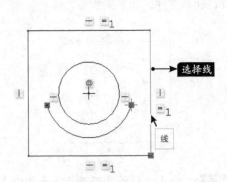

步骤 12 中点约束后的结果如下图所示。

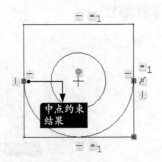

第6章

2D草绘图形

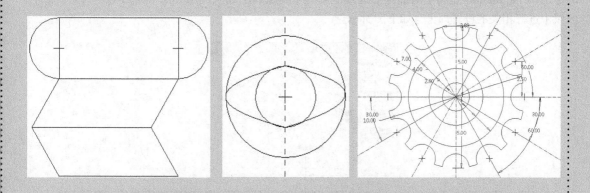

6.1 草绘工具简介

◎ 本节视频教程时间：1分钟

草绘工具是绘制直线、中心线、圆和弧等工具的总称。草绘中最重要的、最常用的就是功能区【草绘】选项卡中的【草绘】面板，如下图所示。

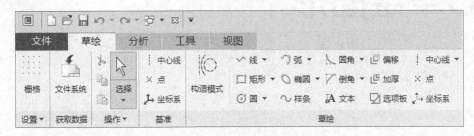

另外，在主视区上方还有与草绘相关的工具按钮，如下表所示。

按钮图标	功能说明
	调整缩放等级以全屏显示对象
	放大目标对象，以查看对象的更多细节
	缩小目标对象，以获得更广阔的对象上下文透视图
	重绘当前视图
	单击可以选择不同的显示样式
	单击定义草绘器显示过滤器

如果在草绘的过程中需要对网格进行捕捉，则可选择【文件】➤【选项】菜单命令，在弹出的【Creo Parametric 选项】对话框中选择左侧的【草绘器】选项，然后在右侧的【草绘器栅格】区域中进行相关的设置即可，如下图所示。

在三维建模的草绘过程中，在主视区上方的工具按钮中还会出现相应的多个按钮，如下表所示。

按钮图标	功能说明
	单击可以选择视图的方向
	单击可以打开视图管理器
	单击定义基准显示过滤器

续表

按钮图标	功能说明
	定向草绘平面使其与屏幕平行
	隐藏位于活动草绘平面前的几何模型
	单击定义草绘显示过滤器
	打开或关闭3D注释及注释元素
	显示旋转中心并在默认位置上使用，或隐藏旋转中心将指针位置作为旋转中心

6.2 草绘基本图形

🌐 本节视频教程时间: 43分钟

本节主要介绍直线、圆、圆弧、圆角和文本等基本几何图元的绘制方法和技巧。用户掌握了这些基本的方法和技巧，并能够灵活地运用，就可以绘制出形状复杂的草图。

6.2.1 点

1. 功能常见调用方法

在Creo Parametric 4.0中单击【草绘】选项卡➤【草绘】面板➤【点】按钮✕即可调用【点】功能，如下图所示。

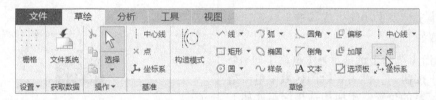

2. 系统提示

调用【点】功能后在绘图区域中会有✕图标提示，如下图所示。

3. 实战演练——生成点

利用【点】功能生成构造点，具体操作步骤如下。

步骤 01 单击【草绘】选项卡➤【草绘】面板➤【点】按钮✕，然后在绘图区域中单击指定构造点的位置，生成构造点，如下图所示。

步骤 02 继续在绘图区域中单击生成构造点，然后按【Esc】键结束该操作，结果如下图所示。

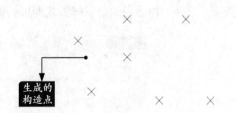

生成的构造点

6.2.2　坐标系

1.功能常见调用方法

在Creo Parametric 4.0中单击【草绘】选项卡➤【草绘】面板➤【坐标系】按钮⤴即可调用【坐标系】功能，如下图所示。

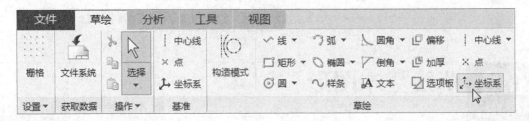

2.系统提示

调用【坐标系】功能后在绘图区域中会有图标提示，如下图所示。

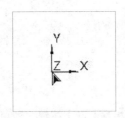

生成的坐标系

3.实战演练——生成坐标系

利用【坐标系】功能生成构造坐标系，具体操作步骤如下。

步骤 01 单击【草绘】选项卡➤【草绘】面板➤【坐标系】按钮⤴，然后在绘图区域中单击指定构造坐标系的位置，生成构造坐标系，如下图所示。

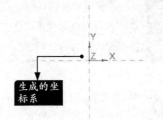

生成的坐标系

步骤 02 继续在绘图区域中单击生成构造坐标系，然后按【Esc】键结束该操作，结果如下图所示。

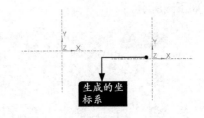

生成的坐标系

6.2.3　草绘直线

直线是构成几何图形的基本图元。

1.功能常见调用方法

在Creo Parametric 4.0中单击【草绘】选项卡➤【草绘】面板➤【线】按钮右侧的下拉三角箭头，选择一种适当的绘制线方式即可，如下图所示。

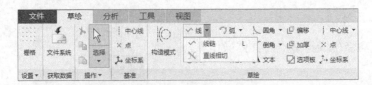

● 2. 系统提示

　　调用【线】功能并选择【线链】绘制方式后在绘图区域中会有╳图标提示，如下图所示。

　　调用【线】功能并选择【直线相切】绘制

方式后会看到信息栏中的提示信息，如下图所示。

● 3. 知识点扩展

　　两点确定一条直线，普通直线和中心线的绘制只需单击选取两点即可。随后按下鼠标中键确认，表示绘制直线结束，否则系统将继续进行直线的绘制。

6.2.4　实战演练——草绘直线图形

　　本小节分别利用【线链】和【直线相切】两种方式对直线图形进行绘制，具体操作步骤如下。

● 1.【线链】方式绘制直线

步骤 01 选择【文件】➤【新建】菜单命令，在弹出的【新建】对话框中选择【类型】分组框中的【草绘】单选项，并输入文件的【名称】，然后单击【确定】按钮进入草绘模式，如下图所示。

步骤 02 单击【草绘】选项卡➤【草绘】面板➤【线】按钮 ✓ 右侧的下拉三角箭头 ▼，选择【线链】方式，然后在绘图区域中单击指定直线的起始点，如下图所示。

步骤 03 继续在绘图区域中拖动鼠标指针并单击指定直线的终点，如下图所示。

步骤 04 按鼠标中键结束该操作，结果如下图所示。

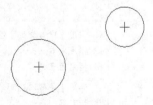

● 2.【直线相切】方式绘制直线

步骤 01 打开随书资源中的"素材\CH06\草绘直线图形（直线相切）.sec"文件，如下图所示。

步骤 02 单击【草绘】选项卡➤【草绘】面板➤

【线】按钮 ∿ 右侧的下拉三角箭头 ▼，选择
【直线相切】方式，然后在如下图所示位置上
单击以指定第一个切点。

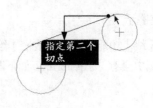

步骤 03 继续在绘图区域中拖动鼠标指针并单击
指定第二个切点，如右上图所示。

步骤 04 结果如下图所示。

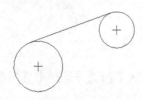

6.2.5 草绘矩形

● 1. 功能常见调用方法

在Creo Parametric 4.0中单击【草绘】选项
卡▶【草绘】面板▶【矩形】按钮 □ 右侧的下
拉三角箭头 ▼，选择一种适当的绘制矩形方式
即可，如下图所示。

● 2. 系统提示

调用【矩形】功能并选择相应的绘制方式
之后在绘图区域中会有 ✕ 图标提示，如下图
所示。

● 3. 知识点扩展

矩形具有多种绘制方法，具体参见下表。

绘制方法	绘制步骤	结果图形
拐角矩形	①调用【拐角矩形】绘制矩形的方式； ②分别指定矩形的第一个角点和另一个角点（对角点）	第一点 第二点
斜矩形	①调用【斜矩形】绘制矩形的方式； ②指定第一点； ③指定第二点，以确定该边方向及边长； ④指定第三点，以确定另一条边长	第一点 第二点 第三点
中心矩形	①调用【中心矩形】绘制矩形的方式； ②指定中心点； ③指定角点	中心点 角点
平行四边形	①调用【平行四边形】方式； ②指定第一点； ③指定第二点，以确定该边方向及边长； ④指定第三点，以确定另一条边的方向及边长	第一点 第二点 第三点

6.2.6 实战演练——草绘矩形图形

本小节利用【拐角矩形】和【平行四边形】绘制相关图形，具体操作步骤如下。

步骤 01 打开随书资源中的"素材\CH06\草绘矩形.sec"文件，如下图所示。

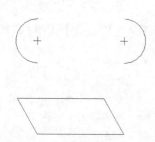

步骤 02 单击【草绘】选项卡➤【草绘】面板➤【矩形】按钮 □ 右侧的下拉三角箭头 ▼，选择【拐角矩形】方式，然后在如下图所示端点位置上单击以指定第一个角点。

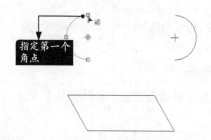

步骤 03 继续在绘图区域中拖动鼠标指针并单击以指定另一个角点，如下图所示。

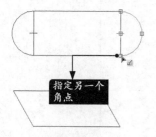

步骤 04 结果如下图所示。

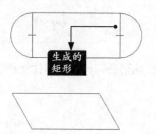

步骤 05 单击【草绘】选项卡➤【草绘】面板➤【矩形】按钮 □ 右侧的下拉三角箭头 ▼，选择【平行四边形】方式，然后在如下图所示端点位置上单击以指定第一个点。

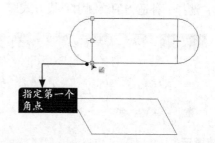

步骤 06 继续在绘图区域中拖动鼠标指针并单击以指定下一个点，如下图所示。

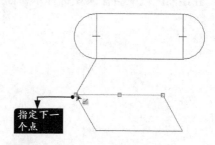

步骤 07 继续在绘图区域中拖动鼠标指针并单击以指定下一个点，如下图所示。

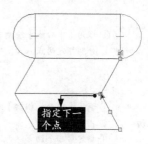

步骤 08 结果如下图所示。

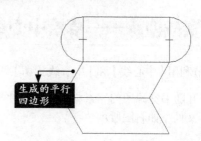

6.2.7 草绘中心线

中心线在实体图形中充当着回转体回转中心的作用。

● 1. 功能常见调用方法

在Creo Parametric 4.0中单击【草绘】选项卡▶【草绘】面板▶【中心线】按钮 右侧的下拉三角箭头 ▼，选择一种适当的绘制中心线方式即可，如下图所示。

● 2. 系统提示

调用【中心线】功能并选择【中心线】绘制方式后，在绘图区域中会有╳图标提示，如下图所示。

调用【中心线】功能并选择【中心线相切】绘制方式后会看到信息栏中的提示信息，如下图所示。

⇨ 在弧、圆或椭圆上选择起始位置，单击鼠标中键终止命令。

● 3. 知识点扩展

中心线具有多种绘制方法，具体参见下表。

绘制方法	绘制步骤	结果图形
中心线	① 调用【中心线】绘制中心线的方式； ② 分别指定两点以指定中心线的中点及通过点	通过点 中点
中心线相切	① 调用【中心线相切】绘制中心线的方式； ② 指定第一个切点； ③ 指定第二个切点	第一个切点 第二个切点

6.2.8 实战演练——草绘中心线图形

本小节利用【中心线】和【中心线相切】两种方式对中心线图形进行绘制，具体操作步骤如下。

步骤 01 打开随书资源中的"素材\CH06\草绘中心线.sec"文件，如右图所示。

步骤 02 单击【草绘】选项卡▶【草绘】面板▶【中心线】按钮右侧的下拉三角箭头▼，选择【中心线】方式，然后在如下图所示圆心位置上单击以指定中心线的中点。

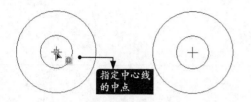

步骤 03 继续在绘图区域中拖动鼠标指针并单击以指定中心线的通过点，如下图所示。

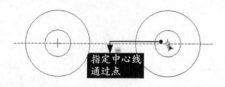

步骤 04 结果如下图所示。

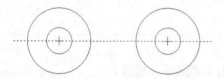

步骤 05 单击【草绘】选项卡▶【草绘】面板▶【中心线】按钮右侧的下拉三角箭头▼，选择【中心线相切】方式，然后在如下图所示位置上单击以指定第一个切点。

步骤 06 继续在绘图区域中拖动鼠标指针并单击以指定第二个切点，如下图所示。

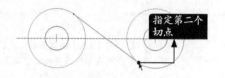

步骤 07 结果如下图所示。

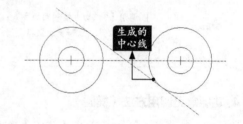

6.2.9 草绘圆和弧

本小节分别对圆、椭圆及弧命令进行详细介绍。

1. 功能常见调用方法（圆）

在Creo Parametric 4.0中单击【草绘】选项卡▶【草绘】面板▶【圆】按钮右侧的下拉三角箭头▼，选择一种适当的绘制圆方式即可，如下图所示。

2. 系统提示（圆）

调用【圆】功能并选择【圆心和点】或者【3点】绘制方式后，在绘图区域中会有×图标提示，如下图所示。

调用【圆】功能并选择【同心】绘制方式后会看到信息栏中的提示信息，如下图所示。

⇨ 选择一弧(去定义中心)。用中键中止。

调用【圆】功能并选择【3相切】绘制方式后会看到信息栏中的提示信息，如下图所示。

⇨ 在弧、圆或直线上选择起始位置。单击鼠标中键终止命令。

3. 知识点扩展图

圆具有多种绘制方法，具体参见下表。

绘制方法	绘制步骤	结果图形
圆心和点	① 调用【圆心和点】绘制圆的方式； ② 分别指定两点以指定圆的中心点及半径值	
同心	① 调用【同心】绘制圆的方式； ② 选择圆或弧； ③ 指定半径大小	
3点	① 调用【3点】绘制圆的方式； ② 分别在不同位置指定圆周上的3个点	
3相切	① 调用【3相切】绘制圆的方式； ② 分别在圆、弧和直线上指定切点，共计3个切点位置	切点一 切点二 切点三

4. 功能常见调用方法（椭圆）

在Creo Parametric 4.0中单击【草绘】选项卡▶【草绘】面板▶【椭圆】按钮 右侧的下拉三角箭头 ，选择一种适当的绘制椭圆方式即可，如下图所示。

5. 系统提示（椭圆）

调用【椭圆】功能并选择适当的椭圆绘制方式后，在绘图区域中会有 ╳ 图标提示，如下图所示。

6. 知识点扩展（椭圆）

椭圆具有多种绘制方法，具体参见下表。

绘制方法	绘制步骤	结果图形
轴端点椭圆	① 调用【轴端点椭圆】绘制椭圆的方式； ② 指定第一个轴端点； ③ 指定该轴另一个端点； ④ 指定另一个半轴长度	半轴长度 轴端点 轴端点
中心和轴椭圆	① 调用【中心和轴椭圆】绘制椭圆的方式； ② 指定椭圆中心点； ③ 分别指定两个半轴长度	椭圆中心点 半轴长度 半轴长度

7. 功能常见调用方法（弧）

在Creo Parametric 4.0中单击【草绘】选项卡▶【草绘】面板▶【弧】按钮 ⌒ 右侧的下拉三角箭头 ▾，选择一种适当的绘制弧方式即可，如下图所示。

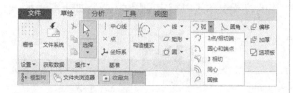

8. 系统提示（弧）

调用【弧】功能并选择【3点/相切端】、【圆心和端点】或【圆锥】绘制方式后，在绘图区域中会有 ✕ 图标提示，如下图所示。

调用【弧】功能并选择【3相切】绘制方式后会看到信息栏中的提示信息，如下图所示。

➡ 在弧、圆或直线上选择起始位置。单击鼠标中键终止命令。

调用【弧】功能并选择【同心】绘制方式后会看到信息栏中的提示信息，如下图所示。

➡ 选择一弧(去定义中心)。用中键中止。

9. 知识点扩展（弧）

弧具有多种绘制方法，具体参见下表。

绘制方法	绘制步骤	结果图形
3点/相切端	① 调用【3点/相切端】绘制弧的方式； ② 分别指定三点（也可以在指定第三点时捕捉切点）	第一点 第三点 第二点
圆心和端点	① 调用【圆心和端点】绘制弧的方式； ② 指定圆心位置； ③ 分别指定轴的起点及端点	端点 圆心 起点
3相切	① 调用【3相切】绘制弧的方式； ② 分别在圆、弧和直线上指定切点，共计3个切点位置	切点二 切点一 切点三
同心	① 调用【同心】绘制弧的方式； ② 选择圆或弧； ③ 指定弧的起点及终点	选择圆形 终点 起点
圆锥	① 调用【圆锥】绘制弧的方式； ② 分别指定三点	第三点 第一点 第二点

6.2.10 实战演练——草绘圆和弧组成的图形

本小节利用【圆心和点】和【同心】两种绘制圆形的方式及【圆锥】绘制弧的方式对图形进行绘制，具体操作步骤如下。

步骤01 选择【文件】➤【新建】菜单命令，在弹出的【新建】对话框中选择【类型】分组框中的【草绘】单选项，并输入文件的【名称】，然后单击【确定】按钮进入草绘模式，如下图所示。

步骤02 单击【草绘】选项卡➤【草绘】面板➤【圆】按钮◎右侧的下拉三角箭头▼，选择【圆心和点】方式，然后在绘图区域中分别单击指定圆心和圆周的位置，绘制出一个圆形，如下图所示。

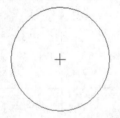

步骤03 继续选择【同心】绘制圆的方式，然后在绘图区域中指定如下图所示圆心位置作为圆的圆心。

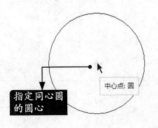

步骤04 继续在绘图区域中拖动鼠标指针并在适当的位置上单击以指定圆周的位置，如下图所示。

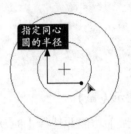

步骤05 按鼠标中键结束该操作，结果如下图所示。

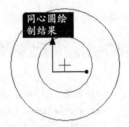

步骤06 单击【草绘】选项卡➤【草绘】面板➤【弧】按钮◠右侧的下拉三角箭头▼，选择【圆锥】方式，然后在绘图区域中指定如下图所示位置作为第一个点。

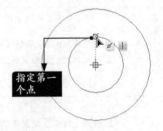

步骤07 继续在绘图区域中拖动鼠标指针并单击以指定第二个点，如下图所示。

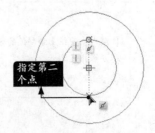

步骤 08 继续在绘图区域中拖动鼠标指针并单击以指定第三个点，如下图所示。

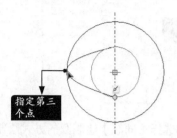

步骤 09 结果如下图所示。

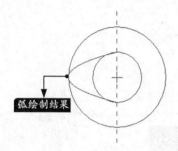

步骤 10 继续以【圆锥】方式进行弧的绘制，在绘图区域中指定如下图所示位置作为第一个点。

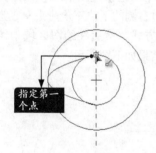

步骤 11 继续在绘图区域中拖动鼠标指针并单击以指定第二个点，如下图所示。

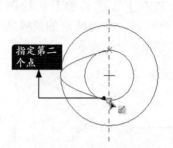

步骤 12 继续在绘图区域中拖动鼠标指针并单击以指定第三个点，如下图所示。

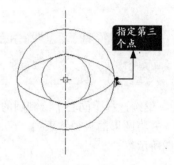

步骤 13 结果如下图所示。

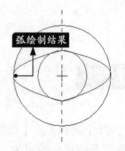

6.2.11 实战演练——草绘机械接口

本小节对机械接口进行绘制，具体操作步骤如下。

步骤 01 选择【文件】➤【新建】菜单命令，在弹出的【新建】对话框中选择【类型】分组框中的【草绘】单选项，并输入文件的【名称】，然后单击【确定】按钮进入草绘模式，如右图所示。

步骤 02 单击【草绘】选项卡➤【草绘】面板➤【圆】按钮◎右侧的下拉三角箭头▾，选择【圆心和点】方式，然后在绘图区域中绘制出一个圆形，并将圆形的直径约束为"100.00"，结果如下图所示。

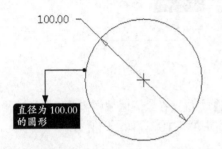

直径为 100.00 的圆形

小提示

关于尺寸修改，详见第7.3节内容。

步骤 03 继续选择【同心】绘制圆的方式绘制同心圆，并将圆形的直径约束为"60.00"，结果如下图所示。

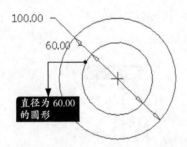

直径为 60.00 的圆形

步骤 04 继续选择【圆心和点】绘制圆的方式绘制圆形，并将圆形的直径约束为"30.00"，位置关系如下图所示。

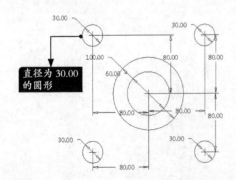

直径为 30.00 的圆形

步骤 05 继续选择【同心】绘制圆的方式绘制同心圆，并将圆形的直径约束为"15.00"，结果如右上图所示。

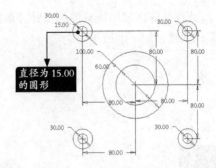

直径为 15.00 的圆形

步骤 06 继续选择【同心】绘制圆的方式绘制同心圆，并将圆形的直径约束为"130.00"，结果如下图所示。

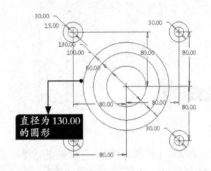

直径为 130.00 的圆形

步骤 07 单击【草绘】选项卡➤【草绘】面板➤【弧】按钮◝右侧的下拉三角箭头▾，选择【3点/相切端】方式，然后在绘图区域中绘制出4段弧图形，结果如下图所示。

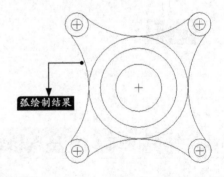

弧绘制结果

步骤 08 将直径为130.00的圆形删除，结果如下图所示。

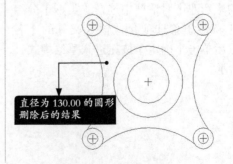

直径为 130.00 的圆形删除后的结果

6.2.12 草绘样条曲线

1. 功能常见调用方法

在Creo Parametric 4.0中单击【草绘】选项卡➤【草绘】面板➤【样条】按钮 ∿ 即可，如下图所示。

2. 系统提示

调用【样条】功能后在绘图区域中会有 ✕ 图标提示，如下图所示。

3. 知识点扩展

在绘制样条曲线时，为了保证其准确性，可以先绘制一些样条曲线上的点；在修改好这些点的位置后，再绘制通过这些点的样条曲线。

4. 实战演练——草绘样条曲线图形

对样条曲线图形进行绘制，具体操作步骤如下。

步骤01 选择【文件】➤【新建】菜单命令，在弹出的【新建】对话框中选择【类型】分组框中的【草绘】单选项，并输入文件的【名称】，然后单击【确定】按钮进入草绘模式，如右上图所示。

步骤02 单击【草绘】选项卡➤【草绘】面板➤【样条】按钮 ∿，然后在绘图区域中单击指定样条曲线的起点，如下图所示。

指定样条曲线起点

步骤03 继续在绘图区域中拖动鼠标指针并分别单击指定样条曲线的下一点，然后按鼠标中键结束该操作，结果如下图所示。

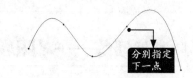

分别指定下一点

6.2.13 草绘圆角图形

在Creo Parametric 4.0中圆角分为圆形圆角及椭圆形圆角。

1. 功能常见调用方法

在Creo Parametric 4.0中单击【草绘】选项卡▶【草绘】面板▶【圆角】按钮 ╲ 右侧的下拉三角箭头 ▼ ，选择一种适当的绘制圆角方式即可，如下图所示。

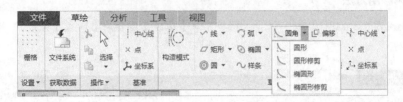

2. 系统提示

调用【圆角】功能并选择适当的绘制方式后会看到信息栏中的提示信息，如下图所示。

⇨ 选择两个图元。

3. 知识点扩展

圆角具有多种绘制方法，具体参见下表。

绘制方法	绘制步骤	结果图形
圆形	① 调用【圆形】绘制圆角的方式； ② 分别选择两个图元	图元一 + 图元二
圆形修剪	① 调用【圆形修剪】绘制圆角的方式； ② 分别选择两个图元	图元一 + 图元二
椭圆形	① 调用【椭圆形】绘制圆角的方式； ② 分别选择两个图元	图元一 + 图元二
椭圆形修剪	① 调用【椭圆形修剪】绘制圆角的方式； ② 分别选择两个图元	图元一 + 图元二

6.2.14 实战演练——对图形对象进行圆角操作

本小节分别利用【圆形】和【椭圆形修剪】两种方式绘制圆角图形，具体操作步骤如下。

步骤 ⓪1 打开随书资源中的"素材\CH06\草绘圆角图形.sec"文件，如下页图所示。

步骤02 单击【草绘】选项卡➤【草绘】面板➤【圆角】按钮➤右侧的下拉三角箭头▼，选择【圆形】方式，然后在绘图区域中单击选择第一个图元，如下图所示。

步骤03 继续在绘图区域中拖动鼠标指针并单击指定第二个图元，如下图所示。

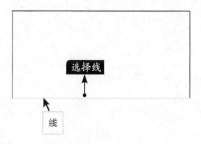

步骤04 结果如下图所示。

步骤05 继续选择【圆形】绘制圆角方式，然后在绘图区域中对图形另一侧进行相同操作，结果如右上图所示。

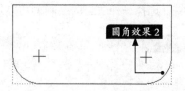

步骤06 单击【草绘】选项卡➤【草绘】面板➤【圆角】按钮➤右侧的下拉三角箭头▼，选择【椭圆形修剪】方式，然后在绘图区域中单击选择第一个图元，如下图所示。

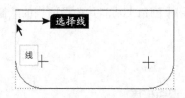

步骤07 继续在绘图区域中拖动鼠标指针并单击指定第二个图元，如下图所示。

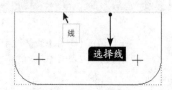

步骤08 结果如下图所示。

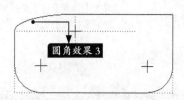

步骤09 继续选择【椭圆形修剪】绘制圆角方式，然后在绘图区域中对图形另一侧进行相同操作，结果如下图所示。

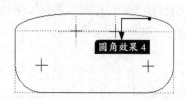

6.2.15　草绘倒角图形

◆ 1. 功能常见调用方法

在Creo Parametric 4.0中单击【草绘】选项卡➤【草绘】面板➤【倒角】按钮➤右侧的下拉三

角箭头 ▼，选择一种适当的绘制倒角方式即可，如下图所示。

2. 系统提示

调用【倒角】功能并选择适当的绘制方式后会看到信息栏中的提示信息，如下图所示。

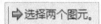

3. 知识点扩展

倒角具有多种绘制方法，具体参见下表。

绘制方法	绘制步骤	结果图形
倒角	① 调用【倒角】绘制倒角的方式； ② 分别选择两个图元	图元一 图元二
倒角修剪	① 调用【倒角修剪】绘制倒角的方式； ② 分别选择两个图元	图元一 图元二

6.2.16 实战演练——对图形对象进行倒角操作

本小节分别利用【倒角】和【倒角修剪】两种方式绘制倒角图形，具体操作步骤如下。

步骤01 打开随书资源中的"素材\CH06\草绘倒角图形.sec"文件，如下图所示。

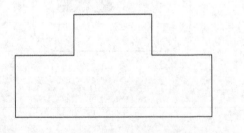

步骤02 单击【草绘】选项卡▶【草绘】面板▶

【倒角】按钮 ╱ 右侧的下拉三角箭头 ▼，选择【倒角】方式，然后在绘图区域中单击选择第一个图元，如下图所示。

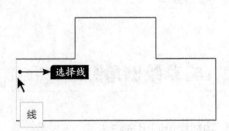

步骤 03 继续在绘图区域中拖动鼠标指针并单击指定第二个图元，如下图所示。

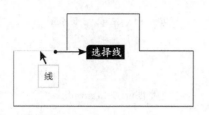

步骤 04 结果如下图所示。

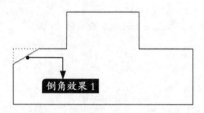

步骤 05 继续选择【倒角】绘制倒角方式，然后在绘图区域中对图形另一侧进行相同操作，结果如下图所示。

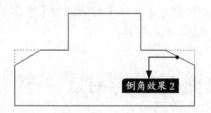

步骤 06 单击【草绘】选项卡➤【草绘】面板➤【倒角】按钮 右侧的下拉三角箭头 ，选择【倒角修剪】方式，然后在绘图区域中单击选择第一个图元，如右上图所示。

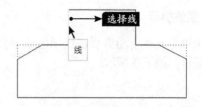

步骤 07 继续在绘图区域中拖动鼠标指针并单击指定第二个图元，如下图所示。

步骤 08 结果如下图所示。

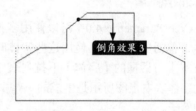

步骤 09 继续选择【倒角修剪】绘制倒角方式，然后在绘图区域中对图形另一侧进行相同操作，结果如下图所示。

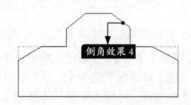

6.2.17 草绘文本

在绘制实体造型的过程中往往要求生成三维的文字实体，这时就需要用到草绘过程中生成文本的功能。

1. 功能常见调用方法

在Creo Parametric 4.0中单击【草绘】选项卡➤【草绘】面板➤【文本】按钮 即可，如下图所示。

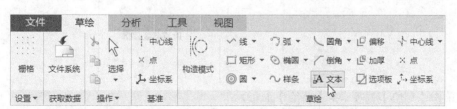

2. 系统提示

调用【文本】功能后在绘图区域中会有×图标提示，如下图所示。

调用【文本】功能后会看到信息栏中的提示信息，如下图所示。

⇨ 选择行的起点，确定文本高度和方向。

3. 知识点扩展

在Creo Parametric 4.0中可以使用多种字体的文本，包括中文文本。使用这些字体时需要在【文本】对话框的【字体】下拉列表中设置相应的字体。右上图所示是生成的一些中/英文文本的例子。

在Creo Parametric 4.0中可以使用PTC公司设计的字体，同样也可以使用True Type字体。用户只要在Windows操作系统中安装了这些字体，就可以在【文本】对话框的【字体】下拉列表中选取这些字体。

6.2.18 实战演练——利用草绘文本功能生成文字对象

本小节利用草绘文本功能生成文字对象，具体操作步骤如下。

步骤01 选择【文件】▶【新建】菜单命令，在弹出的【新建】对话框中选择【类型】分组框中的【草绘】单选项，并输入文件的【名称】，然后单击【确定】按钮进入草绘模式，如下图所示。

步骤02 单击【草绘】选项卡▶【草绘】面板▶

【文本】按钮，然后在绘图区域中单击选取一点，以指定行的起始位置，如下图所示。

步骤03 继续在绘图区域中拖动鼠标指针并单击选取第二点，以指定文字高度及方向，如下图所示。

步骤 04 系统弹出【文本】对话框，如下图所示。

步骤 05 在【文本】编辑器中输入文字内容"努力学习Creo Parametric 4.0"，并单击【确定】按钮，如右上图所示。

步骤 06 按鼠标中键结束该操作，结果如下图所示。

努力学习Creo Parametric 4.0

6.3 综合应用——草绘机械轴承

本节视频教程时间：8 分钟

本节综合利用草绘功能绘制机械轴承，具体操作步骤如下。在绘制过程中会重点应用到【圆】、【中心线】及【删除段】功能，并会运用到多种绘制圆的方式；【删除段】功能将在后面的章节中进行详细介绍。

步骤 01 选择【文件】➤【新建】菜单命令，在弹出的【新建】对话框中选择【类型】分组框中的【草绘】单选项，并输入文件的【名称】，然后单击【确定】按钮进入草绘模式，如下图所示。

步骤 02 单击【草绘】选项卡➤【草绘】面板➤【圆】按钮◎右侧的下拉三角箭头▾，选择【圆心和点】方式，然后在绘图区域中绘制出一个圆形，并将圆形的直径约束为"10.00"，结果如下图所示。

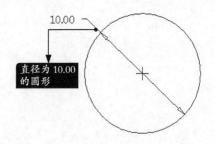

步骤 03 继续选择【同心】绘制圆的方式绘制同心圆，并将圆形的直径约束为"7.00"，结果如下页图所示。

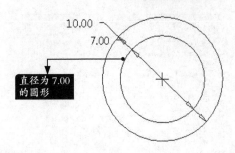

步骤 04 单击【草绘】选项卡➤【草绘】面板➤【中心线】按钮 右侧的下拉三角箭头 ，选择【中心线】方式，然后在绘图区域中绘制经过圆心的6条中心线，并设置相邻中心线之间的角度为"30°"，结果如下图所示。

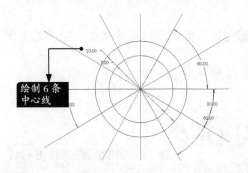

步骤 05 单击【草绘】选项卡➤【草绘】面板➤【圆】按钮 右侧的下拉三角箭头 ，选择【圆心和点】方式，然后在绘图区域中分别以中心线和外圆的交点为圆心，绘制12个圆形，并将圆形的直径约束为"2.00"，结果如下图所示。

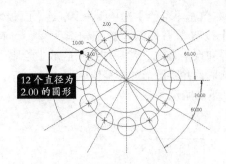

步骤 06 单击【草绘】选项卡➤【草绘】面板➤【删除段】按钮 ，然后在绘图区域中对多余线段进行修剪操作，结果如下图所示。

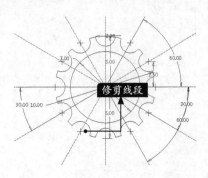

小提示

关于修剪，详见第7.1节内容。

步骤 07 单击【草绘】选项卡➤【草绘】面板➤【圆】按钮 右侧的下拉三角箭头 ，选择【同心】方式绘制两个同心圆，并分别将圆形的直径约束为"4.00"和"2.00"，结果如下图所示。

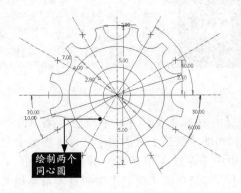

第 **7** 章

草图编辑

学习目标

　　本章主要讲解Creo Parametric 4.0中的2D草图编辑功能。在学习的过程中应重点掌握几何图元的各种编辑功能及尺寸标注的添加和修改功能，以满足实际设计需求。

学习效果

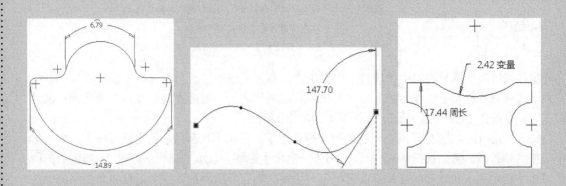

7.1 编辑几何图元

🖱 本节视频教程时间：27分钟

对产生的几何图元进行编辑是二维草绘的一个重要功能，下面将对几何图元的各种编辑方法进行详细介绍。

7.1.1 选取

在对几何图元进行编辑之前，首先需要选中几何图元，即让几何图元获得焦点。

● 1. 功能常见调用方法

在Creo Parametric 4.0中单击【草绘】选项卡➤【操作】面板➤【选择】按钮⩗的下拉三角箭头▼，选择一种适当的选择方式即可，如下图所示。

● 2. 知识点扩展

在Creo Parametric 4.0中选取几何图元的方式有4种，对应的功能见下表所示。

名 称	功 能
依次	每一次只能选取其中的一个几何图元，但是按住【Shift】键可以连续地选取多个几何图元
链	选取一个几何图元即选取与之首尾相接的所有的几何图元
所有几何	选中绘图区域全部的几何图元
全部	选中绘图区域的全部元素，包括几何图元、尺寸约束等

将鼠标指针置于图形窗口中的项目上面并单击，即可选取项目。只有选取了设计项目（基准或几何）才可以在模型上工作。如果另一个项目在此项目之上，则可查询该项目。项目预选加亮后单击它，在按住【Ctrl】键的同时单击可以选取多个项目。

Creo Parametric 4.0提供了所选项目的列表或选项集，并在【状态栏】的【选定项】区域指示选项集中的项目数。例如选择了4个项目，则【选定项】区域会显示"选择了4项"，如左下图所示。双击【选定项】区域可以打开【选定项】对话框，如右下图所示，此对话框包含选项集中所有项目的名称，在其中可以查看选项集并移除所选的项目。

选取项目后，有可能要从选项集、链和曲面集中清除项目。此时，可以按照下列方法进行清除。

（1）按住【Ctrl】键单击各个项目，将其逐个清除，例如曲面集中的单个项目。

（2）使用【选定项】对话框移除项目。

（3）单击图形窗口中的空区域清除整个选项集、链或曲面集。

（4）使用收集器本身内部的【移除】命令，可以清除活动收集器中的选定项目。

7.1.2 移动

利用移动功能可以对几何图元进行位置上的改变。在执行移动功能的过程中可以对移动的参数进行精确设置，也可以不进行精确设置。

● 1. 功能常见调用方法

在Creo Parametric 4.0中选择需要移动的几何图元，然后单击【草绘】选项卡▶【编辑】面板▶【旋转调整大小】按钮 ⊘ 即可，如下图所示。

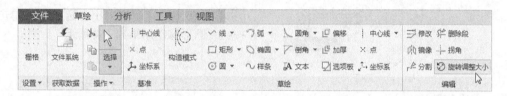

● 2. 系统提示

调用【旋转调整大小】功能后系统会弹出【旋转调整大小】选项卡，如下图所示。

在信息栏中会看到系统的提示信息，如下图所示。

⇨ 选择一条直线或中心线。

● 3. 实战演练——在草绘环境中移动几何图元

利用【旋转调整大小】功能在草绘环境中移动几何图元，具体操作步骤如下。

步骤 01 打开随书资源中的"素材\CH07\移动.sec"文件，如右上图所示。

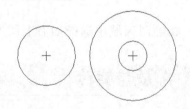

步骤 02 在绘图区域中选择如下图所示的圆形。

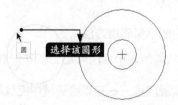

步骤 03 单击【草绘】选项卡▶【编辑】面板▶【旋转调整大小】按钮 ⊘ ，系统会弹出【旋转调整大小】选项卡，在绘图区域中选择圆心并按住

鼠标左键不放，对其进行拖动，如下图所示。

圆形。

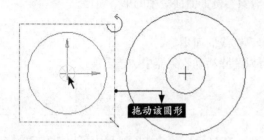

拖动该圆形

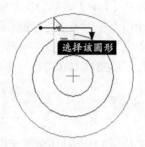

选择该圆形

步骤 04 在右侧圆心位置上松开鼠标左键，以指定其新位置，如下图所示。

步骤 07 调用【旋转调整大小】功能，在【旋转调整大小】选项卡中进行如下图所示的参数设置。

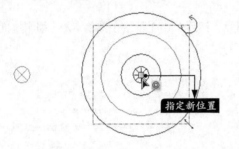

指定新位置

步骤 05 在【旋转调整大小】选项卡中单击 ✔ 按钮，圆形移动结果如下图所示。

步骤 08 在【旋转调整大小】选项卡中单击 ✔ 按钮，圆形移动结果如下图所示。

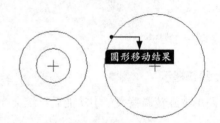

圆形移动结果

圆形移动结果

> **小提示**
>
> 　　移动圆弧的时候，可以首先选择圆弧图元，然后在圆弧圆心位置上按住鼠标左键不放，对其进行拖动以改变其位置。如果在圆弧圆周位置上按住鼠标左键不放对其进行拖动，则可以对圆弧执行缩放操作，即可以动态地改变圆弧的半径。

步骤 06 在绘图区域中选择如右上图所示的

7.1.3 缩放与旋转

　　利用缩放与旋转功能可以对几何图元进行比例与旋转角度上的改变，即可以改变几何图元的大小与形状。

● 1. 功能常见调用方法

　　该功能的调用方法与7.1.2小节介绍的移动几何图元的功能调用方法相同。

● 2. 实战演练——在草绘环境中缩放与旋转几何图元

　　利用【旋转调整大小】功能在草绘环境中缩放与旋转几何图元，具体操作步骤如下。

步骤 01 打开随书资源中的"素材\CH07\缩放与旋转.sec"文件，如下页图所示。

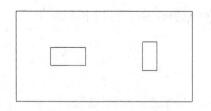

步骤 02 在绘图区域中选择外侧最大的矩形，如下图所示。

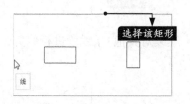

选择该矩形

线

步骤 03 单击【草绘】选项卡➤【编辑】面板➤【旋转调整大小】按钮，系统会弹出【旋转调整大小】选项卡，在选项卡中进行如下图所示的参数设置。

步骤 04 在【旋转调整大小】选项卡中单击 ✓ 按钮，该矩形缩放结果如下图所示。

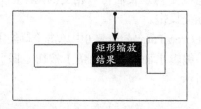

矩形缩放结果

步骤 05 在绘图区域中选择如下图所示的矩形。

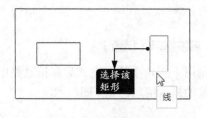

选择该矩形

线

步骤 06 调用【旋转调整大小】功能，在【旋转调整大小】选项卡中进行如下图所示的参数设置。

步骤 07 在【旋转调整大小】选项卡中单击 ✓ 按钮，该矩形旋转结果如下图所示。

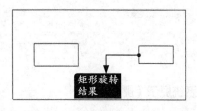

矩形旋转结果

步骤 08 在绘图区域中选择如下图所示的矩形。

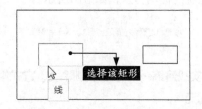

选择该矩形

线

步骤 09 调用【旋转调整大小】功能，在【旋转调整大小】选项卡中进行如下图所示的参数设置。

步骤 10 在【旋转调整大小】选项卡中单击 ✓ 按钮，该矩形旋转及缩放结果如下图所示。

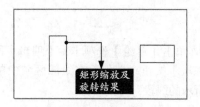

矩形缩放及旋转结果

7.1.4 修剪

在Creo Parametric 4.0中修剪几何图元的常用方式分为3种，包括删除段、拐角和分割。灵活地使用这3种修剪方式，可以很好地在草图绘制中修剪几何图元。

1. 功能常见调用方法（删除段）

删除段是指在绘图区域中将已经绘制好的几何图元的一段删除。这里的段是指该几何图元的两个端点或者端点与其他的几何图元交点之间的部分。

在Creo Parametric 4.0中单击【草绘】选项卡▶【编辑】面板▶【删除段】按钮 即可，如下图所示。

2. 系统提示（删除段）

调用【删除段】修剪方式后在信息栏中会看到系统的提示信息，如下图所示。

⇨ 选择图元或在图元上面拖动鼠标来修剪。

3. 实战演练——利用【删除段】方式修剪草绘图元

利用【删除段】功能在草绘环境中修剪几何图元，具体操作步骤如下。

步骤01 打开随书资源中的"素材\CH07\修剪（删除段）.sec"文件，如下图所示。

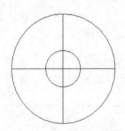

步骤02 单击【草绘】选项卡▶【编辑】面板▶【删除段】按钮 ，然后在绘图区域中单击如下图所示的线段，将其修剪。

步骤03 修剪后的结果如下图所示。

线段修剪结果

步骤04 继续对其他3条线段进行修剪，结果如下图所示。

线段修剪结果

4. 功能常见调用方法（拐角）

拐角一般分为两种情况，一种情况是对不需要延长就已经相交的两个图元进行修剪，另一种情况是对延长后可以相交的两个图元进行延长相交操作。

在Creo Parametric 4.0中单击【草绘】选项卡▶【编辑】面板▶【拐角】按钮 即可，如下图所示。

5. 系统提示（拐角）

调用【拐角】修剪方式后在信息栏中会看到系统的提示信息，如下图所示。

⇨ 选择要修剪的两个图元。

6. 实战演练——利用【拐角】方式修剪草绘图元

利用【拐角】功能在草绘环境中修剪几何图元，具体操作步骤如下。

步骤01 打开随书资源中的"素材\CH07\修剪（拐角）.sec"文件，如下图所示。

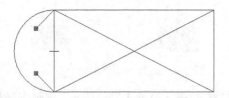

步骤02 单击【草绘】选项卡➤【编辑】面板➤【拐角】按钮 ，然后在绘图区域中单击选择如下图所示的线段。

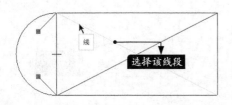

步骤03 继续在绘图区域中单击选择如下图所示的线段。

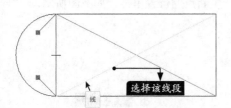

步骤04 结果如下图所示。

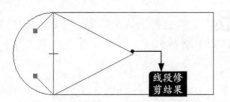

小提示

在拐角操作中，单击的部分就是拐角操作后要保留的部分。

步骤05 不退出【拐角】命令的情况下，在绘图区域中单击选择如下图所示的线段。

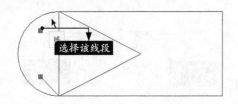

步骤06 继续在绘图区域中单击选择如下图所示的线段。

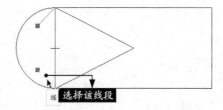

步骤07 结果如下图所示。

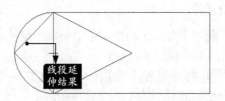

小提示

拐角操作不仅仅用在直线和直线之间，也可以用在圆弧和圆弧、圆弧和直线及其他的可相交的两个几何图元之间。

7. 功能常见调用方法（分割）

分割实际上就是将现有的几何图元打断，使其成为多个几何图元（圆被打断后会变成一段段的圆弧）。分割的目的，大多数情况下是为删除段做准备的。

在Creo Parametric 4.0中单击【草绘】选项卡➤【编辑】面板➤【分割】按钮 即可，如下图所示。

8. 系统提示（分割）

调用【分割】修剪方式后在信息栏中会看到系统的提示信息，如下图所示。

* 当约束处于活动状态时，可通过单击右键在锁定/禁用/启用约束之间切换。使用 Tab 键可切换活动约束。按住 Shift 键可禁用捕捉到的约束。

9. 知识点扩展

在进行分割操作之前，首先需要确认【草绘器显示过滤器】中【顶点显示】复选项是勾选的，如下图所示，这样才能看到分割后的结果。

10. 实战演练——利用【分割】方式修剪草绘图元

利用【分割】功能在草绘环境中修剪几何图元，具体操作步骤如下。

步骤01 打开随书资源中的"素材\CH07\修剪（分割）.sec"文件，如下图所示。

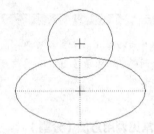

步骤02 单击【草绘】选项卡➤【编辑】面板➤【分割】按钮，然后在圆周上需要产生断点的位置单击，如下图所示。

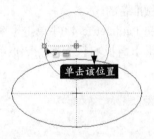

步骤03 继续在圆周上需要产生断点的位置单击，如下图所示。

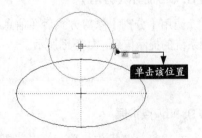

步骤04 结果如下图所示。

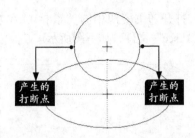

步骤05 单击【草绘】选项卡➤【编辑】面板➤【删除段】按钮，然后在绘图区域中将多余部分线段进行修剪，结果如下图所示。

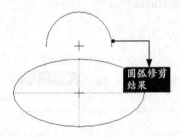

步骤06 调用【分割】功能，然后在椭圆周上需要产生断点的位置单击，如下图所示。

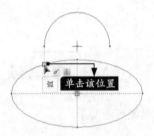

步骤07 继续在椭圆周上需要产生断点的位置单击，如下图所示。

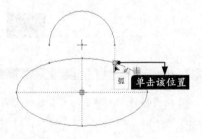

步骤08 结果如下图所示。

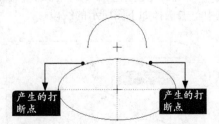

步骤 09 调用【删除段】功能，然后在绘图区域中将多余部分的线段进行修剪，结果如右图所示。

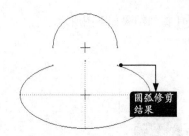

7.1.5 镜像

利用镜像功能可以生成一个与已知图元按指定中心线对称的图元。

1. 功能常见调用方法

在Creo Parametric 4.0中选择需要镜像的图元，然后单击【草绘】选项卡➤【编辑】面板➤【镜像】按钮 即可，如下图所示。

2. 系统提示

选择需要镜像的图元，并调用【镜像】功能后，在信息栏中会看到系统的提示信息，如下图所示。

⇨ 选择一条中心线。

3. 实战演练——镜像草绘图元

利用【镜像】功能在草绘环境中镜像几何图元，具体操作步骤如下。

步骤 01 打开随书资源中的"素材\CH07\镜像.sec"文件，如下图所示。

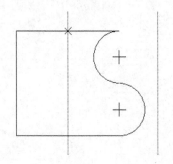

步骤 02 配合按住【Ctrl】键在绘图区域中选择如下图所示的两段圆弧。

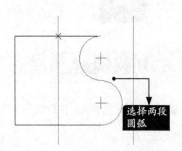

步骤 03 单击【草绘】选项卡➤【编辑】面板➤【镜像】按钮 ，然后在绘图区域中选择如下图所示的中心线。

步骤 04 镜像结果如下图所示。

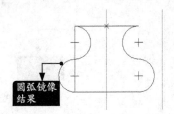

步骤 05 单击【草绘】选项卡➤【编辑】面板➤【删除段】按钮，然后在绘图区域中将多余部分的线段进行修剪，结果如下图所示。

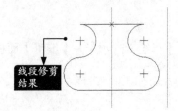

步骤 06 配合按住【Ctrl】键在绘图区域中选择如下图所示的图元。

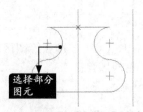

步骤 07 调用【镜像】功能，然后在绘图区域中选择如下图所示的中心线。

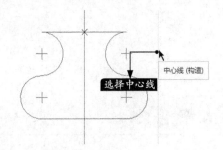

步骤 08 镜像结果如下图所示。

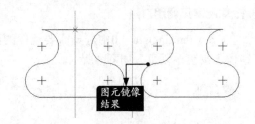

小提示

不能镜像尺寸、文本图元、中心线和参照图元，只能镜像几何图元。

7.1.6 切换构造

切换构造就是把选中的线条转换为不作为截面的图元，切换构造后的线就纯粹作为辅助线使用。

● 1. 功能常见调用方法

在Creo Parametric 4.0中默认【切换构造】功能并未显示在功能区选项卡中，可以参考下面的方法对其进行添加。

步骤 01 在功能区空白位置单击鼠标右键，在弹出的快捷菜单中选择【自定义功能区】选项，如下图所示。系统会弹出【Creo Parametric 选项】对话框，如右图所示。

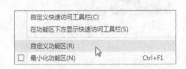

步骤 02 在【过滤命令】文本框中输入"切换构造",系统会自动进行命令搜索,如下图所示。

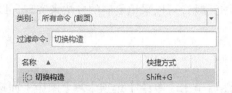

步骤 03 单击➡按钮将其添加到功能区选项卡,如下图所示。

步骤 04 可以单击⬇按钮对其位置进行调整,例如将其调整到【编辑】面板,如下图所示。在【Creo Parametric 选项】对话框中单击【确定】按钮可以关闭该对话框。

步骤 05 在Creo Parametric 4.0中选择需要切换构造的图元,然后单击【草绘】选项卡➤【编辑】面板➤【切换构造】按钮 ,如下图所示。

● 2. 系统提示

选择需要切换构造的图元,并调用【切换构造】功能后,在信息栏中会看到系统的提示信息,如下图所示。

● 仍在选择转换图元。

● 3. 实战演练——切换构造几何图元

利用【切换构造】功能在草绘环境中对几何图元进行切换构造操作,具体操作步骤如下。

步骤 01 打开随书资源中的"素材\CH07\切换构造.sec"文件,如下图所示。

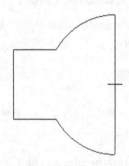

步骤 02 在绘图区域中选择如下图所示的线段。

步骤 03 单击【草绘】选项卡➤【编辑】面板➤【切换构造】按钮 ,结果如下图所示。

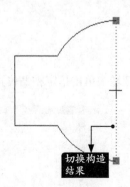

7.1.7 剪切、复制与粘贴

当需要产生一个或多个与现有的几何图元相同的图元时，可以采用复制的方法来实现，以提高工作的效率。

● 1. 功能常见调用方法（剪切）

在Creo Parametric 4.0中选择需要剪切的图元，然后单击【草绘】选项卡➤【操作】面板➤【剪切】按钮 即可，如下图所示。

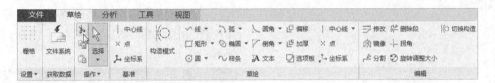

● 2. 功能常见调用方法（复制）

在Creo Parametric 4.0中选择需要复制的图元，然后单击【草绘】选项卡➤【操作】面板➤【复制】按钮 即可，如下图所示。

● 3. 功能常见调用方法（粘贴）

在Creo Parametric 4.0中剪切或复制相应的图元，然后单击【草绘】选项卡➤【操作】面板➤【粘贴】按钮 即可，如下图所示。

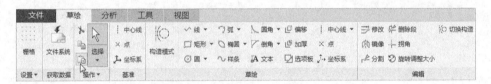

● 4. 系统提示（粘贴）

调用【粘贴】功能后，在绘图区域中系统会有 图标提示，如下图所示。

在绘图区域中单击指定粘贴位置后，系统会弹出【粘贴】选项卡，如下图所示。

7.1.8 实战演练——对几何图元进行移动、复制操作

本小节综合利用剪切、复制与粘贴功能在草绘环境中对几何图元进行移动、复制操作，具体操作步骤如下。

步骤 01 打开随书资源中的"素材\CH07\剪切、复制与粘贴.sec"文件，如下图所示。

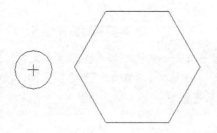

步骤 02 在绘图区域中选择下图所示的圆形。

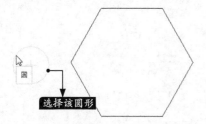

步骤 03 单击【草绘】选项卡➤【操作】面板➤【剪切】按钮✂，圆形被剪切，如下图所示。

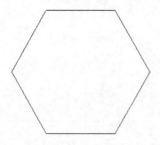

步骤 04 单击【草绘】选项卡➤【操作】面板➤【粘贴】按钮，在绘图区域中单击指定粘贴圆形的位置，如下图所示。

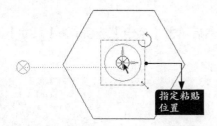

步骤 05 系统弹出【粘贴】选项卡，单击✔按钮即可完成圆形的粘贴，结果如右上图所示。

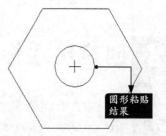

步骤 06 在绘图区域中选择粘贴的圆形，如下图所示，然后单击【草绘】选项卡➤【操作】面板➤【复制】按钮。

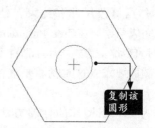

步骤 07 单击【草绘】选项卡➤【操作】面板➤【粘贴】按钮，在绘图区域中单击指定粘贴圆形的位置，如下图所示。

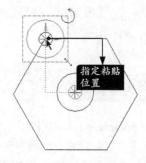

步骤 08 系统弹出【粘贴】选项卡，单击✔按钮即可完成圆形的粘贴，结果如下图所示。

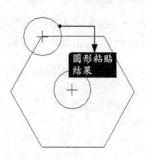

步骤 09 重复 步骤 06 至 步骤 08 的操作，继续对
圆形进行复制、粘贴操作，结果如右图所示。

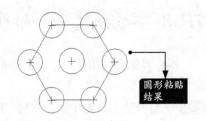

圆形粘贴
结果

7.2 创建尺寸标注

● 本节视频教程时间：17分钟

 在讲解尺寸标注之前，有必要先讲解Creo Parametric 4.0的尺寸驱动机制。
所谓尺寸驱动，就是草绘好图元的基本形状后，若改动尺寸的数值，图形会自
动地根据数值的大小进行变化。这实际上是参数化造型的一个基本的功能。

在草绘的过程中，一般先草绘出图元基本
的形状，然后修改尺寸和约束，使其达到要
求，从而完成草绘。在Creo Parametric 4.0中，
草图尺寸是自动标注的，但有时自动尺寸标注
达不到绘图的要求，这时就需要重新标注一些
尺寸。

这里为了介绍尺寸的标注方法，先关闭
Creo Parametric 4.0的尺寸自动标注功能。方法
是选择【文件】➤【选项】命令，打开【Creo
Parametric 选项】对话框，在左侧选择【草绘
器】选项，然后在【对象显示设置】区域中取消
勾选【显示弱尺寸】复选项，并单击【确定】按
钮进行确认，如右图所示。

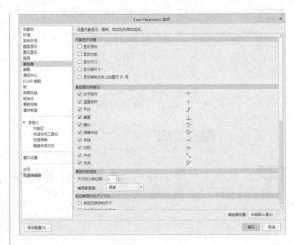

7.2.1 标注尺寸

在Creo Parametric 4.0中利用【尺寸】标注功能可以标注几何图元的多种尺寸，例如距离标
注、半径标注、直径标注、角度标注、弧度标注、椭圆标注、样条曲线标注等，用户可以根据需
要对不同图元进行尺寸标注，以满足预期的设计要求。

● 1. 功能常见调用方法

在Creo Parametric 4.0中选择需要镜像的图元，然后单击【草绘】选项卡➤【尺寸】面板➤
【尺寸】按钮┌→┐即可，如下图所示。

● 2. 知识点扩展

调用【尺寸】标注功能后，选择相应的几何图元（或者特殊点）即可对其进行标注操作。

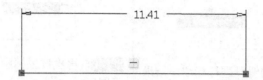

7.2.2 实战演练——对几何图元进行尺寸标注操作

本小节利用【尺寸】标注功能对几何图元进行多种尺寸标注操作，具体操作步骤如下。

● 1. 标注直线长度

步骤 01 打开随书资源中的"素材\CH07\直线长度标注.sec"文件，如下图所示。

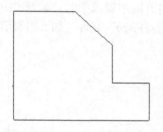

步骤 02 单击【草绘】选项卡▶【尺寸】面板▶【尺寸】按钮↦，然后在绘图区域中选择如下图所示的端点。

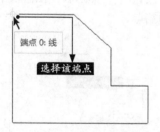

步骤 03 继续在绘图区域中选择如下图所示的端点。

步骤 04 在放置尺寸线的位置上按鼠标中键，如下图所示。

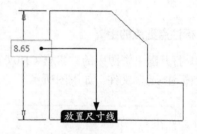

步骤 05 再次按鼠标中键进行确认，标注结果如下图所示。

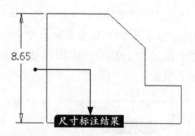

步骤 06 在不退出【尺寸】标注功能的情况下，在绘图区域中选择如下图所示的线段。

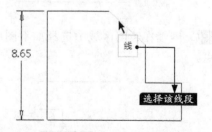

步骤 07 在放置尺寸线的位置上按鼠标中键，然后再次按鼠标中键进行确认，标注结果如下页图所示。

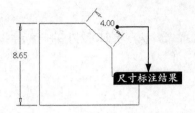

步骤 08 继续对其他位置的线段进行标注，结果如下图所示。

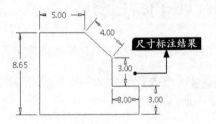

2. 标注点到点的距离

步骤 01 打开随书资源中的"素材\CH07\点到点的距离标注.sec"文件，如下图所示。

步骤 02 单击【草绘】选项卡▶【尺寸】面板▶【尺寸】按钮↔，然后在绘图区域中选择如下图所示的端点。

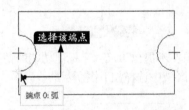

步骤 03 继续在绘图区域中选择如下图所示的端点。

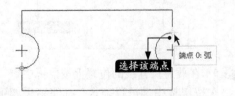

步骤 04 在放置尺寸线的位置上按鼠标中键，如右上图所示。

步骤 05 再次按鼠标中键进行确认，标注结果如下图所示。

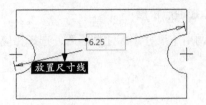

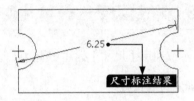

3. 标注点到直线的距离

步骤 01 打开随书资源中的"素材\CH07\点到直线的距离标注.sec"文件，如下图所示。

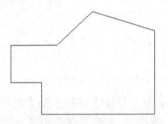

步骤 02 单击【草绘】选项卡▶【尺寸】面板▶【尺寸】按钮↔，然后在绘图区域中选择如下图所示的端点。

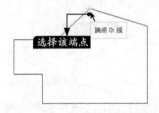

步骤 03 继续在绘图区域中选择如下图所示的线段。

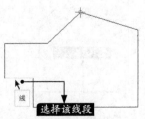

步骤 04 在放置尺寸线的位置上按鼠标中键，如

下图所示。

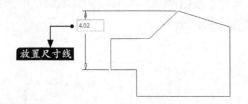

步骤 05 再次按鼠标中键进行确认，标注结果如下图所示。

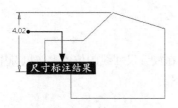

4. 标注平行线之间的距离

步骤 01 打开随书资源中的"素材\CH07\平行线之间的距离标注.sec"文件，如下图所示。

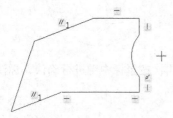

步骤 02 单击【草绘】选项卡▶【尺寸】面板▶【尺寸】按钮┃↔┃，然后在绘图区域中选择如下图所示的线段。

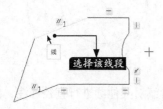

步骤 03 继续在绘图区域中选择如下图所示的线段。

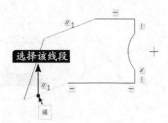

步骤 04 在放置尺寸线的位置上按鼠标中键，如下图所示。

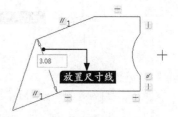

步骤 05 再次按鼠标中键进行确认，标注结果如下图所示。

5. 标注半径

步骤 01 打开随书资源中的"素材\CH07\半径标注.sec"文件，如下图所示。

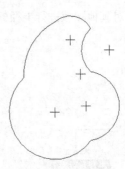

步骤 02 单击【草绘】选项卡▶【尺寸】面板▶【尺寸】按钮┃↔┃，然后在绘图区域中单击选择如下图所示的圆弧。

步骤 03 在放置尺寸线的位置上按鼠标中键，如

下图所示。

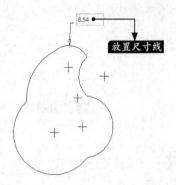

步骤 04 再次按鼠标中键进行确认，标注结果如下图所示。

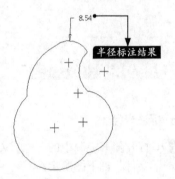

步骤 05 继续对其他圆弧进行半径标注，标注结果如下图所示。

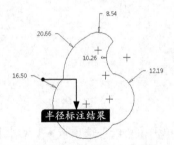

● **6. 标注直径**

步骤 01 打开随书资源中的"素材\CH07\直径标注.sec"文件，如下图所示。

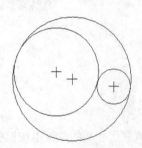

步骤 02 单击【草绘】选项卡➤【尺寸】面板➤【尺寸】按钮⟷，然后在绘图区域中双击选择如下图所示的圆。

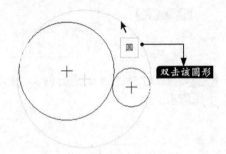

步骤 03 在放置尺寸线的位置上按鼠标中键，如下图所示。

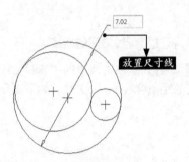

步骤 04 再次按鼠标中键进行确认，标注结果如下图所示。

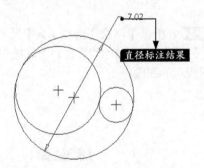

步骤 05 继续对其他圆进行直径标注，标注结果如下图所示。

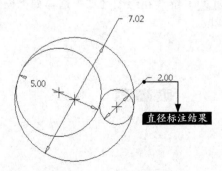

7. 标注角度

步骤 01 打开随书资源中的"素材\CH07\角度标注.sec"文件，如下图所示。

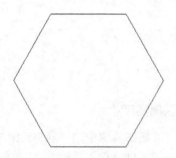

步骤 02 单击【草绘】选项卡▶【尺寸】面板▶【尺寸】按钮|↔|，然后在绘图区域中选择如下图所示的线段。

步骤 03 继续在绘图区域中选择如下图所示的线段。

步骤 04 在放置尺寸线的位置上按鼠标中键，如下图所示。

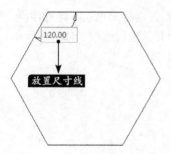

步骤 05 再次按鼠标中键进行确认，标注结果如下图所示。

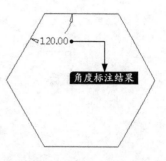

步骤 06 继续对其他位置进行角度标注，标注结果如下图所示。

8. 标注弧度

步骤 01 打开随书资源中的"素材\CH07\弧度标注.sec"文件，如下图所示。

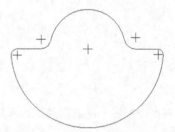

步骤 02 单击【草绘】选项卡▶【尺寸】面板▶【尺寸】按钮|↔|，然后在绘图区域中选择如下图所示的端点。

步骤 03 继续在绘图区域中选择如下图所示的端点。

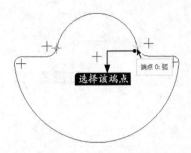

步骤 04 继续在绘图区域中选择如下图所示的圆弧。

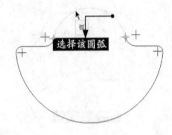

步骤 05 在放置尺寸线的位置上按鼠标中键，如下图所示。

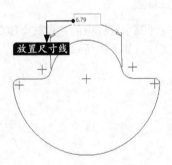

步骤 06 再次按鼠标中键进行确认，标注结果如下图所示。

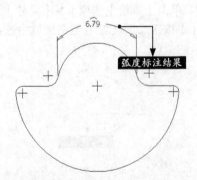

步骤 07 继续对其他位置进行弧度标注，标注结果如右上图所示。

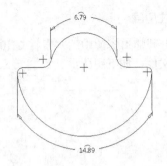

9. 标注椭圆尺寸

步骤 01 打开随书资源中的"素材\CH07\椭圆尺寸标注.sec"文件，如下图所示。

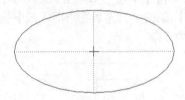

步骤 02 单击【草绘】选项卡▶【尺寸】面板▶【尺寸】按钮，然后在绘图区域中选择如下图所示的椭圆。

步骤 03 按鼠标中键，系统会弹出【椭圆半径】对话框，选择【长轴】单选项，并单击【接受】按钮，如下图所示。

步骤 04 系统会显示出长半轴标注值，用户可以根据需要对其进行修改，如下图所示。

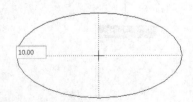

步骤 05 再次按鼠标中键进行确认，椭圆长半轴标注结果如下图所示。

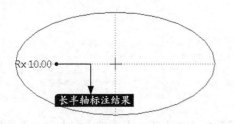

步骤 06 继续对椭圆短半轴进行标注，标注结果如下图所示。

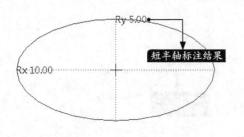

10. 标注样条曲线

步骤 01 打开随书资源中的"素材\CH07\样条曲线标注.sec"文件，如下图所示。

步骤 02 单击【草绘】选项卡▶【尺寸】面板▶【尺寸】按钮↔，然后在绘图区域中选择如下图所示的样条曲线。

步骤 03 继续在绘图区域中选择如下图所示的端点。

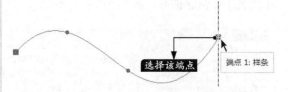

步骤 04 继续在绘图区域中选择如下图所示的中心线。

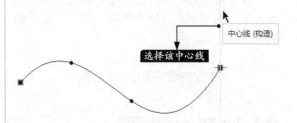

步骤 05 在放置尺寸线的位置上按鼠标中键，如下图所示。

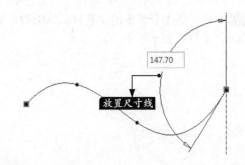

步骤 06 再次按鼠标中键进行确认，标注结果如下图所示。

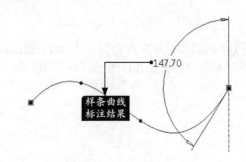

7.2.3 标注周长

在Creo Parametric 4.0中利用【周长】标注功能可以快速地标注出几何图元的周长尺寸。

1. 功能常见调用方法

在Creo Parametric 4.0中选择需要标注周长的图元，然后单击【草绘】选项卡➤【尺寸】面板➤【周长】按钮即可，如下图所示。

2. 系统提示

选择需要标注周长的图元并调用【周长】功能后，会看到信息栏中的提示信息，如下图所示。

➡ 选择由周长尺寸驱动的尺寸。

3. 实战演练——周长标注

利用【周长】标注功能对几何图元进行周长尺寸标注，具体操作步骤如下。

步骤01 打开随书资源中的"素材\CH07\周长标注.sec"文件，如下图所示。

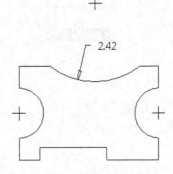

步骤02 在绘图区域中配合按住【Ctrl】键选择除尺寸标注外的全部几何图元，如下图所示。

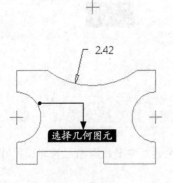

选择几何图元

步骤03 单击【草绘】选项卡➤【尺寸】面板➤【周长】按钮，然后在绘图区域中选择如下图所示的尺寸标注。

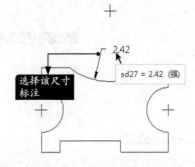

选择该尺寸标注

sd27 = 2.42（强）

步骤04 系统会显示出周长标注测量值，用户可以根据需要对其进行更改，如下图所示。

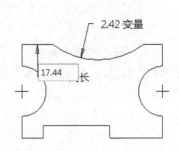

步骤05 按鼠标中键进行确认，周长标注结果如下图所示。

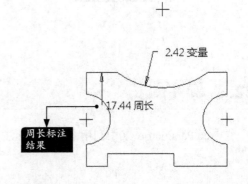

周长标注结果

7.3 修改尺寸标注

本节视频教程时间：9分钟

对几何图元进行尺寸标注后，为了满足实际设计需求，很多情况下需要对已经标注出来的尺寸进行修改操作，这些修改一般包括修改尺寸值、移动尺寸、加强尺寸等。

7.3.1 修改尺寸值

在草绘的过程中，为了绘制出合适的图形，常常需要修改尺寸值。

1. 功能常见调用方法

尺寸的修改通常有以下两种方法。

方法一：双击尺寸数值，然后在出现的文本框中输入新的数值。这种方法通常用于草绘图形比较简单、尺寸较少或只需要改变一两个尺寸的时候。

方法二：在Creo Parametric 4.0中选择需要修改的尺寸标注，然后单击【草绘】选项卡➤【编辑】面板➤【修改】按钮 即可，如下图所示。

2. 系统提示

选择需要修改的尺寸标注，并调用【修改】功能后，系统会弹出【修改尺寸】对话框，如下图所示。

3. 知识点扩展

【修改尺寸】对话框中各选项含义如下。

【重新生成】：根据输入的新数值重新计算草绘图的几何形状。在选中此复选项的状态下，每一个尺寸的修改都会立刻反映在草绘几何图形上。如果不选中该复选项，则在尺寸修改完成后单击【确定】按钮一起计算。系统默认该项为选中状态。建议在使用的过程中将该项的选中状态取消，因为当修改前后的尺寸数值相差太大时，立即计算出新的几何图形会使草绘图出现不可预料的形状，从而妨碍以后的尺寸修改。

【锁定比例】：使所有的被选中尺寸保持固定的比例。选中此复选项后，角度尺寸也会随着距离尺寸的变化而变化。当没有角度尺寸时，改动尺寸只能改变草绘图的大小，而不能改变其形状。

4. 实战演练——对几何图元标注尺寸进行修改操作

综合利用尺寸修改的两种方法对几何图元的尺寸标注进行修改，具体操作步骤如下。

步骤 01 打开随书资源中的"素材\CH07\尺寸标注修改.sec"文件，如下图所示。

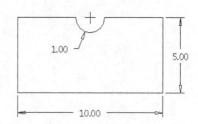

步骤 02 在绘图区域中双击标注为"10"的尺寸标注，并将其数值修改为"5"，如下图所示。

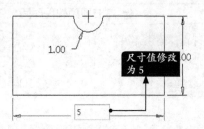

步骤 03 按鼠标中键进行确认，尺寸标注修改后的结果如下图所示。

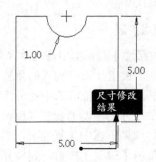

步骤 04 在绘图区域中选择如下图所示的尺寸标注。

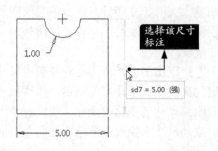

步骤 05 单击【草绘】选项卡➤【编辑】面板➤【修改】按钮，系统弹出【修改尺寸】对话框后，将标注数值修改为"10"，如下图所示。

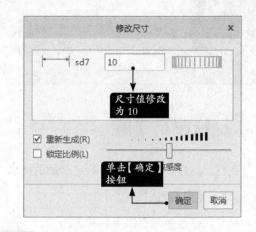

步骤 06 单击【确定】按钮，尺寸标注修改后的结果如下图所示。

7.3.2 移动尺寸

移动尺寸位置的方法很简单，用户只需要单击尺寸标注，按住鼠标左键不放，进行拖曳操作，此时标注数值变成长方形，且指针变成 形状，将其拖到适合的位置，松开鼠标左键即可。

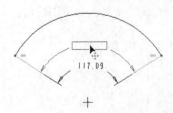

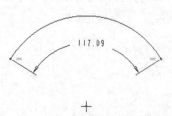

7.3.3 加强尺寸

　　【草绘器】应能保证在截面创建的任何阶段都充分地约束和标注截面。当草绘某个截面时系统会自动地标注几何尺寸，这些尺寸被称为弱尺寸，系统在创建和删除它们时并不给予警告。弱尺寸默认显示为蓝色。

　　在退出【草绘器】之前，加强想要保留在截面中的弱尺寸是一个很好的习惯，这样可以确保系统在没有输入时不删除这些尺寸。

　　将弱尺寸转换为强尺寸的方法如下。

　　首先选择需要转换为强尺寸的弱尺寸，系统会自动弹出浮动工具栏，在该工具栏中单击【强】按钮即可，如下左图所示。弱尺寸转换为强尺寸后，用户可以根据需要对其标注数值进行修改，如下右图所示。

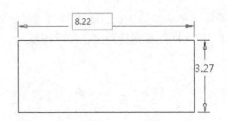

　　用户也可以添加自己的尺寸来创建所需的标注形式。用户尺寸被系统认定为强尺寸。添加强尺寸时，系统会自动地删除不必要的弱尺寸和约束。

7.4 综合应用——标注支架零件

本节视频教程时间：5分钟

　　本节综合利用尺寸标注、【Creo Parametric选项】对话框、将弱尺寸转换为强尺寸等功能标注支架零件，具体操作步骤如下。

步骤01 打开随书资源中的"素材\CH07\支架.sec"文件，如下图所示。

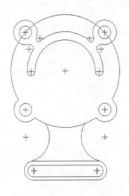

步骤02 单击【草绘】选项卡▶【尺寸】面板▶

【尺寸】按钮，单击直线后，在其下侧按鼠标中键，即可标注直线的长度，如下图所示。

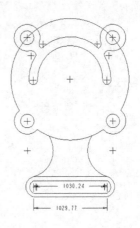

步骤 03 选中视图中圆或圆弧，依次标注其半径长度，如下图所示。

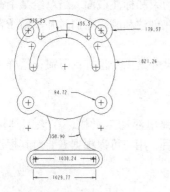

步骤 04 半径标注完成后，单击圆与圆弧之间的距离，依次标注其间接距离，如下图所示。

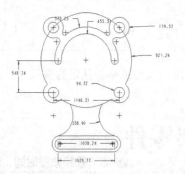

步骤 05 为了全面添加标注，可以借助系统自动添加标注的功能。选择【文件】▶【选项】菜单命令，打开【Creo Parametric选项】对话框，在左侧选择【草绘器】选项，然后在【对象显示设置】区域中勾选【显示弱尺寸】复选项，并单击【确定】按钮，如下图所示。

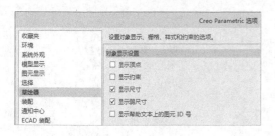

步骤 06 系统将自动添加弱标注，并默认显示为蓝色，选择需要保留的弱标注，此时默认变为红色，如下图所示。

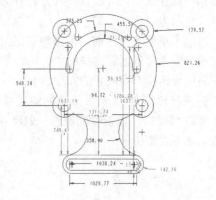

步骤 07 在系统自动弹出的浮动工具栏中单击【强】按钮，如下图所示。

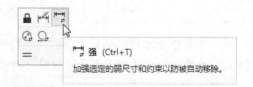

步骤 08 这样即可将弱标注转换为强标注，并保留下来，如下图所示。

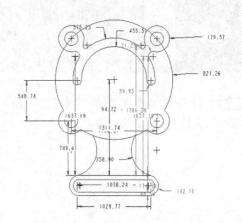

第3篇
辅助绘图

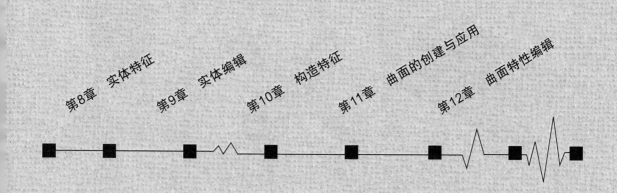

第 **8** 章

实体特征

学习目标

　　本章主要讲解Creo Parametric中最基本的特征构建功能，即【拉伸】、【旋转】、【扫描】、【混合】等特征应用于【伸出项】（加材料）、【切口】（切减材料）、【薄板伸出项】和【薄板切口】等。在学习的过程中应重点掌握各种特征构建功能参数并灵活运用，这样可以使特征的构建更容易，效果更理想。

学习效果

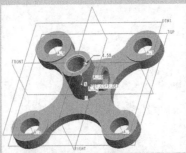

8.1 拉伸

⊙ **本节视频教程时间：24 分钟**

【拉伸】一词也称【挤制】，源自机械制造加工成型方式。例如，铝制品的生产方式是将铝锭置入压出机内，冲杆推压铝锭朝特定的外形模具移动，经过模具推压后即产生与模具外形相仿的均匀断面效果（见下图）。

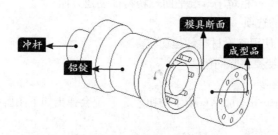

由上图可以看出，沿压出方向任一位置的横断面皆相同。所以伸出项类型的拉伸特征定义为单一剖面外形沿其正交方向【紧密堆栈】产生实体特征。

8.1.1 【拉伸】操控板参数

在Creo Parametric 4.0中，为满足用户在拉伸过程中的不同需求，拉伸操控板中整合了多种功能。

● 1. 功能常见调用方法

在Creo Parametric 4.0中单击【模型】选项卡▶【形状】面板▶【拉伸】按钮📄即可，如下图所示。

● 2. 系统提示

调用【拉伸】功能后系统会弹出【拉伸】操控板，如下图所示。

调用【拉伸】功能后会看到信息栏中的提示信息，如下图所示。

⇨选择一个草绘。(如果首选内部草绘，可在放置面板中找到 "定义" 选项。)

● 3. 知识点扩展

拉伸操控板参数含义如下。

（1）公共【拉伸】选项

- ▢（拉伸为实体）：创建实体。
- ▣（拉伸为曲面）：创建曲面。
- 【深度】选项：约束特征的深度。
- 【深度】框和【参照】收集器：指定由深度尺寸所控制的拉伸的深度值。如果需要深度参照，文本框将起到收集器的作用，并列出参照摘要。
- ⤢（切换拉伸方向）：相对于草绘平面反转特征创建方向。

（2）用于创建切口的选项

- ◪（移除材料）：使用移除材料创建切口。
- ⤢：创建切口时改变要移除的侧。

（3）【加厚草绘】选项

在【拉伸】操控板中单击【加厚草绘】按钮▢，系统会弹出如下图所示的选项。

- ▢（薄壁拉伸厚度）：通过为剖面轮廓指定厚度创建特征。
- ⤢（薄壁拉伸方向）：改变添加厚度的一侧，或者向两侧添加厚度。
- 【厚度】框：指定应用于剖面轮廓的厚度值。
- 【面组】收集器：如果面组的两侧都被保留，则指定一侧来保留原始面组的面组标识。

（4）【拉伸】上滑面板

【拉伸】工具提供了下列上滑面板。

- 【放置】选项卡：使用该选项卡可以重定义特征剖面。单击【定义…】按钮可以创建或更改剖面；单击【取消链接】可以使剖面独立于草绘基准曲线。
- 【选项】选项卡：使用该选项卡可以重定义草绘平面每一侧的特征深度；可以通过选取【封闭端】选项用封闭端创建曲面特征。
- 【属性】选项卡：使用该选项卡可以编辑特征名，并在Creo Parametric 4.0的浏览器中打开特征信息。

8.1.2 拉伸特征类型

拉伸特征有伸出项、切口、曲面拉伸和曲面修剪4种类型，又可以配合【加厚草绘】选项的使用建立不同的特征。常见的拉伸特征如下表所示。

特征类型	示 例
拉伸实体伸出项	
具有指定厚度的拉伸实体伸出项（加厚）	
用【穿至下一个】所创建的拉伸切口	
拉伸曲面	
拉伸曲面修剪 （将剖面投影到面组上可以在此面组中切出一个孔）	
带有开放剖面的曲面修剪 （将剖面投影到面组上可以创建修剪线并切割该面组）	原型： 结果：

8.1.3 拉伸深度设置

拉伸特征的深度设置，可以按不同的需要指定适当的深度定义方式。该特征选项卡中提供了6种方式用于设置深度，如下图所示。

这6种深度定义形式的具体说明如下表所示。

深度形式	说　明
⤒ 盲孔	自草绘平面以指定深度值拉伸剖面。注意指定一个负的深度值会反转深度方向
⊟ 对称	在草绘平面每一侧上以指定深度值的一半拉伸剖面
⩵ 到下一个	不需要设置拉伸深度尺寸，系统会自动将剖面拉伸至下一个点、曲线、平面或曲面
⊨ 穿透	不需要设置拉伸深度尺寸，系统会将剖面穿过整个模型进行拉伸
⤒ 穿至	不需要设置拉伸深度尺寸，系统会自动将剖面拉伸至一个选定点、曲线、平面或曲面，并且会穿过这个选定项
⤒ 到选定项	不需要设置拉伸深度尺寸，系统会自动将剖面拉伸至一个选定点、曲线、平面或曲面，并且不会穿过这个选定项

小提示

采用捕捉至最近参照的方法可以将深度选项由【盲孔】改变为【到选定项】。按住【Shift】键拖动深度图柄至要使用的参照以终止特征。按住【Shift】键并拖动深度图柄可以将深度选项改回到【盲孔】。拖动图柄时会显示深度的尺寸。

使用零件图元终止特征的规则如下。

（1）拉伸的轮廓必须位于终止曲面的边界内。

（2）在和另一个图元相交处终止的特征不具有和其相关的深度参数。修改终止曲面可以改变特征的深度。

8.1.4 拉伸剖面

🍃 1. 定义要拉伸的剖面

【拉伸】工具要求定义要拉伸的剖面，可以使用下列方法之一定义剖面。

（1）在激活【拉伸】工具之前选取一条草绘的基准曲线。

（2）激活【拉伸】工具并草绘剖面。要创建剖面，请单击【放置】上滑面板，然后单击【定义…】。

（3）在【拉伸】工具中，可以创建要用作剖面的草绘基准曲线。要创建基准曲线，可以单击【模型】选项卡▶【基准】面板▶【草绘】按钮。激活【拉伸】工具并选取一条草绘基准曲线。

2. 创建实体拉伸剖面的规则

用于实体拉伸的剖面须注意下列创建剖面的规则。

（1）拉伸剖面可以是开放的或闭合的。

（2）开放剖面可以只有一个轮廓。所有的开放端点必须与零件边对齐。

（3）闭合剖面可以由下列几项组成。

① 单一或多个不叠加的封闭环。

② 嵌套环，其中最大的环用作外部环，而将其他所有的环视为较大环中的孔。这些环不能彼此相交。

3. 创建切口和加厚拉伸剖面的规则

用于切口和加厚拉伸的剖面须注意下列创建剖面的规则。

（1）可以使用开放或闭合剖面。

（2）可以使用带有不对齐端点的开放剖面。

（3）剖面不能含有相交图元。

4. 创建曲面的剖面规则

用于曲面的剖面须注意下列创建剖面的规则。

（1）可以使用开放或闭合剖面。

（2）剖面可以含有相交图元。

5. 使用具有多个轮廓的剖面

向现有零件添加拉伸效果时，可以在同一个草绘平面上草绘多个轮廓。这些轮廓不能重叠，但可以嵌套。所有的拉伸轮廓共用相同的深度选项，并且总是被一起选取。

也可以在剖面轮廓内草绘多个环以创建空腔（岛）图形。

8.1.5 薄壁拉伸特征

上述内容皆以【实体】类型为主，本小节介绍【薄壁】类型的情况。使用相同的草绘剖面，【实体】与【薄壁】的结果是不相同的。

薄壁类型的构建过程与实体类型的相同。剖面草绘完成后，单击【拉伸】操控板中的【加厚草绘】模式 即可，如下图所示；输入厚度值并可通过后方的 切换厚度，增加方向有【内侧】、【外侧】与【双侧】3种。

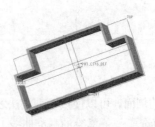

拉伸特征整合到对象的观念应用：可以先选取一个草绘基准曲线（欲作为草绘的剖面曲线），然后启动【拉伸】工具，所选的基准曲线会复制到特征剖面，接着会有一个警告对话框提示特征剖面将不再与原来的基准曲线有关联。【拉伸】工具会分析所选的几何并创建预设拉伸特征，预设的特征类型视所选的几何而定（如开放的草绘基准曲线可以产生曲面），或者是需要改

变特征的类型与选项。若先点选的为一个平面，则进入草绘环境时会以此平面作为草绘平面。

欲创建拉伸特征，需设置草绘剖面、特征模式（如伸出项、切口、薄壁）及设置深度。此3项设置完成后，操控板中的【检验】按钮 od 随即呈高亮显示，单击该按钮可以查看此设置下所产生的模型。

8.1.6 实战演练——创建拉伸特征

本小节创建模型拉伸特征，拉伸类型主要会应用到伸出项、切口及薄壁拉伸等，具体操作步骤如下。

步骤 01 打开随书资源中的"素材\CH08\拉伸特征.prt"文件，如下图所示。

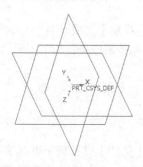

步骤 02 单击【模型】选项卡➤【基准】面板➤【草绘】按钮 ，系统弹出【草绘】对话框后，进行如下图所示的相关设置，并单击【草绘】按钮。

步骤 03 系统进入草绘模式后，绘制如下图所示的草绘剖面。

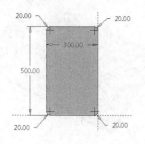

步骤 04 在【草绘】选项卡中单击 按钮，选择该草绘剖面，将其作为需要拉伸的图元，然后单击【模型】选项卡➤【形状】面板➤【拉伸】按钮 ，系统弹出【拉伸】操控板后，进行如下图所示的设置。

步骤 05 在【拉伸】操控板中可以单击 按钮适当调整拉伸方向，如下图所示。

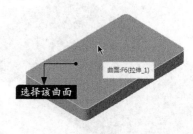

步骤 06 在【拉伸】操控板中单击 按钮，完成拉伸操作。继续调用【拉伸】功能，系统弹出【拉伸】操控板后，在绘图区域中选择如下图所示的曲面。

步骤 07 系统进入草绘模式后，绘制如下页图所示的草绘剖面。

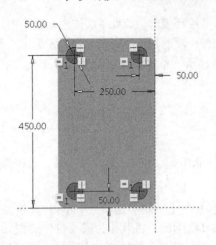

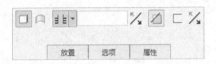

步骤 08 在【草绘】选项卡中单击 ✔ 按钮，然后在【拉伸】操控板中进行如下图所示的设置。

步骤 09 在【拉伸】操控板中可以单击 ⅍ 按钮适当调整拉伸方向，如下图所示。

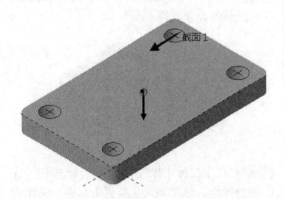

步骤 10 在【拉伸】操控板中单击 ✔ 按钮，完成拉伸操作。继续调用【拉伸】功能，系统会弹出【拉伸】操控板，在绘图区域中选择如下图所示的曲面。

步骤 11 系统进入草绘模式后，绘制如下图所示的草绘剖面。

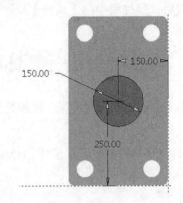

步骤 12 在【草绘】选项卡中单击 ✔ 按钮，然后在【拉伸】操控板中进行如下图所示的设置。

步骤 13 在【拉伸】操控板中可以单击 ⅍ 按钮适当调整拉伸方向，并将厚度增加方向调整为内侧，如下图所示。

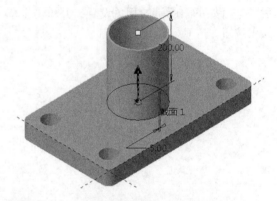

步骤 14 在【拉伸】操控板中单击 ✔ 按钮，完成拉伸操作，结果如下图所示。

8.2 扫描

【扫描】特征的构建原则是建立一条扫描轨迹路径，草绘剖面沿此轨迹移动形成最后的结果，主要分为【伸出项】、【切口】、【曲面】和【曲面修剪】4种。其中除【曲面】外，其他3种在套用薄板模式下又衍生出另外3种，即【薄板伸出项】、【薄板切口】和【薄曲面修剪】。下图所示为加材料与切减材料的效果。

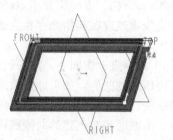

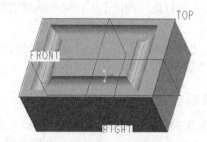

8.2.1 【扫描】操控板参数

◉ 1. 功能常见调用方法

在Creo Parametric 4.0中单击【模型】选项卡✎【形状】面板➤【扫描】按钮📎即可，如下图所示。

◉ 2. 系统提示

调用【扫描】功能后系统会弹出【扫描】操控板，如下图所示。

◉ 3. 知识点扩展

【扫描】操控板参数含义如下。

1）对话栏

【扫描】对话栏由下列元素组成。

（1）▢：扫描为实体。

（2）◠：扫描为曲面。

（3）✎：打开内部剖面草绘器以创建或编辑扫描剖面。

（4）◿：实体或曲面切口。

（5）⊏：薄伸出项、薄曲面或曲面切口。

（6）⟋：更改操作方向，以便添加或移除材料。

（7）【最近使用的值】框：输入或选取厚度值。

（8）【修剪面组】框：包含选定要进行修剪的面组参照。

2）上滑面板

【扫描】操控板中显示下列上滑面板。

（1）【参考】选项卡：选择轨迹参照曲线，如下图所示。

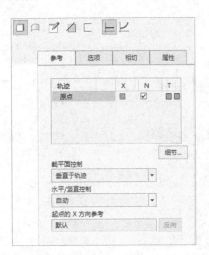

① 【轨迹】收集器：显示作为原始轨迹选取的轨迹，并允许指定轨迹类型。

② 【细节…】按钮：打开【链】对话框，以便修改链属性。

③ 【截平面控制】：确定剖面定向的方法。

（a）【垂直于轨迹】：移动框架总是垂直于指定的轨迹。

（b）【垂直于投影】：移动框架的 y 轴平行于指定方向，且 z 轴沿指定方向与原始轨迹的投影相切。可以利用方向参照收集器添加或删除参照。

（c）【恒定法向】：移动框架的 z 轴平行于指定方向。可以利用方向参照收集器添加或删除参照。

④【水平/竖直控制】：确定框架绕草绘平面法向的旋转是如何沿可变剖面扫描进行控制的。

（a）【自动】：剖面由 xy 方向自动定向。Creo Parametric 4.0可以计算 x 向量的方向，最大程度地降低扫描几何的扭曲。对于没有参照任何曲面的原始轨迹，【自动】为默认选项。方向参照收集器允许定义扫描起始处的初始剖面或框架的 x 轴方向。有时需要指定 x 轴方向，例如对于直线轨迹或在起始处存在直线段的轨迹即是如此。

（b）【垂直于曲面】：剖面的 y 轴垂直于原始轨迹所在的曲面。如果原点轨迹参照为曲面上的曲线、曲面的单侧边、曲面的双侧边或实体边、由曲面相交创建的曲线或两条投影曲线，则此项为缺省选项。【下一个】允许移动到下一个法向曲面。

（c）【 x 轴轨迹】：剖面的 x 轴过指定的 x 轨迹和沿扫描的剖面的交点。

（2）【选项】选项卡：添加封闭端点或合并扫描端点，如下图所示。

① 【封闭端】复选项：向扫描添加封闭端点。注意：要使用此复选项，则必须选取具有封闭剖面的曲面参照。

② 【合并端】复选项：合并扫描端点。为执行合并，扫描端点处必须要有实体曲面。此外，扫描必须选中【恒定剖面】和单个平面轨迹。

③ 【草绘放置点】：指定原始轨迹上想要草绘剖面的点，不影响扫描的起始点。如果【草绘放置点】为空，则将扫描的起始点用作草绘剖面的默认位置。

（3）【相切】选项卡：用相切轨迹选取及控制曲面，如下页图所示。

① 【无】：禁用相切轨迹。

② 【第 1 侧】：扫描剖面与轨迹侧1上的

曲面相切。

③ 【第 2 侧】：扫描剖面与轨迹侧2上的
曲面相切。

④ 【选取的】：手动指定扫描剖面的相切
曲面。

（4）【属性】选项卡：重命名扫描特征或
在Creo Parametric 4.0的嵌入式浏览器中查看关
于扫描特征的信息，如下图所示。

8.2.2 扫描轨迹的建立方式

扫描轨迹的建立方式有两种，分别是【草绘轨迹】和【选取轨迹】。

（1）【草绘轨迹】：选择草绘平面，在其上面绘制轨迹外形（即二维曲线）。

（2）【选取轨迹】：选择已存在的【曲线】或实体上的【边】作为轨迹路径，该曲线可以为
空间三维曲线。

当扫描轨迹绘制完成后，系统会自动地切换至视角与该轨迹路径正交的平面上，以进行2D
剖面的绘制。若选择【选取轨迹】，利用现存曲线作为扫描轨迹，系统会询问水平参考面的方向
（为扫描剖面选取水平平面的向上方向），该轨迹曲线落于实体表面上。

8.2.3 恒定剖面扫描的工作流程

使用【恒定剖面扫描】工具的基本工作流程如下。

（1）选取原始轨迹。

（2）打开【扫描】工具。原始轨迹在【轨迹】收集器的第一行，并且【N】复选项被选中。

（3）假定该轨迹具有相邻曲面，【垂直于轨迹】和【垂直于曲面】将被选中。如果该轨迹没
有相邻曲面，【自动】将被选中。

（4）在【扫描】操控板中设置【恒定剖面】。

（5）草绘剖面进行扫描。

（6）预览几何并完成特征创建。

8.2.4 实战演练——创建扫描特征

本小节创建模型扫描特征，主要会应用到草绘曲线及变截面扫描，具体操作步骤如下。

步骤 01 打开随书资源中的"素材\CH08\扫描特征.prt"文件，如下页图所示。

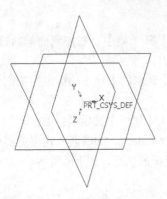

步骤 02 单击【模型】选项卡▶【基准】面板▶【草绘】按钮╲，系统弹出【草绘】对话框后，进行如下图所示的相关设置，并单击【草绘】按钮。

步骤 03 系统进入草绘模式后，绘制如下图所示的3条草绘曲线。

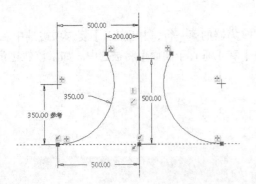

步骤 04 在【草绘】选项卡中单击 ✔ 按钮，在绘图区域的空白位置上单击一下，取消对3条草绘曲线的选择，然后单击【模型】选项卡▶【形状】面板▶【扫描】按钮 ⬡，系统弹出【扫描】操控板后，在绘图区域中配合按住【Ctrl】键依次选择【原点】、【链1】、【链

2】，如下图所示。

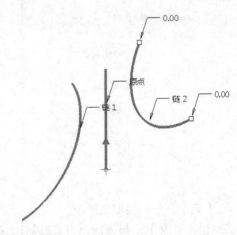

步骤 05 在【扫描】操控板中切换到【参考】选项卡，进行如下图所示的设置。

步骤 06 在【扫描】操控板中单击 按钮，系统进入草绘模式后，绘制如下图所示的椭圆形。

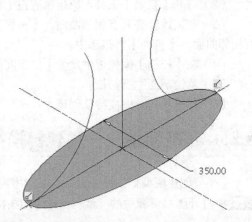

步骤 07 在草绘选项卡中单击 ✔ 按钮，系统返回【扫描】操控板后，绘图区域显示如下页图所示。

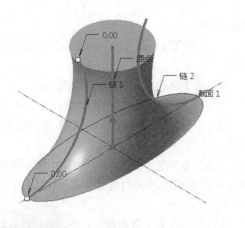

步骤 08 在【扫描】操控板中单击 ✔ 按钮，完成扫描特征操作，结果如下图所示。

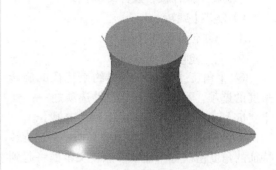

8.3 旋转

🔹 本节视频教程时间：39分钟

【旋转】特征为一个绕中心线旋转草绘剖面而形成的特征。它具有"轴对称"特性，沿中心轴"剖开"，在中心轴两侧的断面呈"对称"状态。

简言之，旋转特征的构建原则是剖面外形围绕中心轴（在草绘剖面时以【几何中心线】 功能建立）旋转特定的角度。旋转特征与拉伸特征相仿，有【旋转伸出项】、【旋转切口】、【旋转曲面】和【旋转曲面修剪】4种类型。

创建的流程大致为：先创建包含旋转轴的草绘剖面，旋转工具会构建一个预设旋转特征并显示几何的预览，接着改变旋转角度、实体或曲面切换、伸出项或切口，或是为草绘指定一个厚度以创建【薄壁】特征。

8.3.1 【旋转】操控板参数

● 1. 功能常见调用方法

在Creo Parametric 4.0中单击【模型】选项卡▶【形状】面板▶【旋转】按钮 ⚫ 即可，如下图所示。

● 2. 系统提示

调用【旋转】功能后系统会弹出【旋转】操控板，如下图所示。

● **3.知识点扩展**

【旋转】操控板参数含义如下。

1）公共【旋转】选项

① ▢：创建实体特征。

② ◪：创建曲面特征。

③ 【角度】选项：列出约束特征的旋转角度的选项。可以选择以下3种选项之一：⬮【变量】、🗗【对称】、⬮【到选定项】。

④ 【角度】框/【参照】收集器：指定旋转特征的角度值。如果需要参照，文本框将起到一个收集器的作用，并列出参照摘要。

⑤ ⅍：相对于草绘平面反转特征创建方向。

2）用于创建切口的选项

① ◿：使用旋转特征体积块创建切口。

② ⅍：创建切口时改变要移除的侧。

3）【加厚草绘】选项

在【旋转】操控板中单击【加厚草绘】按钮，弹出如下图所示的选项。

① ▢：通过为剖面轮廓指定厚度创建特征。

② ⅍：改变添加厚度的一侧，或者向两侧添加厚度。

③ 【厚度】框：指定应用于剖面轮廓的厚度值。

4）用于创建旋转曲面修剪的选项

（1）◿：使用旋转剖面修剪曲面。

（2）⅍：改变要被移除的面组侧或保留两侧。

（3）【面组】收集器：如果面组的两侧均被保留，则选取一侧以保留原始面组的面组标识。

5）【旋转】上滑面板

上滑面板中包括以下元素。

（1）【放置】选项卡：使用该选项卡可以重定义特征剖面并指定旋转轴。单击【定义…】按钮可以创建或更改剖面，在【轴】收集器中单击可以定义旋转轴。单击【取消链接】可以使剖面独立于草绘基准曲线。

（2）【选项】选项卡：使用该选项卡可以进行下列操作。

① 重定义草绘的一侧或两侧的旋转角度。

② 通过选取【封闭端】选项用封闭端创建曲面特征。

（3）【属性】选项卡：使用该选项卡可以编辑特征名，并在Creo Parametric 4.0的浏览器中打开特征信息。

8.3.2 旋转特征类型

常见的几种旋转特征如下表所示。

特征类型	示　　例
旋转实体伸出项	
具有指定厚度的旋转伸出项（使用封闭剖面创建）	
具有指定厚度的旋转伸出项（使用开放剖面创建）	
旋转切口	
旋转曲面	

8.3.3 剖面草绘注意事项

构建旋转特征的剖面草绘应注意以下几点。

（1）草绘剖面时须建立一条几何中心线（▯）作为旋转轴，且剖面外形不允许跨越中心线。

（2）若因草绘所需而创建数条中心线（如【镜像】、【标注尺寸】等），此时系统会选用第

1条中心线作为旋转轴，所以要养成先画中心线（旋转中心）的习惯。

（3）若为【实体】类型，其剖面必须为封闭型轮廓，且允许有多重回路外形。

（4）若为【薄壁】类型，其剖面可以为封闭型或开口型。

8.3.4 旋转角度的设置

在旋转特征中，剖面需围绕旋转轴旋转指定的角度。旋转角度共有3种设置方式，如下表所示。

角度形式	说　　明
⊥ 变量	自草绘平面以指定角度值旋转剖面。可以在文本框中输入角度值，或者选取一个预定义的角度（如90°、180°、270°或360°）。如果选取一个预定义的角度，系统则会创建角度尺寸
⊟ 对称	在草绘平面的每一侧上以指定角度值的一半旋转剖面
⊥ 到选定项	将剖面一直旋转到选定基准点、顶点、平面或曲面。注意终止平面或曲面必须包含旋转轴

● 1. ⊥ 变量

当旋转角度设置为【变量】方式时，可以直接在其右侧的空格内输入欲旋转的角度，或者单击 ▼ 按钮选取预设的角度进行设置，如下图所示。

● 2. ⊟ 对称

【对称】旋转角度方式是向草绘平面的【双侧】旋转绘制剖面而形成的特征。下图所示为单侧（即使用【可变】方式）的旋转结果，朝绘图平面FRONT的反方向（后方）旋转出实体。

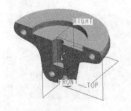

若改变为【双侧】，结果则如下图所示，草绘平面则处于旋转实体的中间。注意旋转角度值依旧给定"180°"而非"90°"。

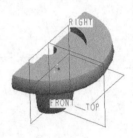

● 3. ⊥ 到选定项

使用此种旋转角度定义方式可以自行指定旋转终止位置，可以指定的旋转终止位置有基准点、顶点、平面或曲面。条件为终止平面或曲面必须包含旋转轴，对此针对【到点/顶点】与【到平面】做进一步的介绍。

8.3.5 双侧旋转特征

在【旋转】工具中提供了一个创建双侧特征的功能。在向绘图平面两侧旋转草绘时，可以分别指定两侧使用不同的旋转设置方式，或者给定不同的旋转角度。该特征可以通过【旋转】操控板中的【选项】选项卡设置。

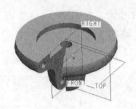

如上图所示，将此剖面分别向前、向后旋转，向前旋转到基准点，向后旋转90°。

对象观念应用：通过对象方式可以先建立一个草绘基准曲线并定义一个旋转轴，然后启动【旋转】工具（可以单击【旋转】按钮），所选的基准曲线会复制到特征剖面，接着会弹出一个警告对话框通知特征剖面将不再与原来的基准曲线有关联。

【旋转】工具会分析所选的几何并快速地建立预设特征供用户查看，默认的特征类型视所选的几何而定（如开放的草绘基准曲线会产生曲面）。

8.3.6 实战演练——创建旋转特征

本小节创建模型旋转特征，主要会应用到旋转实体伸出项及旋转切口等旋转特征，具体操作步骤如下。

步骤01 打开随书资源中的"素材\CH08\旋转特征.prt"文件，如下图所示。

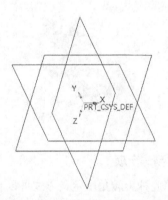

步骤02 单击【模型】选项卡➤【基准】面板➤【草绘】按钮，系统弹出【草绘】对话框后，进行如下图所示的相关设置，并单击【草绘】按钮。

步骤03 系统进入草绘模式后，绘制如下图所示的竖直构造中心线。

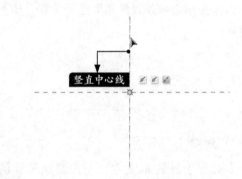

步骤04 继续草绘下图所示的图元。

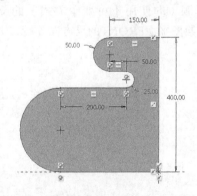

步骤05 在【草绘】选项卡中单击 ✔ 按钮，在绘图区域的空白位置上单击一下，取消对草绘图元的选择，然后单击【模型】选项卡➤【形状】面板➤【旋转】按钮，系统弹出【旋转】操控板后，在绘图区域中选择**步骤04**绘制的草绘图元，如下页图所示。

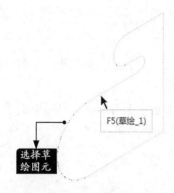

F5(草绘_1)

选择草
绘图元

步骤06 在【旋转】操控板中进行如下图所示的设置。

步骤07 绘图区域如下图所示。

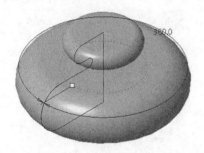

步骤08 在【旋转】操控板中单击 ✓ 按钮，完成旋转特征操作。单击【模型】选项卡➤【基准】面板➤【草绘】按钮 ，系统弹出【草绘】对话框后，进行如下图所示的相关设置，并单击【草绘】按钮。

步骤09 系统进入草绘模式后，绘制如右上图所示的竖直构造中心线。

竖直中
心线

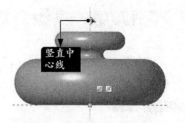

步骤10 继续草绘下图所示的图元，即一个边长为50.00×400.00的拐角矩形。

草绘矩形

400.00

50.00

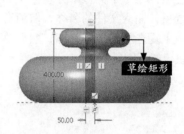

步骤11 在【草绘】选项卡中单击 ✓ 按钮，在绘图区域的空白位置上单击一下，取消对草绘图元的选择，然后单击【模型】选项卡➤【形状】面板➤【旋转】按钮 ，系统弹出【旋转】操控板后，在绘图区域中选择**步骤10**绘制的草绘图元，如下图所示。

选择矩形

F7(草绘_2)

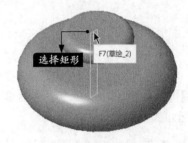

步骤12 在【旋转】操控板中进行如下图所示的设置。

步骤13 在【旋转】操控板中单击 ✓ 按钮，完成旋转特征操作，结果如下图所示。

8.3.7 实战演练——绘制机械轴承

本小节创建机械轴承，具体操作步骤如下。创建过程中主要会应用到拉伸特征、旋转特征和倒圆角特征，关于倒圆角特征将会在后面的章节中进行详细介绍。

1. 绘制基本草图

步骤 01 选择【文件】▶【新建】菜单命令，在弹出的对话框中选择【类型】分组框中的【零件】单选项，在【子类型】分组框中选择【实体】单选项，输入文件的名称，取消对【使用默认模板】复选项的选中状态，然后单击【确定】按钮，如下图所示。

步骤 02 在弹出的【新文件选项】对话框中选择【模板】"mmns_part_solid"，然后单击【确定】按钮，如下图所示。

步骤 03 单击【模型】选项卡▶【形状】面板▶【拉伸】按钮，系统弹出【拉伸】操控板

后，单击【放置】上滑面板，然后单击【定义…】按钮，如下图所示。

步骤 04 在弹出的【草绘】对话框中点选【TOP：F2（基准平面）】，接受系统的默认设置，使用RIGHT平面作为参考平面，然后单击【草绘】按钮。

步骤 05 随即开始草绘，绘制拉伸的基本图形，如下图所示。

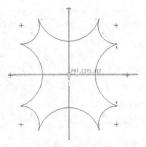

步骤 06 完成基本图形的绘制后单击 ✔ 按钮，离开草绘环境，返回到【拉伸】操控板。

2. 创建拉伸特征

步骤 01 在【拉伸】操控板中设置拉伸深度值为"30"，拉伸方式为对称，如下页图所示。

步骤 02 设置完成后在【拉伸】操控板中单击 ✔ 按钮，完成拉伸特征操作，如下图所示。

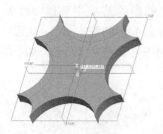

步骤 03 继续调用【拉伸】工具，系统弹出【拉伸】操控板后，单击【放置】上滑面板，然后单击【定义…】按钮。在弹出的【草绘】对话框中点选【TOP：F2（基准平面）】，接受系统的默认设置，使用RIGHT平面作为参考平面，然后单击【草绘】按钮，如下图所示。

步骤 04 随即开始草绘，绘制拉伸的基本图形，如下图所示。

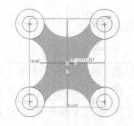

步骤 05 完成基本图形的绘制后单击 ✔ 按钮，

离开草绘环境，返回到【拉伸】操控板。设置拉伸深度值为"40"，拉伸方式为对称 ⊟ ，如下图所示。

步骤 06 设置完成后在【拉伸】操控板中单击 ✔ 按钮，完成拉伸特征操作，如下图所示。

3. 创建旋转特征

步骤 01 单击【模型】选项卡▶【形状】面板▶【旋转】按钮 ◈ ，系统将弹出【旋转】操控板，单击【放置】上滑面板，然后单击【定义…】按钮。在弹出的【草绘】对话框中点选【RIGHT：F1（基准平面）】，接受系统的默认设置，使用TOP平面作为参考平面，然后单击【草绘】按钮，如下图所示。

步骤 02 随即开始草绘，绘制拉伸的基本图形，注意这里需要绘制一条水平中心线作为旋转轴，如下页图所示。

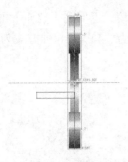

步骤03 完成基本图形的绘制后单击 ✔ 按钮，离开草绘环境，返回到【旋转】操控板，如下图所示。

步骤04 采用默认设置，在【旋转】操控板中单击 ✔ 按钮，完成旋转特征操作，如下图所示。

步骤05 单击【模型】选项卡➤【基准】面板➤【平面】按钮 ▱，系统将弹出【基准平面】对话框。选择【TOP：F2（基准平面）】，设置【偏移】选项中【平移】的数值为"55"，如下图所示。

步骤06 继续调用【旋转】工具创建旋转特征，选择刚才创建的基准平面DTM1为【草绘平面】，并草绘旋转的基本图形，注意这里需要绘制一条水平中心线作为旋转轴，如下图所示。

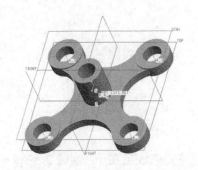

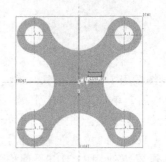

步骤07 完成基本图形的绘制后单击 ✔ 按钮，离开草绘环境，返回到【旋转】操控板。采用默认设置，在【旋转】操控板中单击 ✔ 按钮，完成旋转特征操作，如下图所示。

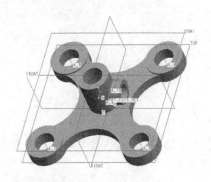

● 4. 创建倒圆角特征

步骤01 单击【模型】选项卡➤【工程】面板➤【倒圆角】按钮 ◗，系统将弹出【倒圆角】操控板。选择实体特征中间空洞的圆边为倒圆角边，并设置【倒圆角】操控板的参数，如下页图所示。

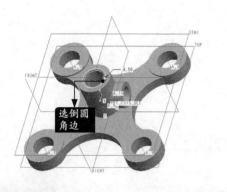

步骤 02 完成设置后在【倒圆角】操控板中单击 ✔ 按钮，完成倒圆角特征操作。

小提示

关于倒圆角特征详见10.4节内容。

8.4 混合

⏺ **本节视频教程时间：8分钟**

【混合】特征构建的原则是：按特定混合方式，连接两个或两个以上的草绘剖面形成实体模型。

　　【混合】有7种类型，主要分为【伸出项】、【切口】、【曲面】和【曲面修剪】4种，其中除【曲面】外，在套用薄板模式下又衍生出另外3种——【薄板伸出项】、【薄板切口】和【薄曲面修剪】。

8.4.1 【混合】操控板参数

● 1. 功能常见调用方法

　　在Creo Parametric 4.0中单击【模型】选项卡➤【形状】面板➤【混合】按钮 ⌀ 即可，如下图所示。

● 2. 系统提示

　　调用【混合】功能后系统会弹出【混合】操控板，如下图所示。

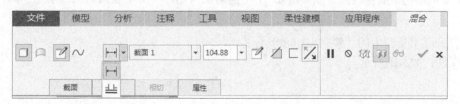

3. 知识点扩展

【混合】操控板参数含义如下。

☐：创建实体混合。

◠：创建曲面混合。

✐：使用内部或外部草绘截面创建混合。

∧：通过使用选定截面来创建混合。

⊢：使用相对于另一个草绘平面的偏移定义草绘平面位置。

⊥：通过使用参考来定义草绘平面位置。

8.4.2 混合的端点数、边数和方向的限制

不管使用何种混合方式，基本原则都是相同的：每一个截面的点数（亦可说是线段数）须相同，且两个截面间有特定的连接顺序，视每一个截面的起点位置及方向而定。其中起点（有箭头的点）定为第1点，依箭头方向往后递增编号（第2点、第3点等）。

如下图中有3个不规则的四边形，依目前起点位置及箭头指向使用【平行】方式混合，在混合时要注意箭头的方向，混合结果如下图所示。

若改变起点的位置及箭头指向，则会产生稍带扭转的结果，如下图所示。

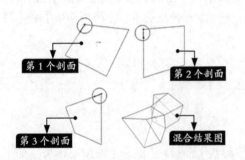

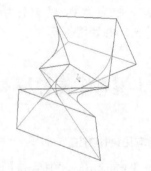

8.4.3 混合顶点

除了封闭混合外，每个混合截面包含的图元数都必须始终保持相同。

对于没有足够几何图元的截面，可以添加混合顶点。过每个混合顶点给截面添加一个图元。但是，使用草绘或选定截面上的混合顶点可以使混合曲面消失。

混合顶点可以充当相应混合曲面的终止端，但被计算在截面图元的总数中。

8.4.4 实战演练——创建混合特征

本小节创建模型混合特征，主要应用3个不同的截面创建一个不规则的三维模型，具体操作步骤如下。

步骤 01 打开随书资源中的"素材\CH08\混合特征.prt"文件，如右图所示。

步骤 02 单击【模型】选项卡➤【形状】面板➤【混合】按钮 ，系统弹出【混合】操控板后，单击【截面】上滑面板，选择【截面1】，单击【未定义】，然后单击【定义...】按钮，系统弹出【草绘】对话框后，进行如下图所示的设置。

步骤 03 单击【草绘】按钮，系统进入草绘模式后，绘制如下图所示的圆形。

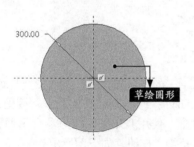

步骤 04 在【草绘】选项卡中单击 ✔ 按钮，返回【混合】操控板，进行如下图所示的设置。

步骤 05 单击【截面】上滑面板，选择【截面2】，单击【未定义】，然后单击【草绘...】按钮，系统进入草绘模式后，绘制如下图所示的椭圆形。

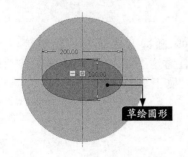

步骤 06 在【草绘】选项卡中单击 ✔ 按钮，返回【混合】操控板，单击【截面】上滑面板将其展开，然后单击【插入】按钮，将【截面】上滑面板收起，然后在【混合】操控板中进行如下图所示的设置。

步骤 07 单击【截面】上滑面板，选择【截面3】，单击【未定义】，然后单击【草绘...】按钮，系统进入草绘模式后，绘制如下图所示的圆形。

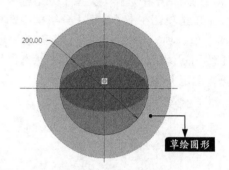

步骤 08 在【草绘】选项卡中单击 ✔ 按钮，返回【混合】操控板，绘图区域如下图所示。

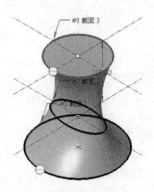

步骤 09 在【混合】操控板中单击 ✔ 按钮，完成混合特征操作。结果如下图所示。

8.5 综合应用——绘制机械座

🌐 本节视频教程时间：17 分钟

本节绘制机械座，具体操作步骤如下。绘制过程中会应用到旋转特征、拉伸特征、阵列特征、边倒角特征，其中阵列特征及边倒角特征会在后面的章节中进行详细介绍。

● 1. 创建旋转特征

步骤01 选择【文件】➤【新建】菜单命令，在弹出的对话框中选择【类型】分组框中的【零件】单选项，在【子类型】分组框中选择【实体】单选项，输入文件的【名称】，取消对【使用默认模板】复选项的选中状态，然后单击【确定】按钮，如下图所示。

步骤02 在弹出的【新文件选项】对话框中选择【模板】"mmns_part_solid"，然后单击【确定】按钮，如下图所示。

步骤03 单击【模型】选项卡➤【形状】面板➤【旋转】按钮🔶，系统弹出【旋转】操控板后，单击【放置】上滑面板，然后单击【定义...】按钮，如下图所示。

步骤04 在弹出的【草绘】对话框中点选【RIGHT：F1（基准平面）】，接受系统的默认设置，使用TOP平面作为参考平面，然后单击【草绘】按钮，如下图所示。

步骤05 随即开始草绘，绘制旋转的基本图形，注意这里需要绘制一条垂直中心线作为旋转轴，如下页图所示。

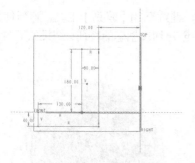

步骤 06 完成基本图形的绘制后单击 ✔ 按钮，离开草绘环境，返回到【旋转】操控板，如下图所示。

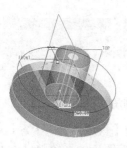

步骤 07 在【旋转】操控板中单击 ✔ 按钮，完成旋转特征操作，如下图所示。

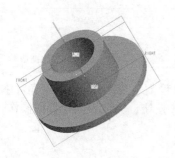

2. 创建拉伸特征

步骤 01 单击【模型】选项卡▶【形状】面板▶【拉伸】按钮 🗗，系统弹出【拉伸】操控板后，单击【放置】上滑面板，然后单击【定义…】按钮，如下图所示。

步骤 02 在弹出的【草绘】对话框中点选

【RIGHT：F1（基准平面）】，接受系统的默认设置，使用TOP平面作为参考平面，然后单击【草绘】按钮，如下图所示。

步骤 03 开始草绘，绘制拉伸的基本图形为三角形，如下图所示。

步骤 04 完成基本图形的绘制后单击 ✔ 按钮，离开草绘环境，返回到【拉伸】操控板，并设置拉伸深度值为"20"，如下图所示。

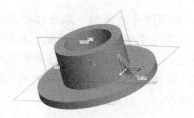

步骤 05 在【拉伸】操控板中单击 ✔ 按钮，完成拉伸特征操作，如下图所示。

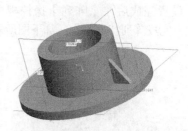

步骤 06 继续调用【拉伸】工具，选择FRONT基准平面为【草绘平面】，草绘拉伸的基本图形，如下页图所示。

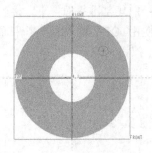

步骤 07 完成基本图形的绘制后单击 ✔ 按钮，离开草绘环境，返回到【拉伸】操控板。在【拉伸】操控板中设置拉伸深度值为"100"，拉伸方式为对称 ⊟。然后单击 ⬚ 按钮使用拉伸体积块创建切口，设置完成后在【拉伸】操控板中单击 ✔ 按钮，完成拉伸特征操作，如下图所示。

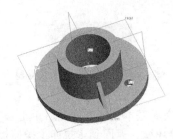

● 3. 创建阵列特征

步骤 01 选择刚才创建的三角形拉伸特征，然后单击【模型】选项卡➤【编辑】面板➤【阵列】按钮 ▦，系统弹出【阵列】操控板后，选择【轴】阵列方式，并设置阵列的其他选项，如下图所示。

步骤 02 设置完成后在【阵列】操控板中单击 ✔ 按钮，完成阵列特征操作，如下图所示。

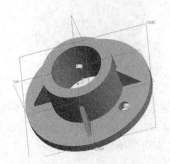

步骤 03 继续调用【阵列】工具，阵列使用拉伸体积块创建切口创建的特征，结果如下图所示。

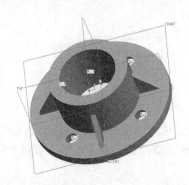

> **小提示**
>
> 关于阵列特征，详见第9.2节内容。

● 4. 创建倒角特征

步骤 01 单击【模型】选项卡➤【工程】面板➤【边倒角】按钮 ◈，系统弹出【边倒角】操控板后，对其进行相关设置，如下图所示，并选择实体特征中间空洞的圆边为倒角边。

步骤 02 设置完成后在【边倒角】操控板中单击 ✔ 按钮，完成边倒角特征操作，如下图所示。

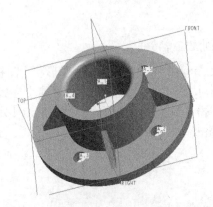

> **小提示**
>
> 关于倒角特征，详见第10.5节内容。

第9章

实体编辑

学习目标

本章主要讲解Creo Parametric 4.0中的实体编辑功能。在学习的过程中应重点掌握镜像、阵列、移动等特征编辑操作，以提高设计效率。

学习效果

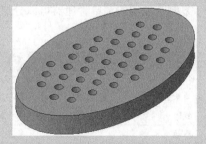

9.1 特征复制操作

🌐 本节视频教程时间：22 分钟

特征【复制】功能主要针对单个特征、局部组或数个特征，复制后会产生相同的特征。由复制产生的特征与原特征的外型、尺寸可以相同，也可以不同。另外，用户除了可以从当前的模型中挑选特征外，也可以从其他的实体模型文件中挑选某些特征进行复制。

复制后的特征与原来特征之间的尺寸关系可以为【独立】或【相依/从属】，即改变原来特征的某一尺寸时，复制后的特征的相对尺寸可以保持不变（独立）或随着改动（相依）。

● 1. 功能常见调用方法

在Creo Parametric 4.0的命令搜索框中输入"继承"，并在搜索结果中单击【继承】命令，如下图所示。

● 2. 系统提示

单击【继承】命令后系统会弹出菜单管理器，如下左图所示。依次选择【特征】▶【复制】选项，如下右图所示。

● 3. 知识点扩展

【复制】选项的菜单管理器可以分成3大部分：类型、来源和关系。类型的种类和说明如下表所示。

类　　型	说　　明
新参考	重新定义特征的绘画面、参照面、尺寸标注参照等相关项目
相同参考	类似【新参考】，唯一不同的是，无法重新定义绘画面、参照面与尺寸标注参照等参照物
镜像	镜像特征，其镜像平面可以分为基准面、实体平面、平面型曲面等
移动	移动复制，包括平面与旋转两种

来源的种类和说明如下表所示。

来　　源	说　　明
选择	从目前的模型上选择单个或数个特征进行复制
所有特征	模型上的全部特征皆选取进行复制
不同模型	从其他的模型上挑选特征进行复制
不同版本	从同一个模型但不同文件的保存版本上挑选特征进行复制

关系的种类和说明如下表所示。

关　系	说　　明
独立	复制产生的特征，其尺寸独立于原来的特征，任一方改变时并不影响另一方
从属	复制产生的特征，其尺寸从属于原来的特征（仅截面和尺寸），当修改某一方的截面时，会同时更新另一方的特征

9.1.1　相同参考

在特征操作的菜单管理器中选择【相同参考】、【选择】和【从属】选项的方法进行复制，可以保持原来的绘画面、参照面与尺寸参照，如下图所示。

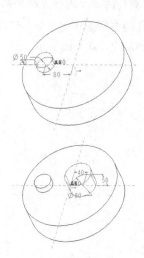

再分别改变3个尺寸的数值，则可得到右图所示的结果。

9.1.2　移动

选择特征菜单管理器中的【复制】后再选择【移动】，即可进入移动复制模式，如下图所示。

选择移动复制的方式，包括【平移】（沿一个方向直线移动）与【旋转】（通过一个旋转轴旋转特定的角度），如下图所示，两者可以混合使用。

选取源特征，然后在【移动特征】菜单中

【一般选择方向】：平移所需的平移方向与旋转所需的旋转中心都是利用了【法向量】的原则，如上图所示。具体说明如下。

（1）【平面】：平面的法线方向。

（2）【曲线/边/轴】：曲线、边或轴的直线方向。

（3）【坐标系】：坐标系的x、y或z轴方向。

进行【复制】时，如果开始选择【从属】复制所创建的特征，以后可以利用模型树修改成【独立】，却无法将已【独立】的复制特征转变成【从属】特征。

9.1.3 实战演练——复制移动特征操作

本小节对几何图元进行复制平移操作，具体操作步骤如下。

步骤 01 打开随书资源中的"素材\CH09\复制移动特征.prt"文件，如下图所示。

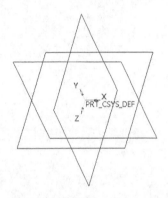

步骤 02 单击【模型】选项卡➤【基准】面板➤【草绘】按钮，系统弹出【草绘】对话框后，进行如下图所示的相关设置，并单击【草绘】按钮，如下图所示。

步骤 03 系统进入草绘模式后，绘制如下图所示的竖直构造中心线。

步骤 04 继续草绘下图所示的图元。

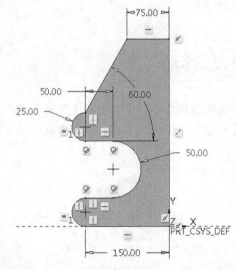

步骤 05 在【草绘】选项卡中单击 ✔ 按钮，在绘图区域的空白位置上单击一下，取消对草绘图元的选择，然后单击【模型】选项卡➤【形状】面板➤【旋转】按钮，系统弹出【旋转】操控板后，在绘图区域中选择**步骤 04** 绘制的草绘图元，如下页图所示。

步骤 06 在【旋转】操控板中进行如下图所示的设置。

步骤 07 绘图区域如下图所示。

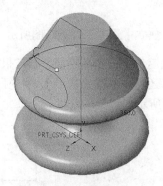

步骤 08 在【旋转】操控板中单击 ✔ 按钮，完成旋转特征操作。结果如下图所示。

步骤 09 在命令搜索框中输入"继承"，并在搜索结果中单击【继承】命令，系统会弹出菜单管理器，依次选择【特征】➤【复制】选项，并进行如右上图所示的选项选择。

步骤 10 在菜单管理器中单击【完成】按钮，然后在绘图区域中选择坐标系"PRT_CSYS_DEF"，如下图所示。

步骤 11 在菜单管理器中选择【笛卡尔】坐标系选项，如下图所示。

步骤 12 系统弹出【在X方向上输入位移】输入框后，采用默认值，单击 ✔ 按钮，如下图所示。

步骤 13 系统弹出【在Y方向上输入位移】输入框后，采用默认值，单击 ✔ 按钮，如下图所示。

步骤 14 系统弹出【在Z方向上输入位移】输入框后，输入"700"，单击 ✔ 按钮，如下页图所示。

步骤 ⑮ 在菜单管理器中单击【完成】按钮，如下图所示。

单击完成

步骤 ⑯ 结果如下图所示。

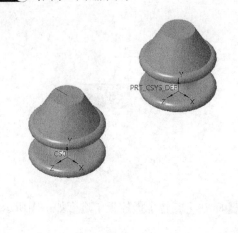

9.1.4 镜像

如下左图所示的模型，指定镜像面。
在特征菜单管理器中选择【镜像】、【所有特征】和【独立】选项，如下右图所示。

选取模型上的全部特征，其结果如下图所示。另外还可以删除镜像产生的特征，其结果如下右图所示。

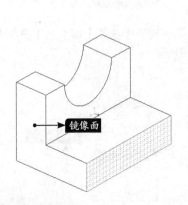

镜像面

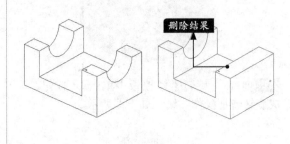

删除结果

9.2 阵列复制操作

📹 **本节视频教程时间：26 分钟**

 一般来说，面对【规则性重复】造型且为数不少的情况时，使用【阵列复制】功能是最佳的选择。

🔴 1. 功能常见调用方法

在Creo Parametric 4.0中选择需要阵列的图元后，单击【模型】选项卡➤【编辑】面板➤【阵列】按钮 ▦，如下页图所示。

2. 系统提示

调用【阵列】功能后系统会弹出【阵列】操控板，如下图所示。

9.2.1 阵列复制的分类与生成方法

进行阵列复制时，一次只能针对一个特征或一个组进行复制，无法像复制特征功能那样一次复制多个特征。进行阵列复制时需先选取一个特征（要进行阵列的特征），然后调用【阵列】工具即可。

1. 阵列复制的类型

阵列复制依排列的情况可以分为以下两大类型。

【笛卡儿坐标型】：又称【阵列型】，例如电话机上的按键、键盘上的按键等（见下图）。

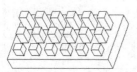

【极坐标型】：又称【环型】或【旋转型】，例如轮圈的轮辐造型（见下图）、风扇的叶片等。

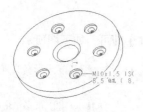

2. 阵列复制再生选项

陈列复制有3种再生选项，分别是【相同】、【可变】和【常规】，如右上图所示。

【相同】：阵列复制后外形、尺寸皆相同且不能相互交错（见下图）。

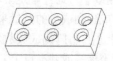

【可变】：阵列复制后外形、尺寸可以变化但彼此不能交错（见下图）。

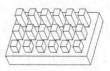

【常规】：阵列复制后外形、尺寸可以改变且允许相互交错（见下图）。

其特征与相关细节的说明如下表所示。

比较项	选　项　相　同	可　　变	常　　规
特征尺寸	不可变	可改变	可改变
交错	不能	不能	能
系统处理间	最短	中等	最长

3. 阵列复制的方法

　　根据不同的驱动尺寸定义方法，阵列特征的方法可以分为8种：尺寸、方向、轴、填充、表、参考、曲线和点。通过操作面板的下拉列表可以设置阵列种类。

　　（1）【尺寸】：使用驱动尺寸并指定阵列增量变化来控制阵列。

　　（2）【方向】：使用方向阵列在一个或两个选定的方向上添加阵列成员。在方向阵列中可以拖动每个方向的放置句柄来调整阵列成员之间的距离或反向阵列的方向。

　　（3）【轴】：通过围绕一个选定轴旋转特征，使用轴阵列来创建阵列。

　　（4）【填充】：以所选格点为准，利用实例填充区域以控制阵列。

　　（5）【表】：使用阵列表并为每一个阵列实例指定尺寸来控制阵列。

　　（6）【参考】：参考其他的阵列来控制阵列。

　　（7）【曲线】：通过指定沿着曲线的阵列成员间的距离或阵列成员的数量来控制阵列。

　　（8）【点】：将阵列成员放置在几何草绘点、几何草绘坐标系或基准点上。

　　在使用【尺寸】阵列时，可以为单向与双向、一维与二维。

4. 删除阵列

　　在进行删除时用户必须特别注意，【删除阵列】命令是删除阵列复制产生的特征群，原始特征会保留下来，而【删除】命令则是删除原始特征与阵列复制产生的所有特征。

　　点选模型树中的阵列特征，然后单击鼠标右键，弹出快捷菜单（见下图），即可从中选择【删除】命令或【删除阵列】命令。

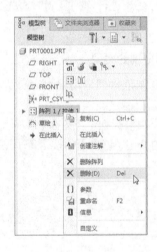

9.2.2　尺寸式阵列

1. 功能常见调用方法

　　在【阵列】操控板中单击阵列类型下拉列表，选择【尺寸】即可，如下图所示。

2. 知识点扩展

通过尺寸右侧的驱动尺寸设置或【尺寸】下滑面板可以设置驱动尺寸的项目、增量及复制数量。操作面板中尺寸右侧的1及2两个项目分别代表两个驱动方向的设置，右侧的数字代表阵列复制的个数（包括原始特征），项目数代表在此方向的变动尺寸数量。增量值部分可以通过【尺寸】下滑面板进行设置，如下图所示。

根据驱动方向的数量，阵列复制可分为单向和双向两种。单向为使用第一驱动方向进行阵列复制，结果如下左图所示；双向为使用第一和第二驱动方向进行阵列复制，结果如下右图所示。

3. 实战演练——尺寸式阵列操作

对几何模型进行尺寸式阵列操作，主要应用到单向阵列、双向阵列及删除阵列等操作，具体操作步骤如下。

1）单向阵列复制过程

步骤01 打开随书资源中的"素材\CH09\尺寸式阵列.prt"文件，如下图所示。

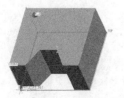

步骤02 用鼠标左键选取左上方的圆孔特征，使其呈红色高亮显示，然后单击【模型】选项卡▶【编辑】面板▶【阵列】按钮，系统弹出【阵列】操控板，如下图所示。

步骤03 模型中显示圆孔特征的尺寸数值，如下图所示。

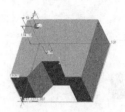

步骤04 用鼠标左键点选"50"数值，模型中会出现增量尺寸数值设置。默认为"50.00"，在这里更改为"40"，然后按【Enter】键，如下图所示。

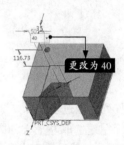

步骤05 操控板中的第一驱动方向的右侧会出现1个项目，将复制数量设置为"6"，然后按【Enter】键，如下图所示。

步骤06 在【阵列】操控板中单击 ✔ 按钮，完成单向阵列复制。结果如下图所示。

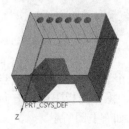

2）删除阵列特征过程

步骤 01 将鼠标指针移至所选的模型树中的【阵列1/孔1】特征上，单击鼠标右键，弹出快捷菜单，然后从中选择【删除阵列】命令，如下图所示。

步骤 02 这样就完成了删除阵列的操作，并保留了原始特征，如下图所示。

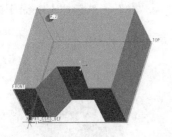

3）双向阵列复制过程

步骤 01 用鼠标左键选取左上方的圆孔特征，使其呈红色高亮显示，然后单击【模型】选项卡▶【编辑】面板▶【阵列】按钮，系统将弹出【阵列】操控板。模型中会显示圆孔特征的尺寸数值，如下图所示。

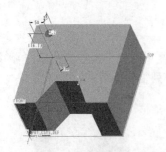

步骤 02 第一个方向的项目设置：点选圆孔尺寸数值"50"，操作面板中第一方向的右侧会显示1个项目，如右上图所示。

步骤 03 第二个方向的项目设置：单击第二方向右侧的【单击此处添加项】字段。接着用鼠标左键点选图中所示的尺寸数值"35"，按住【Ctrl】键，再点选数值"116.73"，完成后第二方向的右侧会显示两个项目，如下图所示。

步骤 04 设置增量尺寸：单击操控板中的【尺寸】打开其下滑面板，更改【方向1】的尺寸增量为"40.00"，设置【方向2】尺寸d12的增量为"35.00"，尺寸d10的增量为"-20.00"，如下图所示。

步骤 05 设置复制个数：更改操作面板中的【方向1】右侧的数字为"5"，【方向2】右侧的数字为"4"，如下图所示。

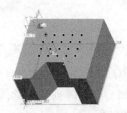

步骤 06 完成双向阵列：单击操控板中的 ✔ 按钮，阵列特征如下图所示，圆孔的深度在方向2有递减的趋势。

9.2.3 轴式阵列

1. 功能常见调用方法

在【阵列】操控板中单击阵列类型下拉列表，选择【轴】即可，如下图所示。

2. 知识点扩展

选取或创建基准轴作为阵列的中心，系统就会在角度方向创建默认阵列，阵列成员以黑点表示。

通过围绕一个选定轴旋转特征，使用轴阵列来创建阵列。轴阵列允许在以下两个方向放置成员。

（1）角度（第一方向）：阵列成员绕轴线旋转，默认轴阵列按逆时针方向等间距放置成员。

（2）径向（第二方向）：阵列成员被添加在径向方向。

有以下两种方法可以将阵列成员放置在角度方向。

① 指定成员数（包括第一个成员）及成员之间的距离（增量）。

② 指定角度范围及成员数（包括第一个成员）。

角度范围为–360°～+360°。阵列成员在指定的角度范围内等间距分布。

创建或重定义轴阵列时可以更改以下项目。

（1）角度方向的间距：拖动角度方向的放置句柄，或者在操作面板的文本框中输入增量。

（2）径向方向的间距：拖动径向方向的放置句柄，或者在操作面板的文本框中输入增量。

（3）各个方向中的阵列成员数：在操作面板的文本框中输入成员数，或者在图形窗口中双击进行编辑。

（4）成员的角度范围：在文本框中输入角度范围。

（5）特征尺寸：可以使用【尺寸】选项卡来更改阵列特征的尺寸，例如改变孔直径或深度。

（6）跳过阵列成员：要跳过阵列成员，可以单击该阵列成员的黑点，使黑点变成白色。要恢复该成员，单击白点即可。

（7）阵列成员的方向：要更改阵列的方向，可以向相反方向拖动放置控制滑块，单击切换方向按钮 ，或者在操作面板的文本框中输入负增量。

轴阵列示例如下图所示。

小提示
可以通过更改径向放置尺寸来创建螺旋形阵列。

3. 实战演练——轴式阵列操作

对几何模型中的孔特征进行轴式阵列操作，具体操作步骤如下。

步骤 01 打开随书资源中的"素材\CH09\轴式阵列.prt"文件，如下图所示。

步骤 02 用鼠标左键选取如下图所示的圆孔特征【孔1】，使其呈红色高亮显示。

选择圆孔特征

步骤 03 单击【模型】选项卡▶【编辑】面板▶【阵列】按钮，系统将弹出【阵列】操控板。单击阵列类型下拉列表，选择【轴】选项，如下图所示。

步骤 04 在绘图区域中单击选择如下图所示的中心轴线。

选择中心轴线

步骤 05 进行如右上图所示的设置。

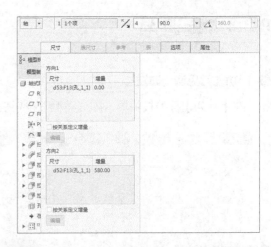

步骤 06 在【阵列】操控板中单击 ✔ 按钮完成轴式阵列操作，结果如下图所示。

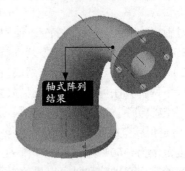

轴式阵列结果

步骤 07 用鼠标左键选取如下图所示的圆孔特征【孔2】，使其呈红色高亮显示。

选择圆孔特征

步骤 08 继续调用【阵列】工具，并选择轴式阵列，然后在绘图区域中单击选择如下图所示的中心轴线。

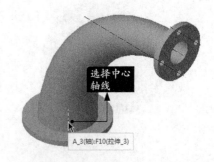

选择中心轴线

 进行如下图所示的设置。

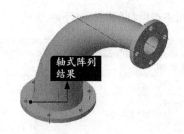

轴式阵列
结果

步骤 **10** 在【阵列】操控板中单击 ✓ 按钮完成轴式阵列操作，结果如右图所示。

9.2.4 填充阵列

● 1. 功能常见调用方法

在【阵列】操控板中单击阵列类型下拉列表，选择【填充】即可，如下图所示。

● 2. 系统提示

调用【填充】阵列方式功能后系统会弹出相应的操控板，如下图所示。

● 3. 知识点扩展

复制的方法：以特征中心为一格点，设置格点并填满整个区域，最后将需要阵列的特征放置于规划好的格点上即可。

格点模型可以为正方形、菱形、六边形、圆形、螺旋形和曲线等，并可指定填充格点的参数，如阵列特征中心间的间距、圆形与螺旋格点的径向间距、复制特征中心与边界间的最小距离，以及格点绕原点的旋转等。

操作面板中格点参数的设置内容如下。

（1）▦：设置阵列特征中心间距。

（2）▨：设置阵列特征的中心与草绘边界间的最小距离。允许为负值，即格点中心延伸至草绘区域之外。

（3）◢：设置格点绕原点的旋转角度。

（4）↗：设置圆形与螺旋格点的径向间距。

不同格点模型的图样如下表所示。

格点模型	图样示例
正方形	⸬
菱形	❖
六边形	❖
圆形	⊙
螺旋形	◉
曲线	⸬

在填充阵列操作面板中，可以通过鼠标左键点选排列的格点，设置其中格点位置不产生阵列特征（空心点不产生阵列复制特征），如下左图所示。阵列复制后的结果如下右图所示。

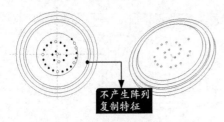

不产生阵列复制特征

● 4. 实战演练——填充式阵列操作

对几何模型中的孔特征进行填充式阵列操作，具体操作步骤如下。

步骤 01 打开随书资源中的"素材\CH09\填充式阵列.prt"文件，如下图所示。

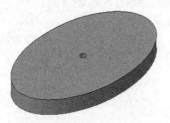

步骤 02 用鼠标左键选取如下图所示的圆孔特征【孔1】，使其呈红色高亮显示。

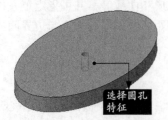

选择圆孔特征

步骤 03 单击【模型】选项卡▶【编辑】面板▶【阵列】按钮▦，系统将弹出【阵列】操控板。单击阵列类型下拉列表，选择【填充】选项，如下图所示。

步骤 04 单击展开【参考】选项卡，然后单击【定义…】按钮，如下图所示。

步骤 05 系统弹出【草绘】对话框后，选择如下图所示的曲面作为草绘平面，并单击【草绘】按钮。

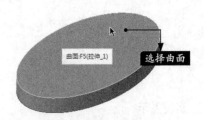

曲面:F5(拉伸_1)

选择曲面

步骤 06 系统弹出【草绘】选项卡，进入草绘环境后，绘制如下图所示的椭圆形。

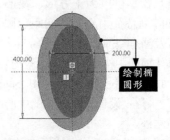

400.00 200.00

绘制椭圆形

步骤 07 在【草绘】选项卡中单击 ✔ 按钮，返回【阵列】操控板，进行如下页图所示的设置。

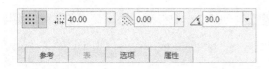

步骤 08 绘图区域如下图所示。

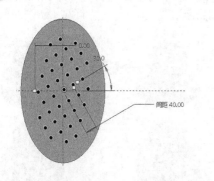

步骤 09 在【阵列】操控板中单击 ✔ 按钮完成填充式阵列操作，结果如下图所示。

9.2.5 参考阵列

● 1. 功能常见调用方法

【阵列】操控板中的【参考类型】一般为灰色不可用状态，假如当前所阵列的对象和之前已有阵列的源实体有定位尺寸关系时，【参考类型】为可用状态，并且会默认采用【参考】方式阵列。

● 2. 系统提示

采用【参考】阵列方式功能后系统会弹出相应的操控板，如下图所示。

● 3. 知识点扩展

参照现存的阵列复制结果，依此类型可以再进行新的阵列复制。在某些情况下新特征须建立在现有阵列的领导特征上，即原始特征的上面。

如下左图所示的模型，在该阵列复制的领导特征上提供了倒角特征；选择此倒角特征后，单击鼠标右键打开快捷菜单，执行【阵列】命令，立即会产生参照阵列复制，其结果如右下图所示。

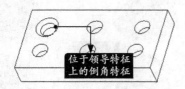

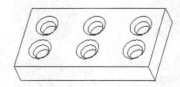

4. 实战演练——参考阵列操作

对几何模型中的倒圆角特征进行参考阵列操作，具体操作步骤如下。

步骤01 打开随书资源中的"素材\CH09\参考阵列.prt"文件，如下图所示。

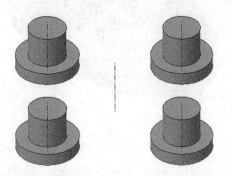

步骤02 单击【模型】选项卡▶【工程】面板▶【倒圆角】按钮，系统将弹出【倒圆角】操控板。设置圆角半径为"50.00"，如下图所示。

步骤03 在绘图区域中选择如下图所示的边界作为需要倒圆角的边。

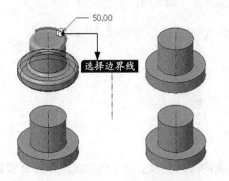

步骤04 在【倒圆角】操控板中单击✓按钮完成倒圆角操作，结果如下图所示。

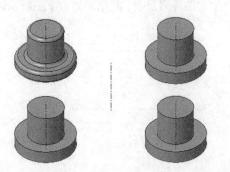

小提示

关于倒圆角特征，详见10.4节内容。

步骤05 选择刚才创建的特征【倒圆角1】，如下图所示。

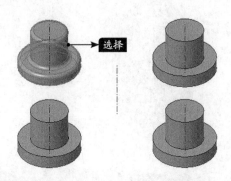

步骤06 单击【模型】选项卡▶【编辑】面板▶【阵列】按钮，系统弹出【阵列】操控板后，默认采用【参考类型】，如下图所示。

步骤07 在绘图区域中单击右上角模型上面的黑色圆点，将其变为白色圆点，如下图所示。

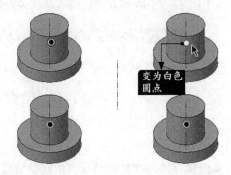

步骤08 在【阵列】操控板中单击✓按钮完成参考阵列操作，结果如下图所示。

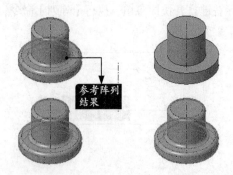

9.3 镜像几何操作

🔘 **本节视频教程时间：6 分钟**

镜像几何可以镜像模型的全部特征，包括【基准面】与【坐标系统】。使用时仅需选择【镜像】即可，此镜像可以是基准面、实体平面或平面型曲线，如下左图所示的模型，镜像面选择模型的右侧面，结果如下右图所示。

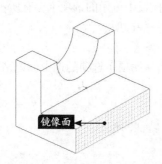
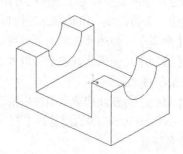

完成后的结果与使用特征菜单管理器中【复制】、【镜像】、【所有特征】选项的结果很相似，但也有一些特征差异。使用特征菜单管理器中【复制】、【镜像】、【所有特征】选项所产生的特征，可以个别修改或删除。但使用镜像几何所复制出的特征为一个不可分割的单一特征，故无法对复制后的个别特征进行编辑或修改；尺寸完全与原模型相同且维持【相依】镜像前的特征，做任何的改变皆会直接影响镜像后的特征。两种镜像方法的异同比较如下表所示。

比较类型	镜像几何方法	镜像、复制、所有特征方法
镜像后的特征与原特征的关系	相依	相依或独立
修改	仅需对原特征做尺寸改变	可对原特征与镜像后的特征做尺寸改变
重定义	仅能重新定义原特征	可重新定义原特征与镜像后的特征
删除	删除镜像后的特征，基准面也一并被删除	删除镜像后的特征，基准面不会被删除
插入模式	回溯到以前新增特征，此新特征也随着镜像	回溯到以前新增特征，此新特征并不随着镜像

9.3.1 镜像几何

🔘 1. 功能常见调用方法

在Creo Parametric 4.0中选择需要镜像的特征后，单击【模型】选项卡➤【编辑】面板➤【镜像】按钮∭即可，如下图所示。

◉ 2. 系统提示

调用【镜像】功能后系统会弹出【镜像】操控板，如下图所示。

◉ 3. 知识点扩展

依据选定对象的类型及对象选取的方法，【镜像】操控板中可用的选项卡会有所不同。

如果镜像一个特征或一组特征，操控板中将包含以下一些选项。

（1）【参考】：使用此选项卡可以更改【镜像平面】参考。

（2）【选项】：使用此选项卡可以通过清除【复制为从属项】选项的选中标记来使镜像特征的尺寸与原始项目无关。

（3）【属性】：在此选项卡中可以实现以下目的。

① 在Creo Parametric 4.0的浏览器中查看关于【镜像】特征的信息。

② 重命名特征。

如果镜像几何，操控板中将包含以下各项。

（1）【参考】：在此选项卡中可以实现以下目的。

① 改变【镜像项目】参考。

② 改变【镜像平面】参考。

（2）【选项】：使用此选项卡可以选中【隐藏原始几何】。如果选中此选项，则在完成镜像特征时系统只显示新镜像几何而隐藏原始几何。

（3）【属性】：在此选项卡中可以实现以下目的。

① 在Creo Parametric 4.0浏览器中查看关于【镜像】特征的信息。

② 重命名特征。

如果镜像零件中所有的几何，操控板中将包含以下各项。

（1）【参考】：在此选项卡中可以实现以下目的。

① 改变【镜像项目】参考。

② 改变【镜像平面】参考。

（2）【属性】：在此选项卡中可以实现以下目的。

① 在Creo Parametric 4.0的浏览器中查看关于【镜像】特征的信息。

② 重命名特征。

9.3.2　实战演练——镜像几何操作

利用【镜像】功能对几何图元进行镜像操作，镜像过程中需要注意镜像平面的选择，具体操作步骤如下。

步骤 01 打开随书资源中的"素材\CH09\镜像几何.prt"文件，如下页图所示。

像平面。

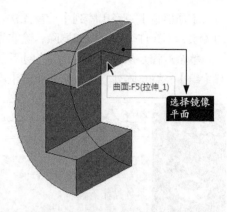

曲面:F5(拉伸_1)

选择镜像
平面

步骤 02 选择"拉伸1",如下图所示。

步骤 04 在【镜像】操控板中单击 ✔ 按钮完成
镜像操作,结果如下图所示。

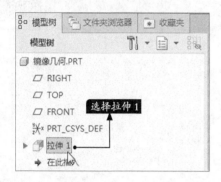

选择拉伸1

步骤 03 单击【模型】选项卡▶【编辑】面板▶
【镜像】按钮 ❏❏,系统弹出【镜像】操控板。
在绘图区域中选择如右上图所示的曲面作为镜

9.4 组操作

🌑 **本节视频教程时间:4分钟**

　　在进行阵列复制时,一次只针对单一特征进行阵列,若要同时阵列多个
特征则需要使用组。使用组功能中的【局部组】可以从模型中挑选出某几个
特征集合为一组,并赋予一个特定的名称。之后可以对该组内的所有特征同
时进行复制操作,包括复制与阵列。

⬤ 1. 功能常见调用方法

　　在Creo Parametric 4.0的模型树中选择需要
创建组的特征后,单击【分组】按钮 ,如下
图所示。

分组
创建局部组。

⬤ 2. 系统提示

　　创建组后的结果如下图所示。

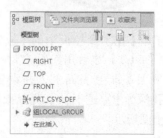

3. 知识点扩展

【局部组】一经【阵列】后就无法再进行第二次阵列复制了。全部的组会保持【相依/从属】的关系，不允许个别修改或删除，除非先撤销相依关系。

整个过程是从数个特征经【组】后再进行【阵列】复制，故逆操作应是先撤销【阵列】再分解【组】，终止阵列复制关系并脱离【局部组】的约束。

9.5 综合应用——绘制散热器外壳

本节视频教程时间：9分钟

 本节综合利用孔特征、阵列特征及圆角特征的创建来制作散热器外壳，具体操作步骤如下。

1. 创建领导特征（圆孔特征）

步骤01 打开随书资源中的"素材\CH09\散热器外壳.prt"文件，如下图所示。

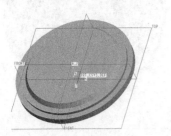

步骤02 单击【模型】选项卡➤【工程】面板➤【孔】按钮 ，系统将弹出【孔】操控板。在绘图区域中点选模型上表面上的轴A_2（即旋转中心轴线），如下图所示。

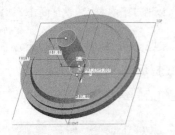

步骤03 打开【孔】操控板中的【放置】选项卡，按住【Ctrl】键后用鼠标左键点选【曲面:F5】平面（即上表面），并设置孔径为"10"，孔深为【穿透】 ，完成操控板的设置，如右上图所示。

步骤04 在【孔】操控板中单击 ✔ 按钮完成孔特征的创建，结果如下图所示。

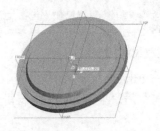

2. 创建填充阵列

步骤01 选择创建的孔特征，然后单击【模型】选项卡➤【编辑】面板➤【阵列】按钮 ，系统将弹出【阵列】操控板。将阵列方式更改为【填充】阵列，如下页图所示。

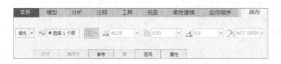

步骤 02 创建填充区域，打开操控板中的【参考】选项卡，单击【定义...】按钮，弹出【草绘】对话框。以创建圆孔的模型上表面为草绘平面，选择【曲面:F5】平面为草绘平面，接受系统的设置，以【曲面:F5】平面为参考平面，如下图所示。进行设置后单击【草绘】按钮，进入草绘环境。

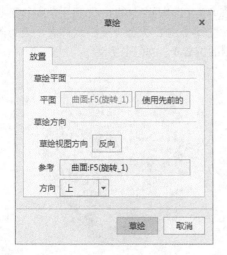

步骤 03 绘制如下图所示的一个圆环。

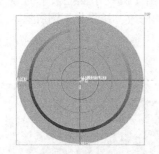

步骤 04 单击【草绘】选项卡中的 ✔ 按钮，完成填充区域的绘制。返回到【阵列】操控板，设置间距为"20.00"、边界距离为"2.00"，如下图所示。

步骤 05 单击【阵列】操控板中的 ✔ 按钮完成阵列的复制，结果如右上图所示。

● 3. 创建倒角特征于领导特征上

步骤 01 用鼠标左键选取中央特征的上边缘（第一次点选特征，第二次点选几何），选取完成后中央圆孔边界呈高亮显示，如下图所示。

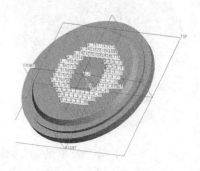

步骤 02 选择孔特征后，单击【模型】选项卡▶【工程】面板▶【倒圆角】按钮 ◔，系统将弹出【倒圆角】操控板。点选绘图区模型中的倒圆角数值，修改倒圆角半径值为"3.00"，如下图所示。

步骤 03 在【倒圆角】操控板中单击 ✔ 按钮完成倒圆角特征的创建，结果如下图所示。

4. 创建参考阵列

步骤 01 选择领导特征上的倒圆角特征，使其呈红色高亮显示，然后单击【模型】选项卡➤【编辑】面板➤【阵列】按钮 ⊞，系统将弹出阵列复制操控板，如下图所示。

步骤 02 系统会自动地进行参考阵列，如下图所示。

步骤 03 单击【阵列】操控板中的 ✔ 按钮完成阵列的复制，结果如下图所示。

5. 取消中央及部分圆孔特征

步骤 01 在模型树中选择阵列（孔）项目，并选择【编辑定义】选项 ✎。然后切换视角至上视方向（TOP），如下图所示。

步骤 02 点选图形中的中央和下方6个实心黑点，使其呈空心状态（空心点代表不进行阵列复制的位置），如下图所示。

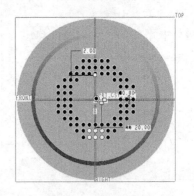

步骤 03 单击【阵列】操控板中的 ✔ 按钮完成填充阵列的修改，结果如下图所示。

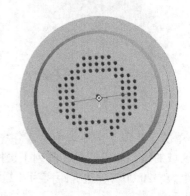

第 10 章

构造特征

学习目标

本章主要讲解Creo Parametric 4.0中孔特征、壳特征、筋特征、倒角、倒圆角和拔模的创建。在特征创建的过程中，可以通过操控板修正、更改或者输入数值，也可以用鼠标指针在绘图区域中通过点选、拖拉等操作完成相同的工作。

学习效果

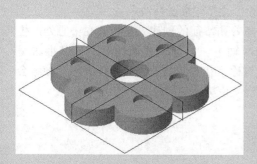

10.1 创建孔

🔖 本节视频教程时间：21分钟

一般而言，孔特征常见于产品的接合部位，尤其是用螺钉互锁两个零件时。

绝大部分情况下采用钻床或工具机进行钻孔工作时，各式各样的钻头会产生不同形状的孔。其钻头有【中心钻头】、【阶梯钻头】、【平钻头】和【锥坑钻头】等，如下图所示。

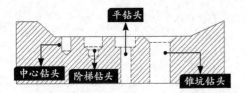

孔深分为【盲孔】与【通孔】两种形式，如下图所示。

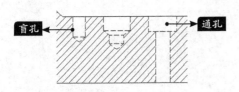

孔的横向断面为圆形，纵向断面会依据旋转中心呈对称状。孔的类型可以分为【简单孔】、【草绘孔】和【标准孔】3种。

【简单孔】的断面为固定直径的圆形；而【草绘孔】则可产生有钻顶形状与非固定直径圆形断面，如阶梯钻头、平钻头与锥坑钻头等，如右上图所示。

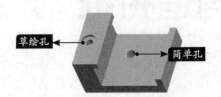

【简单孔】可以使用🗖（拉伸工具）的【移除材料】与🕸（旋转工具）的【移除材料】，按360°方式来创建。而使用【旋转工具】的【移除材料】，按360°方式也能产生【草绘孔】。所以孔特征可以视为【移除材料】在【拉伸工具】与【旋转工具】功能上的特例，特别独立出来供快速取用，无须指定草绘平面与参考面。不管是选择【简单孔】还是选择【草绘孔】，特征的旋转参考基本类似，其差别如下。

（1）【草绘孔】多了一个草绘阶段，它用来绘制孔特征的截面（截面平行旋转轴方向），与旋转特征的截面草绘相同。

（2）关于孔深度的给定，【简单孔】与【拉伸工具】方式相同。【草绘孔】则无须指定深度，由草绘断面所决定。

随着孔特征的创建，系统会在中心处产生【基准轴】，其纵向断面相对于该基准轴呈【轴对称】状态，故孔特征的位置标注参考会及时定义该旋转轴的位置。

10.1.1 孔特征面板参数

● 1. 功能常见调用方法

在Creo Parametric 4.0中单击【模型】选项卡➤【工程】面板➤【孔】按钮🗗即可，如下图所示。

● 2. 系统提示

调用【孔】功能后系统会弹出【孔】操控板，如下图所示。

● 3. 知识点扩展

【孔】操控板分为两部分：对话栏和上滑面板，其中上滑面板部分包括【放置】、【形状】、【注解】和【属性】等，可以控制【孔类型】的相关设置。

（1）孔类型

【孔类型】基本上分成两大类，即【简单孔】和【标准孔】。【简单孔】又可分为【矩形】、【标准孔】和【草绘孔】3种，三者的差别在于孔的形状和是否有草绘阶段，如下图所示。

（2）孔形状

【孔径】、【深度方向】和【深度值】等的设置，可以直接在【孔】操控板中设置，如下图所示。

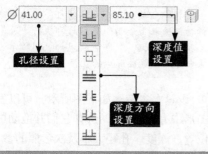

另外也可以由【形状】上滑面板的可视化图形预先了解孔的外形，并进行相关的设置，如下图所示。不同类型的设置，其上滑面板中的显示也不同，例如【草绘孔】的【孔径】、【深度】尺寸完全在草绘中决定；而【标准孔】的设置选项则与【简单孔】类似，但项目比【简单孔】要多。

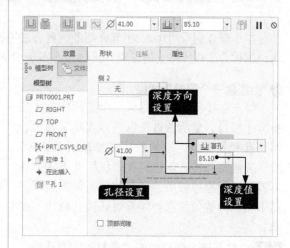

孔的深度形式与方向设置共有6种，以图像方式表示，其代表的意义如下表所示。另外可以通过【形状】上滑面板设置另一侧的深度形式与深度值。

名　称	说　明
⊥ （盲孔）	在放置参照的方向，以指定深度值在第一方向钻孔
⊟ （对称）	在放置参照的两个方向上，以指定深度值的一半分别在各个方向钻孔
⊨ （到下一个）	在第一方向钻孔，直到下一个曲面（在【组件】下不可用）
⊫ （穿透）	在第一方向钻孔，直到与所有的曲面相交
⊥ （穿至）	在第一方向钻孔，直到与选定的曲面或平面相交（在【组件】下不可用）
⊥ （到选定项）	在第一方向钻孔，直到选定的点、曲线、平面或曲面

（3）【注解】与【属性】

【注解】可以预览正在创建或重新定义的【标准孔】特征的特征注解。【螺纹注解】显示在【模型树】和图形窗口中，而且会在打开【注解】上滑面板时出现在嵌入的对话框中。【注解】

上滑面板适用于【标准孔】特征。

【属性】可以取得孔特征的参数信息，并可重命名孔特征。

10.1.2 孔的创建方法

一般来说，创建孔特征的操作方法大致分成以下两种。

（1）直接单击拖动图形中的参照，并双击选择要修改的尺寸进行修改，完全在绘图区中以鼠标修改并创建孔特征。

（2）通过操控板及其上滑面板修改创建孔特征。

以上两种方法各有优缺点。如果创建的孔特征外形及定位比较简单时，使用第一种方法来创建孔特征的速度较快；如果遇到外形或定位方式较复杂的孔特征时，则可使用第二种方法。因为第二种孔特征的创建方法具有较大的灵活性，修改及改变参照比较方便，所以适合创建复杂孔特征。但最佳的操作方法则为熟练并综合使用这两种方法，这样才能快速且简便地创建孔特征。

10.1.3 实战演练——创建孔特征

本小节分别采用10.1.2小节介绍的两种方法进行孔特征的创建，孔特征创建的过程中需要注意两种创建方法在操作上的区别，具体操作步骤如下。

◢ 1. 创建一个简单孔特征

首先选择实体特征的某一个表面作为【主参考】项目，然后通过拖曳的方式定义参考、调整孔径及深度，双击数字并修改后单击 ✔ 按钮，确定孔特征创建完成。使用此方式操作不需要设置操控板中的任何数值，但操控板界面中相同的数值信息会随着对话框的修改而变动。

步骤 01 打开随书资源中的"素材\CH10\孔特征-1.prt"文件，如下图所示。

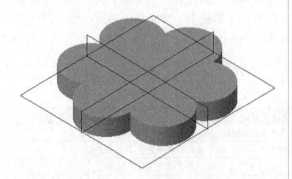

步骤 02 单击【模型】选项卡▶【工程】面板▶【孔】按钮，系统进入【孔】操控板后，在绘图区域中选择模型的上表面，以定义欲放置圆孔的位置，随即出现一个圆孔特征的图形，如右上图所示。

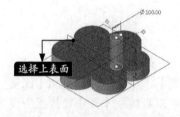

选择上表面

> **小提示**
>
> 由于孔特征被归为对象类特征，因此也可以使用鼠标指针选取上表面，亮显后再执行【孔】功能进入【孔】操控板，随即会出现如上图所示的孔图形，从中可以预览成形后的孔位置及形状。

步骤 03 设置次参考。如下图所示，可以发现孔特征图形中有5个方块，选择它们并拖动可以决定其位置、深度、孔径大小及次参照的参考。

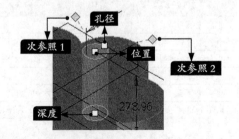

孔径

次参照1

位置

次参照2

深度

278.96

步骤 04 将鼠标指针移至次参考1的方块上，指针会变成移动指针状态，然后按住鼠标左键拖拉该方块至前左方的平面，设置以此平面作为次参考。在拖拉的过程中需要移动光标至要设置的参照平面边缘，直到该平面被选中时再放开鼠标，如下图所示。

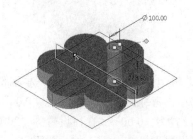

步骤 05 系统会出现一个参考长度的数值。双击该数值，将其修改为"260.00"，完成第一个次参考的设置，如下图所示。

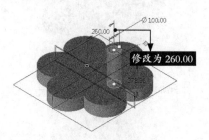

步骤 06 以同样的方式，拖拉次参考2的方块至前右方的平面，将其值设置为"0.00"，完成第二个次参考的设置，如下图所示。

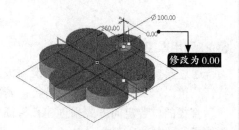

步骤 07 设置深度及孔径。双击深度尺寸数值，当出现【修改】对话框后，将其修改为"30.00"。使用同样的方式修改孔径数值为"100.00"，如下图所示。

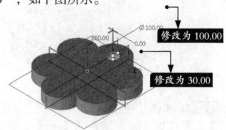

步骤 08 在【孔】操控板中单击 ✔ 按钮完成孔

特征创建，结果如下图所示。

步骤 09 继续进行孔特征的创建，选择模型上表面作为主参考，次参考1值设置为"260.00"，次参考2值设置为"0.00"，孔径设置为"100.00"，深度值设置为"30.00"，如下图所示。

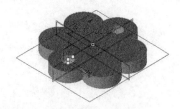

步骤 10 孔特征创建结果如下图所示。

步骤 11 继续进行孔特征的创建，选择模型上表面作为主参考，次参考1值设置为"130.00"，次参考2值设置为"225.00"，孔径设置为"100.00"，深度值设置为"30.00"，如下图所示。

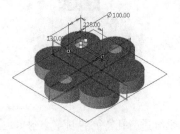

步骤 12 孔特征创建结果如下图所示。

步骤 13 继续进行孔特征的创建，选择模型上表面

作为主参考，次参考1值设置为"130.00"，次参考2值设置为"225.00"，孔径设置为"100.00"，深度值设置为"30.00"，如下图所示。

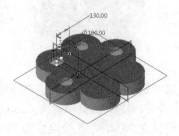

步骤⑭ 孔特征创建结果如下图所示。

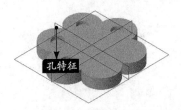

步骤⑮ 继续进行孔特征的创建，选择模型上表面作为主参考，次参考1值设置为"225.00"，次参考2值设置为"130.00"，孔径设置为"100.00"，深度值设置为"30.00"，如下图所示。

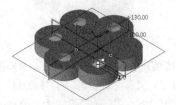

步骤⑯ 孔特征创建结果如下图所示。

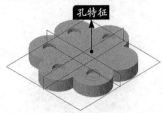

步骤⑰ 继续进行孔特征的创建，选择模型上表面作为主参考，次参考1值设置为"225.00"，次参考2值设置为"130.00"，孔径设置为"100.00"，深度值设置为"30.00"，如下图所示。

步骤⑱ 孔特征创建结果如下图所示。

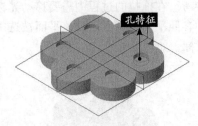

步骤⑲ 继续进行孔特征的创建，选择模型上表面作为主参考，次参考1值设置为"0.00"，次参考2值设置为"0.00"，孔径设置为"200.00"，深度值设置为"100.00"，如下图所示。

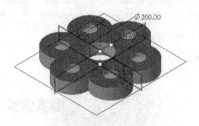

步骤⑳ 孔特征创建结果如下图所示。

2. 利用操控板创建孔特征

通过操控板及其【放置】上滑面板创建孔特征，可以定义比较复杂的孔特征。若要以径向、直径的位置定向方式来创建孔特征，也需要使用这种方法来完成。

步骤① 打开随书资源中的"素材\CH10\孔特征-2.prt"文件，如下图所示。

步骤② 单击【模型】选项卡▶【工程】面板▶【孔】按钮 ，系统进入【孔】操控板，然后点选【放置】上滑面板，可以发现【放置】中

出现了【无项】的提示，如下图所示。

步骤 03 在绘图区中选择模型的上表面，以定义欲放置圆孔的位置，随即出现一个圆孔特征的图形，同时【放置】上滑面板中出现主参考定义，如下图所示。

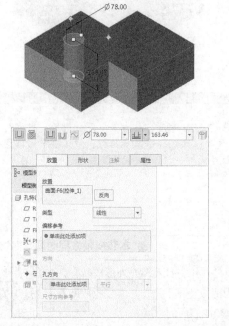

步骤 04 设置第一个参考。单击【偏移参考】中的【单击此处添加项】，接着选择如下图所示的曲面，完成后【偏移参考】中便会出现一个项目，将其偏移值更改为"150.00"。

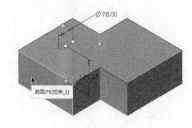

步骤 05 定义第二个次参考。按住【Ctrl】键单击选择如下图所示的曲面，完成后操控板的【偏移参考】中便会多出一个项目，将其偏移值更改为"150.00"。

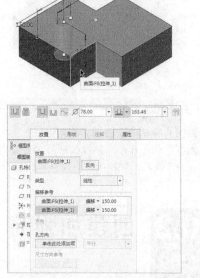

步骤 06 设置深度及孔径。修改孔径为"75.00"，深度为"150.00"，完成后的操控板如下图所示。也可以使用【形状】下滑面板修改。

步骤 07 在【孔】操控板中单击 ✔ 按钮完成孔特征创建，结果如下图所示。

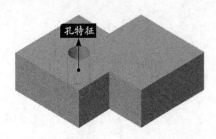

步骤 08 继续进行孔特征的创建，选择模型上表面作为主参考，使用如下图所示的两个曲面定义次参考，并设置次参考值为"150"、孔径为"75.00"、深度值为"150.00"，如右上图所示。

步骤 09 孔特征创建结果如下图所示。

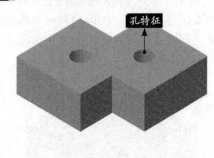

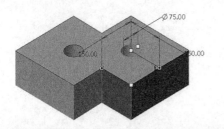

小提示

以上两种操作方法虽有差异，但定义孔的相关信息（如孔径、深度、参考等）是相同的。当视图中的数值或参考被修改时，操控板中的相关信息也会随着同步更改；反之，修改操控板，对话框中的信息也会更新。读者熟悉两种方法后，可以混合使用以提高作图的效率。

10.2 创建加强筋

本节视频教程时间：13分钟

筋又称加强筋，在产品设计中起着重要的作用，针对薄壳外形产品有提升强度的作用。一般而言，加强筋的外形为薄板（见下图），其位置常见于两个相邻实体面的相接处，用以增加强度及减少翘曲的程度。

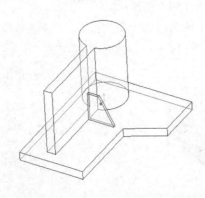

10.2.1 加强筋的创建方法

筋特征是在两个或两个以上的墙面之间加入材料，以作为支撑墙面的筋板。

1. 功能常见调用方法

在Creo Parametric 4.0中单击【模型】选项卡➤【工程】面板➤【筋】按钮右侧的下拉三角箭头，然后选择一种适当的创建筋方式，如下图所示。

2. 系统提示

选择【轨迹筋】方式后系统会弹出【轨迹筋】操控板，如下图所示。

选择【轮廓筋】方式后系统会弹出【轮廓筋】操控板，如下图所示。

3. 知识点扩展

1）轨迹筋与轮廓筋

轨迹筋是由筋板的侧面造型线作出的筋板。

轮廓筋是由筋板的正面轮廓线作出的筋板。

2）创建筋特征的基本步骤

① 绘制筋的截面外形。进入操控板后单击【参考】上滑面板，然后单击【草绘】选项框右侧的【定义...】按钮，弹出【草绘】对话框。从中选择草绘平面及参考面后进入草绘模式，绘制筋的截面外形，完成后返回筋特征操控板。

② 调整材料填满方向。点选图形窗口中的箭头或操控板中的 ⅔ 按钮，切换材料的填满方向，使其朝向内部。

③ 定义厚度值。有3种方式可以定义厚度值：直接双击模型窗口中的数值进行修改；拖动模型窗口中的正方形方块改变厚度，并可动态实时地预览筋的外形；直接针对操控板中的厚度值进行修改。完成后可以单击 ∞ 按钮预览成形的特征，也可以直接单击 ✔ 按钮或直接按鼠标中键确认完成筋特征的创建。

10.2.2 实战演练——创建加强筋特征

本小节在薄壁四周创建加强筋特征，主要运用轮廓筋创建加强筋的方式，具体操作步骤如下。

● 1. 创建基准平面

步骤01 打开随书资源中的"素材\CH10\加强筋特征.prt"文件，如下图所示。

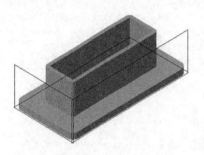

步骤02 单击【模型】选项卡➤【基准】面板➤【平面】按钮▱，系统弹出【基准平面】对话框后，选择"FRONT:F3"基准平面作为参考项，如下图所示。

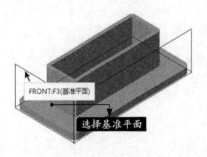

步骤03 在【基准平面】对话框中将偏移平移距离设置为"–200"，并适当调整偏移方向，如下图所示。

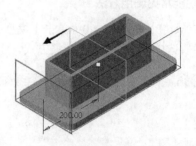

步骤04 在【基准平面】对话框中单击【确定】按钮，"DTM1:F9"基准平面创建结果如下图所示。

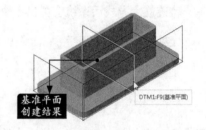

步骤05 继续进行基准平面的创建，选择"RIGHT:F1"基准平面作为参考项，如下图所示。

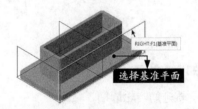

步骤06 在【基准平面】对话框中将偏移平移距离设置为"100"，并适当调整偏移方向，如下图所示。

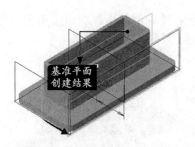

步骤 07 在【基准平面】对话框中单击【确定】按钮，"DTM2:10"基准平面创建结果如下图所示。

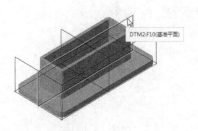

2. 创建加强筋特征

步骤 01 单击【模型】选项卡▶【工程】面板▶【筋】按钮右侧的下拉三角箭头，选择【轮廓筋】方式，系统进入【轮廓筋】操控板。

步骤 02 单击【参考】将其上滑面板展开，然后单击【草绘】区域中的【定义…】按钮，系统弹出【草绘】对话框后，选择"DTM1:9"平面作为草绘平面，其余采用系统默认设置，如下图所示。

步骤 03 在【草绘】对话框中单击【草绘】按钮，系统进入草绘环境后，将视图调整为"FRONT"，如右上图所示。

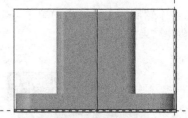

步骤 04 在草绘环境中单击【线链】按钮，并分别指定线链的起点和终点，如下图所示。

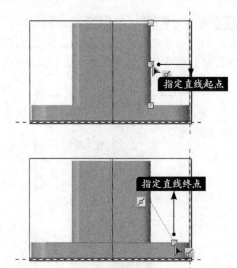

步骤 05 在【草绘】选项卡中单击 ✔ 按钮，并将视图调整为"标准方向"，如下图所示。

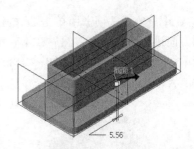

步骤 06 在【轮廓筋】操控板中将筋厚度设置为"10.00"，并适当调整材料填满方向，如下页图所示。

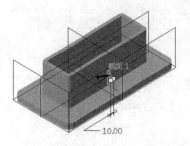

步骤07 在【轮廓筋】操控板中单击 ✔ 按钮，轮廓筋创建结果如下图所示。

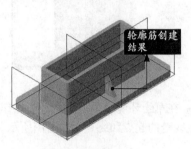

轮廓筋创建结果

步骤08 重复 **步骤01** 至 **步骤03** 的操作，进入草绘环境后，单击【线链】按钮，并分别指定线链的起点和终点，如下图所示。

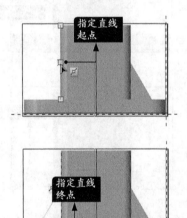

指定直线起点

指定直线终点

步骤09 在【草绘】选项卡中单击 ✔ 按钮，并将视图方向进行适当调整，然后在【轮廓筋】操控板中将筋厚度设置为"10.00"，并适当调整材料填满方向，如下图所示。

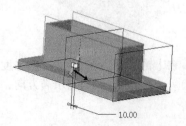

步骤10 在【轮廓筋】操控板中单击 ✔ 按钮，轮廓筋创建结果如下图所示。

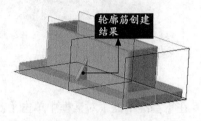

轮廓筋创建结果

步骤11 继续进行轮廓筋的创建，并选择"DTM2:10"平面作为草绘平面，其余采用系统默认设置，如下图所示。

步骤12 在【草绘】对话框中单击【草绘】按钮，系统进入草绘环境后，将视图调整为"RIGHT"，如下图所示。

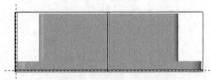

步骤13 在草绘环境中单击【线链】按钮，并分别指定线链的起点和终点，如下图所示。

指定直线起点

步骤⑭ 在【草绘】选项卡中单击 ✔ 按钮，并将视图方向进行适当调整，然后在【轮廓筋】操控板中将筋厚度设置为"10.00"，并适当调整材料填满方向，如下图所示。

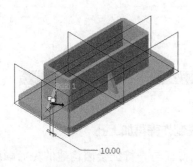

步骤⑮ 在【轮廓筋】操控板中单击 ✔ 按钮，轮廓筋创建结果如下图所示。

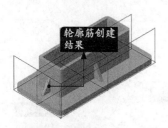

步骤⑯ 重复**步骤⑪**和**步骤⑫**的操作，进入草绘环境后，单击【线链】按钮，并分别指定线链的起点和终点，如右上图所示。

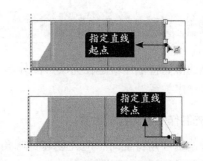

步骤⑰ 在【草绘】选项卡中单击 ✔ 按钮，并将视图方向进行适当调整，然后在【轮廓筋】操控板中将筋厚度设置为"10.00"，并适当调整材料填满方向，如下图所示。

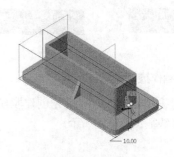

步骤⑱ 在【轮廓筋】操控板中单击 ✔ 按钮，轮廓筋创建结果如下图所示。

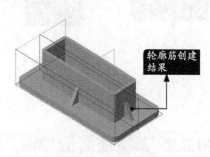

10.3 创建壳

🕐 本节视频教程时间：8分钟

☕ 壳特征常见于塑料零件或铸造零件中，即将实体内部挖空，形成薄壳。

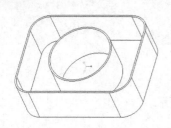

壳特征会挖空实体的内部，留下指定壁厚度的壳，并可指定想要从壳中移除的一个或多个曲面，左图所示为移除顶面的效果。若未选取要移除的曲面，整个零件内部虽为挖空状态，但无法进入空心的部分。

10.3.1 壳特征创建时机

壳的薄壳特征通常是在完成产品外形后创建，薄壳特征与倒圆角及拔模角特征之间有着特定的构建顺序关系。

1. 先制作倒圆角再加上壳

若遇倒圆角特征时，应先创建倒圆角特征再完成薄壳特征，如下图所示。

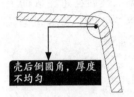
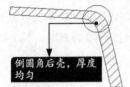

2. 先制作拔模角再加上壳

若遇拔模角特征时，应先创建脱模斜度再完成薄壳特征，如下图所示。

3. 先制作孔再加上壳

在设计的过程中，会因某些特征构建的先后顺序不同而产生不同的结果，如下图所示。

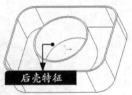

4. 先制作壳再加上孔

孔特征与壳特征会因构建的先后顺序不同而形成不同的结果，读者应特别留意此种情况，如下图所示。

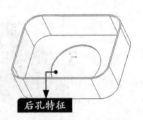

10.3.2 壳特征面板参数

1. 功能常见调用方法

在Creo Parametric 4.0中单击【模型】选项卡▶【工程】面板▶【壳】按钮即可，如下图所示。

2. 系统提示

调用【壳】功能后系统会弹出【壳】操控板，如下图所示。

● 3. 知识点扩展

在【参考】下滑面板中有两个项，分别为【移除的曲面】和【非默认厚度】。【移除的曲面】可以设置欲移除的曲面组；【非默认厚度】则可选取想要指定不同厚度的曲面，再针对包含在收集器中的每一个曲面指定个别的厚度值。

在【壳】操控板上方有一个【更改厚度方向】按钮 ╳，可以反向壳的创建侧，其结果和输入负值的厚度相同，也可以使用快捷菜单中的【反向】命令进行切换。正值为通常使用的方式，即挖空实体内部形成薄壳，而负值则是在实体外部加上指定的薄壳厚度。

厚度部分除了可以通过操控板中的【厚度】下拉列表来修改数值外，还可以通过鼠标指针拖动模型窗口中的白色小方块来修改并动态地预览几何模型，或者直接双击前方的数值进行修改。

在整个的创建过程中，操控板中的数据会与模型窗口的设置同步，是可以交互应用的。

10.3.3 实战演练——创建壳特征

本小节为模型创建壳特征，创建过程中需要注意模型不同位置上壳厚度的区别，具体操作步骤如下。

步骤01 打开随书资源中的"素材\CH10\壳特征.prt"文件，如下图所示。

步骤02 单击【模型】选项卡▶【工程】面板▶【壳】按钮 ▣，系统弹出【壳】操控板后，在绘图区域中选择如下图所示的曲面作为需要移除的面。

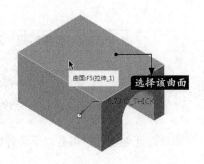

步骤03 将厚度值设置为"10.00"，如下图所示。

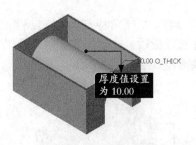

步骤04 单击【参考】上滑面板将其展开，然后在【非默认厚度】区域中单击【单击此处添加项】，系统会变为【选择项】提示，如下图所示。

步骤05 在绘图区域中选择如下页图所示的曲面。

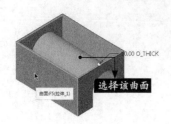

选择该曲面

步骤 06 将其厚度值设置为"60.00"，如下图所示。

厚度值设置为 60.00

步骤 07 在【壳】操控板中单击 ✔ 按钮，壳特征创建结果如下图所示。

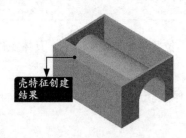

壳特征创建结果

步骤 08 继续进行壳特征的创建，系统弹出【壳】操控板后，在绘图区域中选择如下图所示的曲面作为需要移除的面。

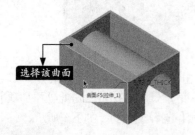

选择该曲面

步骤 09 将厚度值设置为"30.00"，如下图所示。

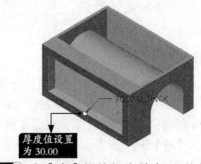

厚度值设置为 30.00

步骤 10 在【壳】操控板中单击 ✔ 按钮，壳特征创建结果如下图所示。

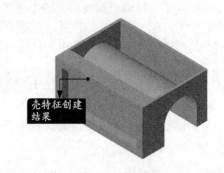

壳特征创建结果

小提示

整体的厚度由操控板下方的【厚度】值控制。而如果要修改非默认厚度曲面组的厚度，则可修改其字段中的曲面后方的数值。若有多个非默认厚度曲面，则可针对每一个曲面单独地设置厚度值。

同孔特征操作一样，利用操控板设置或使用鼠标指针在绘图区域中进行特征的创建时，数据会互相同步更新。在实际工作中可以交叉使用以上两种操作方法来创建壳特征。

10.4 创建倒圆角

⊗ **本节视频教程时间：27 分钟**

Creo Parametric 4.0中的倒圆角功能，可以让用户简单而迅速地构建出倒圆角。

系统所提供的倒圆角功能适用于实体与曲面特征。倒圆角特征创建的时机有以下两种情况。

1. 先制作拔模角再加上倒圆角

一般情况下，拔模角特征与倒圆角特征皆视为在最后阶段才创建的特征（但不是绝对的）。因为具有倒圆角的面不容易完成满足设计需求的脱模斜度，故应先制作脱模斜度再创建倒圆角特征，如下图所示。

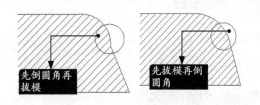

2. 先制作倒圆角再加上薄壳

若要创建薄壳特征，则应先创建倒圆角特征再完成薄壳特征，如下图所示。

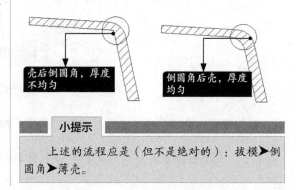

> **小提示**
>
> 上述的流程应是（但不是绝对的）：拔模➤倒圆角➤薄壳。

10.4.1 倒圆角特征面板参数

【倒圆角】命令分为简单倒圆角和高级倒圆角两种。Creo Parametric 4.0版本把两者整合在了一起，使其既具有简单、快速构建的特性，又具有高级倒圆角所提供的强大功能，使倒圆角更富于变化性。

1. 功能常见调用方法

在Creo Parametric 4.0中单击【模型】选项卡➤【工程】面板➤【倒圆角】按钮，如下图所示。

2. 系统提示

调用【倒圆角】功能后系统会弹出【倒圆角】操控板，如下图所示。

3. 知识点扩展

【倒圆角】操控板分为设置栏和上滑面板，下面将分别进行介绍。

1）设置栏

设置栏显示下列两个选项。

① （设置模式，也即集合模式）：启动集合模式可以处理倒圆角组合。预设情况下Creo Parametric 4.0会选取这个选项，也就是一进入【倒圆角】命令，系统默认就在这个模式下，让用户点选要倒圆角的参考，以及控制倒圆角的各项参数。

② ✲（过渡模式）：启动过渡模式可以定义倒圆角特征的所有过渡。一旦转换到此种模式，系统就会自动地在绘图窗口的模型中显现出可以设置的过渡区，如下图所示。

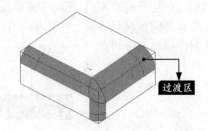

选择任意一个过渡即可设置其过渡的类型，如下图所示。

过渡类型方块显示目前过渡的预设过渡模式，其中包含基于几何环境的有交往过渡类型列表。利用此方块可以改变目前的过渡类型。

下表列出了Creo Parametric 4.0提供的倒圆角过渡类型。

过渡类型	示 例	说 明
终止实例 1	1. 倒圆角段 2. 终止实例过渡 3. 终止过渡	使用3个不同的【终止实例】终止倒圆角 Creo Parametric 4.0 根据几何环境配置每个【终止实例】几何
终止实例 2	终止实例过渡	—
终止实例 3	终止实例过渡	—
终止于参照	1. 倒圆角段 2. 终止于参照过渡 3. 选取的基准点 4. 终止过渡 5. 现有倒圆角几何	在指定的基准点或基准平面处终止倒圆角几何
混合	两共线倒圆角段之间的混合 1. 倒圆角段 2. 圆角曲面（混合过渡） 3. 终止过渡	使用边参照在倒圆角段间创建圆角曲面 请注意所有的相切倒圆角几何都终止于锐边
连续	两共线倒圆角段之间的连续 1. 倒圆角段 2. 倒圆角几何的延伸（连续过渡） 3. 终止过渡	将倒圆角几何延伸到两个倒圆角段中。请注意相切倒圆角几何不终止于锐边（请与【混合】相比较） 生成的几何看上去好像先放置了倒圆角，然后切除几何。相邻曲面被延伸，以使在合适的位置与倒圆角几何相交

续表

过渡类型	示 例	说 明
拐角球面	1. 球（带有半径值） 2. 圆角曲面（带有长度值）	使用球形拐角对由3个重叠倒圆角段所形成的拐角过渡进行倒圆角 默认情况下，该球与最大重叠倒圆角段具有相同的半径。但是可修改球半径及沿各边的过渡距离，从而使用圆角曲面将其混合到较小的现有半径中 注意【拐角球】过渡只适用于3个倒圆角段在拐角处重叠的几何
相交	两个倒圆角段相交 1. 倒圆角段 2. 相交过渡 3. 终止过渡	以向彼此延伸的方式延伸两个或更多个重叠倒圆角段，直至它们汇交形成锐边界 注意【相交】过渡只适用于两个或更多个重叠倒圆角段
曲面片	3个倒圆角段的曲面片 1. 倒圆角段 2. 曲面片过渡 3. 终止过渡	在3个或4个倒圆角段重叠的位置创建曲面片化曲面 通过选取可选曲面（在该曲面上创建包含半径的圆角），可以将附加侧面添加到3个侧面的【曲面片】过渡中，此圆角成为生成曲面片的第4个侧面，并且与其相切 注意【曲面片】过渡只适用于3个或4个倒圆角段重叠于一个拐角处的几何
仅限倒圆角1	仅限倒圆角1用于具有相同凸性的3个倒圆角段 在如图所示的例子中，使用扫描对由3个重叠倒圆角段所形成的拐角过渡进行倒圆角。扫描会用最大半径来包括倒圆角段 仅限倒圆角过渡	仅限倒圆角过渡使用复合倒圆角几何创建过渡。系统根据几何环境提供两种【仅限倒圆角】类型 注意示例中的每个倒圆角段的半径不相同
仅限倒圆角2	仅限倒圆角 1. 仅限倒圆角过渡 2. 用于具有相同凸性的3个倒圆角段	注意每个倒圆角段具有不同的半径

2）上滑面板

（1）【集】上滑面板

必须启动设置模式才能使用这个面板，如右图所示。【集】上滑面板包含下列选项。

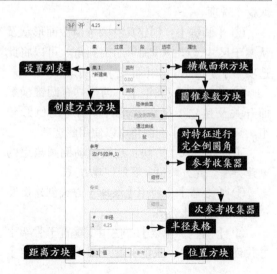

【设置】列表

包含前面倒圆角特征的所有倒圆角组，可以添加、移除或选取倒圆角组以进行修改（单击鼠标左键选取，而单击鼠标右键打开快捷菜单可以添加或移除）。Creo Parametric 4.0会反白显示倒圆角组。一个【设置】中可以包含数个设置，每一个设置中又可以包含数个倒圆角（需利用【Ctrl】键选取）。下图中就包含了两种设置，其中设置一同时对两个边倒圆角，设置二为【可变】倒圆角。

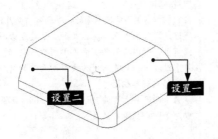

小提示

在同一个设置中，必须为同一种类型的（恒定的或可变的）倒圆角。

【横截面积】方块：控制活动倒圆角组的截面形状，该方块包含下列形状。

① **【圆形】**：创建具有圆形横截面形状的倒圆角。默认情况下，Creo Parametric 4.0会选取这个选项。

② **【圆锥】**：创建具有圆锥横截面形状及从属于尺寸（x轴和y轴）的倒圆角。可以将此选项用于【恒定】和【可变】倒圆角。

③ **【D1×D2圆锥】**：创建具有圆锥横截面开关及独立于尺寸（x轴和y轴）的倒圆角组。只有【恒定】倒圆角可以使用此选项。

【创建方式】方块：控制活动倒圆角组的创建方法。此方块包含下列创建方式。

① **【滚球】**：使用【滚球】方式创建倒圆角。预设选取此选项。

② **【垂直于骨架】**：使用【垂直于骨架】方式创建倒圆角。只能将此选项用于【恒定】

和【可变】倒圆角组。

③ **【完全倒圆角】按钮**：创建完全倒圆角。此按钮只有在选取了有效【完全】倒圆角参照（两条对边或两个面），并同时选取了【圆形】横截面形状与【滚球】创建方式时才可使用。当使用曲面对曲面的方式创建完全倒圆角时，【驱动曲面】收集器即启动，以选择欲倒圆角的面。

小提示

可以再单击此按钮使倒圆角恢复为先前的状态。

【通过曲线】按钮：让倒圆角半径由所选的曲线驱动，以创建由曲线驱动的倒圆角。当单击【通过曲线】按钮后，【驱动曲线】收集器会启动供选取驱动曲线。注意，可以再单击此按钮将倒圆角恢复为选前状态。【通过曲线】按钮只有在选取了有交往倒圆角参考，并同时选取了【圆】横截面形状与【滚球】创建方式（这两项皆为预设设置）时才可以使用。

【参考】区域

① **【参考】收集器**：包含倒圆角组所选取的有交往参考。当选错参考时，可以在参考收集器中点选欲删除的参考并右击，然后在出现的快捷菜单中选择【移除】选项。

② **【次参考】收集器**：下列收集器会根据作用的倒圆角类型而启动。

• **【驱动曲线】**：当单击【通过曲线】按钮时，【驱动曲线】收集器便会启动，可以选择驱动倒圆角半径的曲线。

• **【驱动曲面】**：当以曲面对曲面的方式创建【完全倒圆角】时，该收集器便会启动，供选取驱动曲面。

③ **【骨架】**：包含与【骨架法向】的选用的骨架参照或【可变】的曲面对曲面倒圆角组。

④ **【细节】按钮**：可以打开【链】对话框以便能修改链属性。

【半径】表格：控制作用中倒圆角半径的距离和位置。【半径】表格包含以下选项（此表格不适用于【完全倒圆角】或由曲线所驱动和倒圆角）。

① #：列出激活倒圆角组的半径数。Creo Parametric 4.0会在每一列显示一个半径，并反白显示当前的半径。

#这一栏至少包含一个半径。如果是变化的圆角，就包含了数个半径值。

② 【半径】：控制倒圆角组的每一个半径值。此字段包含数值及参考（参考，即利用参考点控制半径值），可以输入新的半径值，或者从列表中选取最近使用过的数值（点一下数值即出现列表），如下图所示。

【半径】栏至少包含一个数值或参考。

③ 【位置】参考：控制作用中【可变】倒圆角组的每一个半径位置，包含比率及参考。【位置】这一栏在【常数】倒圆角及【D1×D2圆锥】倒圆角中不会出现。

④ D：控制作用中【圆锥】倒圆角组的每一个半径的圆锥距离。此字段包含数值及参考，且仅适用于【圆锥】倒圆角（即只有当选择的剖面是圆锥形状时，此字段才会出现），如下图所示。

⑤ D1、D2：控制作用中【D1×D2圆锥】

倒圆角组的每一个半径的圆锥距离。这些栏包含数值及参考，且仅适用于【D1×D2圆锥】倒圆角，如下图所示。

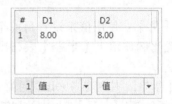

【D1×D2圆锥】倒圆角会出现两个【距离】方块，第二个方块取代【位置】方块。

⑥ 【添加半径】：添加半径到作用中的倒圆角组，即形成一个变化的圆角。

⑦ 【删除】：选中半径值后单击鼠标右键，选择【删除】命令，即可删除目前半径。

⑧ 【成为常数】：将变化的圆角改变成一个常数圆角。

【距离】方块：控制作用中倒圆角组的目前半径（显示在【半径】列中）距离。此方块位于【半径】表格的下方（左边），其下拉列表包含下列选项。

① 【值】：使用值来设置目前半径的距离，距离会显示在【半径】表格中。

② 【参考】：使用参考来设置目前半径的距离，此选项会启用【半径】表格中的收集器，其中包含参考信息，如下图所示。

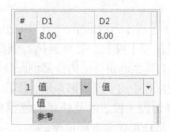

【位置】方块：控制作用中倒圆角组的目前半径（显示在【半径】表格中）的放置位置。此方块位于【半径】表格下方（右边），其下拉列表包含下列选项。【位置】方块仅适用于具有多个半径的圆锥倒圆角及【可变】倒圆角。

作用中的倒圆角组必须包含多个预设半径才会出现此方块。

① 【值】：使用值来设置目前半径的位置，位置比例显示于【半径】表格中的【位置】一栏。

② 【参考】：使用参考来设置目前半径的位置，此选项会启用【半径】表格中的收集器（【位置】栏），其中包含参考信息，如下图所示。

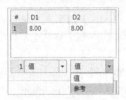

（2）【过渡】上滑面板

用户必须启动【过渡】模式才能使用此面板。【过渡】下滑面板包含下列项目。

① 【过渡】列表：包含整体倒圆角特征的所有用户定义的过渡，可供修改过渡使用。Creo Parametric 4.0系统不会自动地列出默认的过渡。

② 【终止参照】收集器：包含过渡类型为【终止于参照】过渡的参照。只有在将【终止于参照】过渡类型指定给活动【终止】过渡时才可以使用此收集器。

③ 【可选曲面】收集器：包含放置作用中【曲面片】过渡的倒圆角的参考。仅当为活动过渡指定【曲面片】过渡类型时，此收集器才可用。

（3）【段】上滑面板

可以使用【段】上滑面板执行倒圆角段管理。可以查看倒圆角特征的全部倒圆角集，查看当前倒圆角集中的全部倒圆角段，修剪、延伸或排除这些倒圆角段，以及处理放置模糊问题。【段】上滑面板包含下列选项。

【集】列表：列出整个倒圆角特征的全部倒圆角集。

【设置】列表包含以下各项。

① 【设置】：指示倒圆角设置。

② 【新设置】：添加新的倒圆角设置并使其处于活动状态。也可以使用图形窗口中的【添加设置】快捷菜单命令。

【段】表：列出当前倒圆角集的全部倒圆角段，并将其当前状态标识成如下一种状态。

【包括】：可进行下列操作。

① 指示当前倒圆角集（默认情况下选中）中包含的相应倒圆角段。

② 【包括】：包括选定的处在排除状态的倒圆角段。

③ 将已修剪或已延伸的倒圆角段恢复至原始状态。

④ 【排除】：排除选定的处在包括状态的倒圆角段。

⑤ 【已编辑】：指示选定倒圆角段已经过修剪或延伸。

也可以从【段】上滑面板的快捷菜单中使用这些选项。

只有此快捷菜单才可以使用【全部包括】。【全部包括】包括处于排除状态的当前倒圆角集中的全部倒圆角段。此选项也可以将当前倒圆角集中的全部已修剪或延伸过的倒圆角段恢复至原始状态。

（4）【选项】上滑面板

此上滑面板包含下列选项，如下图所示。

① 【实体】：将倒圆角特征以实体方式进行创建。

② 【曲面】：将倒圆角特征以曲面方式进行创建。

③ 【创建终止曲面】：选中此复选项可以创建终止曲面，以封闭倒圆角特征的所有倒圆角段端点。

只有在选取有效几何及【曲面】或【新面组】附加类型后才可以使用此复选项，默认情况下Creo Parametric 4.0不会选中该复选项。

（5）【属性】上滑面板

① 【名称】方块：显示目前倒圆角特征的名称，用户可以自行重命名。

② ℹ：单击此按钮会弹出Creo Parametric 4.0内置浏览器，其中提供了详细的倒圆角特征信息。

10.4.2 特殊倒圆角处理技巧

倒圆角对任何零件模型来说皆是相当重要的，除了可以使模型成形脱模容易外，更有增添模型美观的效果。Creo Parametric 4.0所提供的倒圆角功能相当实用，能满足大部分的设计需求。其他的特殊情况必须使用特殊的解决方法，针对特殊的情况有以下方法可供参考。

（1）情况一：特殊的几何结构。

粗略看上去，有些几何结构可能无法制作出圆角。其实，只要多思考一下，使用特别的处理步骤就可以完成。

（2）情况二：曲面修补圆角。

如果上述情况无法解决的话，还可以使用曲面来修补不能完成的倒圆角。有关曲面修补的详细信息，读者可以参阅相关的书籍。

10.4.3 实战演练——创建倒圆角特征

本小节为模型创建倒圆角特征，创建过程中需要注意恒定倒圆角和可变倒圆角应用中的不同之处，具体操作步骤如下。

步骤01 打开随书资源中的"素材\CH10\倒圆角特征.prt"文件，如下图所示。

步骤02 单击【模型】选项卡▶【工程】面板▶【倒圆角】按钮🔿，系统弹出【倒圆角】操控板后，在绘图区域中选择如下图所示的边作为需要倒圆角的边，并将圆角半径设置为"75.00"。

步骤03 在【倒圆角】操控板中单击✔按钮，倒圆角特征创建结果如下图所示。

步骤04 继续进行倒圆角特征的创建，在绘图区域中选择如下图所示的边作为需要倒圆角的边，并将圆角半径设置为"15.00"。

步骤05 在【倒圆角】操控板中单击✔按钮，倒圆角特征创建结果如下页图所示。

倒圆角创建
结果

步骤 06 继续进行倒圆角特征的创建，在绘图区域中配合按住【Ctrl】键选择如下图所示的两条边作为需要倒圆角的边，并将圆角半径设置为"5.00"。

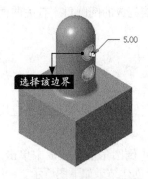

5.00

选择该边界

步骤 07 在【倒圆角】操控板中单击 ✔ 按钮，倒圆角特征创建结果如下图所示。

倒圆角创建
结果

步骤 08 继续进行倒圆角特征的创建，在绘图区域中配合按住【Ctrl】键选择如下图所示的4条边作为需要倒圆角的边。

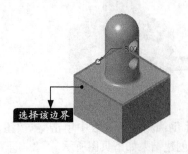

5.00

选择该边界

步骤 09 单击展开【集】上滑面板，单击鼠标右键，选择【添加半径】，如下图所示。

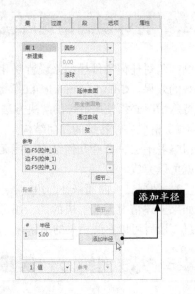

添加半径

步骤 10 对半径值进行相应的设置，如下图所示。

设置半径值

步骤 11 在【倒圆角】操控板中单击 ✔ 按钮，倒圆角特征创建结果如下图所示。

15.00

30.00

30.00

15.00

倒圆角创建
结果

10.5 创建倒角

本节视频教程时间：9分钟

俗称的"倒角"或"去角"，可以处理模型周围的棱角，与倒圆角的功能类似。当产品周围的棱角过于尖锐时，就需要适当地进行修剪。如果只是为了避免引起割伤，则可加上【倒角特征】。若只为配合造型设计的需求，倒圆角特征则是较常使用的方式。

10.5.1 倒角特征面板参数

倒角分为边倒角和拐角倒角两种类型。

● 1. 功能常见调用方法（边倒角）

在Creo Parametric 4.0中单击【模型】选项卡▶【工程】面板▶【倒角】▶【边倒角】选项，如下图所示。

● 2. 系统提示（边倒角）

选择【边倒角】方式后系统会弹出【边倒角】操控板，如下图所示。

● 3. 知识点扩展（边倒角）

边倒角是针对模型上的边线，移除材料形成一个斜面，如下图所示。

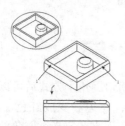

边倒角的种类有6种，即O×O、D×D、D1×D2、角度×D、45 × D和O1×O2，如下图所示。通过操控板中的【集】上滑面板，可以一

次同时定义多组不同的D值，甚至不同形式的边倒角，也可使用鼠标操作选择、定义多组边倒角。此外，可以针对过渡区域使用【过渡】上滑面板设置合适的过渡样式，如下图所示。

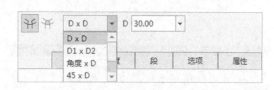

（1）O×O。

在沿各曲面上的边偏移（O）处创建倒角。仅当D×D不适用时，Creo Parametric 4.0才会默认选取此选项，如下图所示。

（2）D×D。

在任意角度相接的两个平面交错的边线上创建倒角特征，给定一定距离D即可，如下图所示。

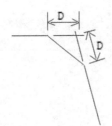

（3）D1×D2。

在任意角度相接的两个平面交错的边线上创建倒角特征，给定两个相异距离D1与D2且须选定一个参考面作为D1的估算基准，如下图所示。

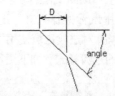

（4）角度×D。

给定一个距离D与一个角度，形成倒角特征。须选定一个参考面作为该角度的估算基准，如下图所示。

（5）45 × D。

创建一个倒角，它与两个曲面都呈45°角，且与各个曲面上的边的距离为D。

（6）O1 × O2。

在一个曲面距选定边的偏移距离为O1，另一个曲面距选定边的偏移距离为O2处创建倒角。

🔴 4. 功能常见调用方法（拐角倒角）

在Creo Parametric 4.0中单击【模型】选项卡▶【工程】面板▶【倒角】▶【拐角倒角】选项，如下图所示。

🔴 5. 系统提示（拐角倒角）

选择【拐角倒角】方式后系统会弹出【拐角倒角】操控板，如下图所示。

🔴 6. 知识点扩展（拐角倒角）

拐角倒角特征仅适用3个平面交叉处的交点。点选要进行倒角的拐角后，系统会以高亮方式显示3条边线，且等待用户指定各条边线的距离D1、D2、D3，如下图所示。

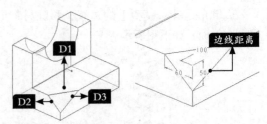

选择【拐角倒角】方式后可以点选拐角的任意一个边，此边会变成红色。利用【选出点】或【输入】方式定义欲倒角的长度，完成后下一个进行定义的边会变成绿色，输入倒角的长度，最后定义第三条边。定义完成后便可预览确定创建此特征。

距离D1、D2、D3的给定方式有两种：选出点和输入。若需修改3条边线的距离，则应在倒角特征完成后使用【编辑】命令改变距离的大小。

系统会高亮显示第一条边线（红色），用鼠标指针直接点选该边线上的任意位置，然后按顺序完成第二条边（绿色）与第三条边（绿

色）。

系统的默认方式是【选出点】方式。若希望给定确实的距离值，则可以点选菜单管理器中的【输入】方式，然后在信息区输入距离值。

10.5.2 实战演练——创建倒角特征

本小节分别利用边倒角和拐角倒角方式为模型创建倒角特征，注意两种方式在实际应用中的区别，具体操作步骤如下。

步骤01 打开随书资源中的"素材\CH10\倒角特征.prt"文件，如下图所示。

步骤02 单击【模型】选项卡▶【工程】面板▶【倒角】▶【边倒角】选项 ，系统弹出【边倒角】操控板，选择D×D方式，并将距离值设置为"15.00"，如下图所示。

步骤03 在绘图区域中配合按住【Ctrl】键选择如下图所示的两条边作为需要创建【边倒角】特征的边。

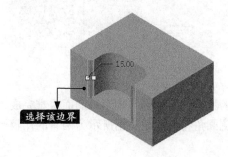

步骤04 在【边倒角】操控板中单击 ✔ 按钮，边倒角特征创建结果如下图所示。

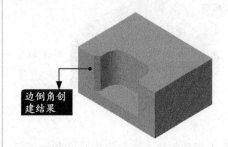

步骤05 继续进行边倒角特征的创建，在【边倒角】操控板中选择D1×D2方式，并将距离值D1设置为"15.00"，D2设置为"30.00"，如下图所示。

步骤06 在绘图区域中选择如下图所示的边作为需要创建边倒角特征的边。

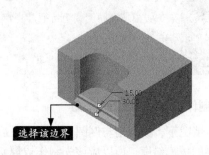

步骤07 在【边倒角】操控板中单击 ✔ 按钮，

边倒角特征创建结果如下图所示。

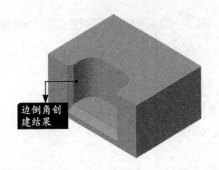

步骤08 单击【模型】选项卡▶【工程】面板▶【倒角】▶【拐角倒角】选项 ，系统弹出【拐角倒角】操控板后，在绘图区域中选择如下图所示的顶点作为需要创建拐角倒角特征的位置。

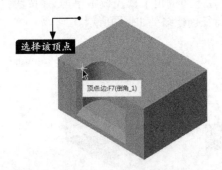

步骤09 在【拐角倒角】操控板中将倒角距离值D1设置为"5.00"，D2设置为"50.00"，D3设置为"15.00"，如右上图所示。

步骤10 在【拐角倒角】操控板中单击 ✔ 按钮，拐角倒角特征创建结果如下图所示。

步骤11 重复 步骤08 至 步骤10 的操作，继续进行拐角倒角特征的创建，结果如下图所示。

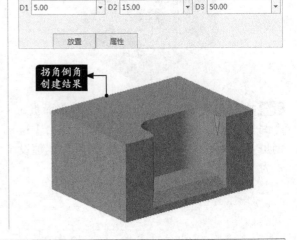

10.6 创建拔模

🔅 本节视频教程时间：**19分钟**

拔模特征同倒圆角特征及壳特征在同一模型上进行创建时，需要注意创建的先后顺序。

◢ 1. 先制作拔模角再加上倒圆角

一般情况下，拔模角与倒圆角都是在最后阶段才创建的特征。因为具有倒圆角的面很难完成设计需要的拔模斜度，所以应该先制作拔模斜度，再创建倒圆角特征。下页图所示为两者的比较（先倒圆角再拔模和先拔模再倒圆角）。

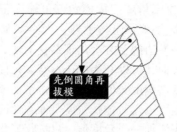

先倒圆角再拔模

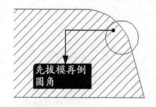

先拔模再倒圆角

● 2. 先制作拔模角再加上壳

若想创建【拔模】特征，且要求厚度必须相同时，应该首先创建拔模斜度再完成薄壳特征，如下图所示。

壳后拔模，厚度不均匀

拔模后壳，厚度均匀

【拔模】特征将−30°～+30°间的拔模角度添加到单独的曲面或一系列的曲面中。仅当曲面是由列表圆柱面或平面形成时才可以拔模。曲面边的边界周围有圆角时不能拔模。不过可以首先拔模，然后对边进行圆角过渡。

可以拔模实体曲面或面组曲面，但不可以拔模两者的组合。选取要拔模的曲面时，首先选定的曲面决定此特征选取的其他曲面、实体或面组的类型，其中有4项基本元素是相同的，如下图所示。

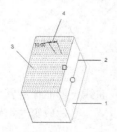

（1）【拔模曲面】：要拔模模型的曲面。

（2）【拔模枢轴】：曲面围绕其旋转的拔模曲面上的线或曲线（也称作中立曲线）。可以通过选取平面（在此情况下拔模曲面围绕它们与此平面的交线旋转）或选取拔模曲面上的单个曲线链来定义拔模枢轴。

（3）【拖动方向】：用于测量拔模角度的方向，通常为模具开模的方向。可以通过选取平面（在这种情况下拖动方向垂直于此平面）、直边、基准轴或坐标轴来定义。

（4）【拔模角度】：拔模方向与生成的拔模曲面之间的角度。如果拔模曲面被分割，则可为拔模曲面的每一侧定义两个独立的角度。拔模角度必须在−30°～+30°范围内。

下面举例对拔模枢轴、拖动方向和拔模角度进行讲解。

① 拔模枢轴。拔模枢轴（拔模角构建前后不会改变长度的【边】）位置是【中性平面】或【中性曲线】与拔模面的【交接线】，下图所示为3种不同位置（左、中、右）的中性边所产生的结果。

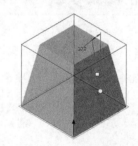
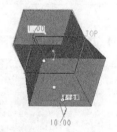

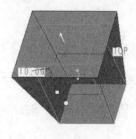

② 拖动方向。拖动方向是0°拔模角的基准，其方向可以由平面法向、基准轴方向、直边或线、坐标系三轴向等方式决定。

如下图所示，如果A面（右侧面）制作20°的拔模斜度，在以下两种不同的情况下其结果不同。

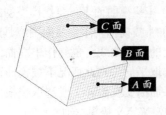

情况一：中性面为B面，0° 基准为C面，结果如下左图所示。

情况二：中性面为B面，0° 基准为B面，结果如下右图所示。

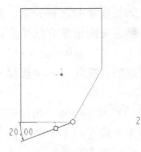
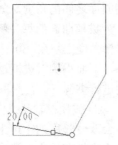

③ 拔模角度。拔模角度可输入正值、负值，应视参考方向与中性边而定。如下图所示，在中性边的上方会出现黄色箭头，箭头指向为正方向，可以利用单击点选黄色箭头切换方向。双击角度数值可以改变角度，或拖拉方形控制点可以实时拖拉角度。而圆形的控制点则是用来添加一个角度值，可进行变化角度的拔模。

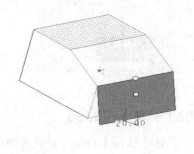

10.6.1 拔模特征面板参数

● 1. 功能常见调用方法

在Creo Parametric 4.0中单击【模型】选项卡➤【工程】面板➤【拔模】按钮 ，如下图所示。

● 2. 系统提示

调用【拔模】功能后系统会弹出【拔模】操控板，如下图所示。

● 3. 知识点扩展

【拔模枢轴】收集器：用来指定拔模曲面上的中性直线或曲线，即曲面绕其旋转的直线或曲线。单击收集器可以将其激活，最多可以选取两个平面或曲线链。要选取第二枢轴，则必须先用分割对象分割拔模曲面。

【拖动方向】收集器：用来指定测量拔模角所用的方向。单击收集器可以将其激活，可以选取平面、直边、基准轴或坐标系。

【拔模】的操作界面包含5个上滑面板：【参考】【分割】【角度】【选项】和【属性】，下面分别予以介绍。

（1）【参考】上滑面板

【参考】上滑面板包含下列元素，如下图所示。

【拔模曲面】收集器：可以用来选取拔模曲面，仅当曲面是由列表圆柱面或平面形成时才可以拔模。可以选取单个曲面或连续的曲面链，首先选中的曲面、实体或面组的类型将决定可选定作为此特征的拔模曲面的其他曲面的类型。

【拔模曲面】收集器旁的【细节】按钮：可以打开【曲面集】对话框，用来添加和移除拔模曲面。

【拔模枢轴】收集器：最多可以选取两个拔模枢轴。

对于每一个拔模枢轴可以选取以下选项之一。

① 平面。此时拔模曲面绕它与此平面的交线旋转。

② 拔模曲面上的曲线链。

【拔模枢轴】收集器旁的【细节】按钮：可以打开【链】对话框，用来控制拔模枢轴链。

【拖拉方向】收集器：用来指定测量拔模角所用的方向。可以选取下列选项之一。

① 平面。此时拖拉方向与此平面垂直。

② 直边或基准轴。此时拖拉方向与此边或轴平行。

③ 坐标轴。此时拖拉方向平行于此轴。选取坐标系的具体轴，而非坐标系名称。

【拖拉方向】收集器旁的【反向】按钮：可以用来反转拖拉方向（由黄色箭头指示）。

（2）【分割】上滑面板

【分割】上滑面板包含下列元素，如下图所示。

【分割选项】下拉列表：包含以下选项。

① 不分割。不分割拔模曲面。整个曲面绕拔模枢轴旋转。

② 根据分割对象分割。使用面组或草绘分割拔模曲面。如果使用不在拔模曲面上的草绘分割，系统就会以垂直于草绘平面的方向将其投影到拔模曲面上。如果选取此选项，系统则会激活【分割对象】收集器。

【分割对象】收集器：可以使用该收集器旁的【定义】按钮草绘分割曲线，或者选取以下选项之一。

① 曲面面组。此时分割对象为此面组与拔模曲面的交线。

② 外部（已存在）草绘曲线。

【定义】按钮：在拔模曲面或其他的平面上草绘分割曲线。如果草绘不在拔模曲面上，系统会以垂直于草绘平面的方向将其投影到拔模曲面上。

【侧选项】下拉列表：包含以下选项。

① 独立拔模侧面。为拔模曲面的每一侧指定独立的拔模角度。

② 从属拔模侧面。指定一个拔模角度，第二侧以相反方向拔模。此选项仅在拔模曲面以拔模枢轴分割或使用两个枢轴分割拔模时可用。

③ 仅拔模第一侧面。仅拔模曲面的第一侧面（由分割对象的正拖动方向确定），第二侧面保持中性位置。此选项不适用于使用两个枢轴的分割拔模。

④ 仅拔模第二侧面。仅拔模曲面的第二侧面，第一侧面保持中性位置。此选项不适用于使用两个枢轴的分割拔模。

对于【不分割】拔模，【分割对象】收集器和【侧选项】下拉列表不可用。

（3）【角度】上滑面板

【角度】上滑面板包含下列元素，如下图所示。

对于【恒定】拔模，是一行包含带有拔模角度值的【角度】组合框。

对于【可变】拔模，每附加一个拔模角会附加一行。每一行均包含带拔模角度值的【角度】组合框、带参考名称的【参考】框和指定沿参考的拔模角度控制位置的【位置】组合框。

对于带独立拔模侧面的【分割】拔模（【恒定】和【可变】），每一行均包含两个组合框：【角度1】和【角度2】，而非【角度】框。

【调整角度保持相切】复选项：强制生成的拔模曲面相切。不适用于【可变】拔模（【可变】拔模始终保持曲面相切）。

在【角度】上滑面板上单击鼠标右键，则会出现一个快捷菜单，其中包含以下命令，如下图所示。

①【添加角度】：在默认位置添加另一角度控制并包含最近使用的拔模角度值。角度值和位置均可修改。

②【删除角度】：删除所选的角度控制。仅在指定了多个角度控制时可用。

③【反向角度】：在选定角度控制位置处反向拔模方向。对于在独立拔模侧面的【分割】拔模，要使用此选项则必须在单独的角度单元格中单击鼠标右键。

【成为常数】：删除第一角度控制外的所有角度控制项。此选项只对于【可变】拔模可用。

（4）【选项】上滑面板

【选项】上滑面板包含下列元素，如下图所示。

【排除环】收集器：可用来选取要从拔模曲面排除的轮廓。仅在所选曲面包含多个环时可用。

【拔模相切曲面】复选项：如果选中该复选项，系统就会自动地延伸拔模，以包含与所选拔模曲面相切的曲面。软件默认选中此复选项。如果生成的几何无效，建议不选中【拔模相切曲面】复选项。

【延伸相交曲面】复选项：如果选中该复选项，系统将试图延伸拔模以与模型的相邻曲面相接触。如果拔模不能延伸到相邻的模型曲面，模型曲面则会延伸到拔模曲面中。如果以上情况均未出现，或者未选中【延伸相交曲面】复选项，系统将创建悬于模型边上的拔模曲面。

（5）【属性】上滑面板

【属性】上滑面板包含【名称】文本框，可以在其中输入拔模特征的定制名称，以替换自动生成的名称。它还包含**i**图标，单击它可以显示关于特征的信息，如下图所示。

10.6.2 实战演练——创建拔模特征

本小节为模型创建拔模特征，同时也会应用到壳特征，具体操作步骤如下。

步骤 01 打开随书资源中的"素材\CH10\拔模特征.prt"文件，如下图所示。

步骤 02 单击【模型】选项卡➤【工程】面板➤【拔模】按钮，系统弹出【拔模】操控板后，单击【参考】，展开其上滑面板，然后单击【拔模曲面】中的【选择项】，如下图所示。

步骤 03 在绘图区域中选择如下图所示的曲面。

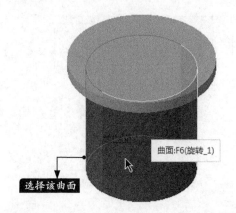

步骤 04 在【参考】上滑面板中单击【拔模枢轴】中的【单击此处添加项】，如右上图所示。

步骤 05 在绘图区域中选择如下图所示的曲面。

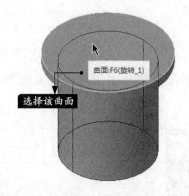

步骤 06 在【拔模】操控板中将角度值设置为"5"，如下图所示。

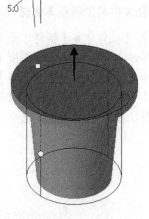

步骤 07 在【拔模】操控板中单击 ✔ 按钮，拔模特征创建结果如下页图所示。

拔模特征
创建结果

步骤 08 单击【模型】选项卡➤【工程】面板➤【壳】按钮，系统弹出【壳】操控板后，将厚度值设置为"5"，如下图所示。

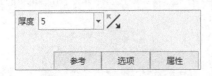

步骤 09 在绘图区域中选择如右上图所示的曲面。

5.00 O_THICK

曲面:F6(旋转_1)

选择该曲面

步骤 10 在【壳】操控板中单击 ✔ 按钮，壳特征创建结果如下图所示。

壳特征创建
结果

10.7 综合应用——创建工程特征

☕ 本节视频教程时间：15分钟

本实例将本章中所介绍的工程特征，如孔特征、壳特征、筋特征、倒角特征等应用在一个模型中，进而可以使用用户了解各种特征的创建关系。

在模型创建的过程中，可以使用操作面板修正、更改或输入数值，也可以使用鼠标在绘图窗口中操作。在本例中，将交叉配合使用两种操作方法来创建工程特征。

⬤ 1. 创建新文件并创建基本素材

步骤 01 选择【文件】➤【新建】菜单命令，在弹出的【新建】对话框中的【类型】选项区中选择【零件】单选项，在【子类型】选项区中选择【实体】单选项，输入文件的名称，取消对【使用默认模板】复选项的选中状态，如右图所示。

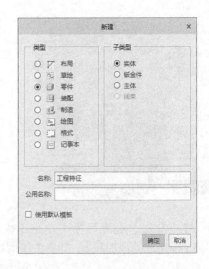

步骤02 单击【确定】按钮，在弹出的【新文件选项】对话框中选择【模板】"mmns_part_solid"，然后单击【确定】按钮，如下图所示。

步骤03 单击【模型】选项卡➤【形状】面板➤【拉伸】按钮，系统弹出【拉伸】操控板后，在【放置】上滑面板中单击【草绘】选框右侧的【定义…】按钮，如下图所示。

步骤04 系统弹出【草绘】对话框后，点选【TOP：F2（基准平面）】，接受系统默认使用的RIGHT平面作为参考平面，单击【草绘】按钮，如下图所示。

步骤05 绘制拉伸的基本图形，如下图所示。

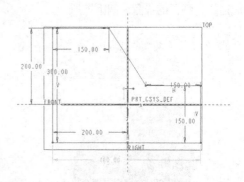

步骤06 完成剖面后，单击 ✔ 按钮，离开草绘环境，返回到【拉伸】操控板。单击【已命名的视图列表】按钮 ⬚，切换视角为【标准方向】，然后双击深度值，将其修改为"200.00"，如下图所示。

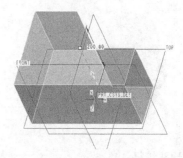

步骤07 单击操控板中的【预览】按钮 ⊙⊙ 进行预览或直接单击 ✔ 按钮，完成创建拉伸特征，如下图所示。

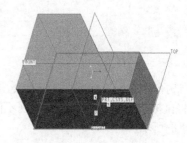

2. 创建边倒角特征

步骤01 单击【模型】选项卡➤【工程】面板➤【倒角】➤【边倒角】选项 ◇，系统将弹出【边倒角】操控板。

步骤02 选择最左边的一条边（并出现两个白色方块），此时更改操控板的倒角方式为D1×D2，操控板中会出现D1和D2的倒角值。修改D1为

"50.00"，D2为"30.00"，设置后单击鼠标中键完成边倒角特征的设置，如下图所示。

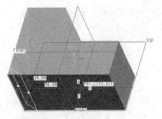

步骤03 单击操控板中的【预览】按钮 ∞ 进行预览或直接单击 ✔ 按钮，完成创建边倒角特征，如下图所示。

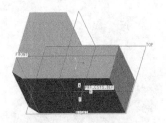

3. 创建孔特征

步骤01 单击【模型】选项卡▶【工程】面板▶【孔】按钮 🔳，系统将弹出【孔】操控板，如下图所示。

步骤02 选择模型顶面，模型窗口中会出现5个方块，将鼠标指针移至方块上会出现不同的图示，如下图所示。

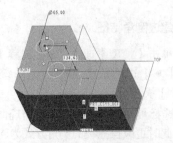

步骤03 单击操控板中的孔深度设置方式，更

改其为 ⫴（穿透），并修改圆孔【直径】为"60.00"，然后选择【偏移参考】为边F6和边F5，并设置偏移分别为"80.00"和"70.00"，如下图所示。

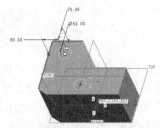

步骤04 单击操控板中的【预览】按钮 ∞ 进行预览或直接单击 ✔ 按钮，完成创建孔特征，如下图所示。

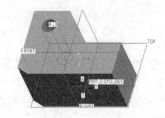

4. 创建壳特征

步骤01 单击【模型】选项卡▶【工程】面板▶【壳】按钮 🔳，系统将弹出【壳】操控板，如下图所示。

步骤 02 按住【Ctrl】键选择模型的上、前和右3个面，然后单击【参考】上滑面板，选择【非默认厚度】下的【单击此处添加项】文字。再按住【Ctrl】键选择模型的底面，分别设置【厚度】为"10.00"和"30.00"，如下图所示。

步骤 03 完成设置后单击鼠标中键完成壳特征的创建，如下图所示。

📖 5. 创建筋特征

步骤 01 单击【模型】选项卡➤【工程面板】➤【筋】➤【轨迹筋】选项 🗐，系统将弹出【轨迹筋】操控板。在【放置】上滑面板中单击【草绘】选框右侧的【定义…】按钮，弹出【草绘】对话框。点选FRONT：F3（基准平面），接受系统默认使用的RIGHT平面作为参考平面，然后单击【草绘】按钮，如下图所示。

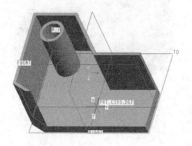

步骤 02 绘制一条倾斜直线，注意直线的两端需分别与模型对齐（使用约束中的【共点】），完成截面后单击 ✔ 按钮，离开草绘环境，如下图所示。

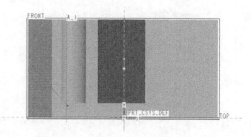

步骤 03 返回到【轨迹筋】操控板，注意箭头方向（填满体积的方向）需朝向内部。双击数值（代表厚度），将其修改为"5.00"，如下图所示。

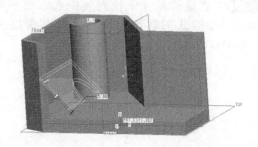

步骤 04 单击鼠标中键完成筋特征的创建，如下图所示。

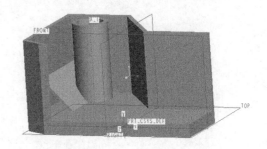

📖 6. 创建标准孔特征

步骤 01 单击【模型】选项卡➤【工程】面板➤【孔】按钮 🗐，系统弹出【孔】操控板。

步骤 02 单击操作面板中的【标准孔】按钮 🗐，展开【放置】上滑面板，设置【主参考】及【次参考】，然后修改【次参考】的偏移值分别为"80.00"和"150.00"，如下页图所示。

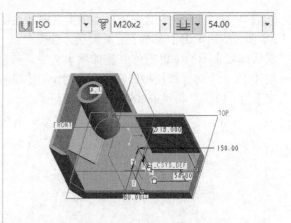

步骤 04 单击鼠标中键完成标准孔特征的创建，如下图所示。

步骤 03 在螺丝尺寸下拉列表中选取型号为 M20×2形式的螺丝孔，并设置其深度为 "54.00"，如右上图所示。

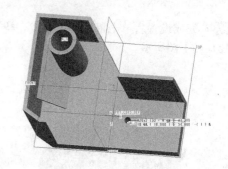

第11章
曲面的创建与应用

学习目标

本章主要讲解Creo Parametric 4.0中曲面的创建功能，创建曲面特征就是要创建厚度为零的面。在学习的过程中应重点掌握曲面的各种创建方法与应用技巧。

学习效果

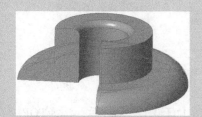
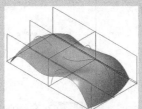

11.1 创建平曲面

🔘 本节视频教程时间: 12分钟

使用Creo Parametric 4.0的填充工具,可以创建和重定义填充特征。填充特征只是通过其边界定义的一种平曲面特征,用于加厚曲面。

1. 功能常见调用方法

在Creo Parametric 4.0中单击【模型】选项卡➤【曲面】面板➤【填充】按钮□,如下图所示。

2. 系统提示

调用【填充】功能后系统会弹出【填充】操控板,如下图所示。

3. 实战演练——创建平曲面特征

利用【填充】功能创建平曲面特征,具体操作步骤如下。

步骤01 选择【文件】➤【新建】菜单命令,在弹出的【新建】对话框中选择【类型】分组框中的【零件】单选项,在【子类型】分组框中选择【实体】单选项,并输入文件的【名称】,然后单击【确定】按钮,如下图所示。

步骤02 单击【模型】选项卡➤【曲面】面板➤【填充】按钮□,系统弹出【填充】操控板后,单击【参考】将其上滑面板展开,然后单击【草绘】选项框右侧的【定义...】按钮,如下图所示。

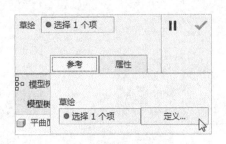

步骤03 系统弹出【草绘】对话框后,选择TOP面为【草绘平面】并使用默认的方向,如下页图所示。

步骤 04 在【草绘】对话框中单击【草绘】按钮，系统弹出【草绘】选项卡后，在草绘环境中绘制如下图所示的图形。

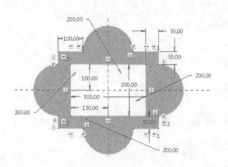

步骤 05 在【草绘】选项卡中单击 ✔ 按钮，返回【填充】操控板，如下图所示。

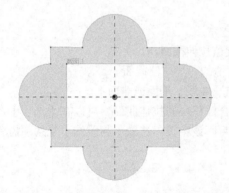

小提示

任何的填充特征都必须包括一个平整的封闭环草绘特征。

步骤 06 在【填充】操控板中单击 ✔ 按钮，结果如右上图所示。

步骤 07 单击【分析】选项卡➤【检查几何】面板➤【网格化曲面】按钮，系统弹出【网格】对话框后，在绘图区域中单击选择刚才创建的曲面，如下图所示。

步骤 08 在【网格】对话框中可以对网格间距进行相应的设置，如下图所示。

步骤 09 在【网格】对话框中单击【关闭】按钮，曲面会以网格的方式进行显示，如下图所示。

Creo 4.0中文版 **实战从入门到精通**

11.2 创建拉伸曲面

🔊 **本节视频教程时间：10 分钟**

利用Creo Parametric 4.0提供的拉伸工具，通过在垂直于草绘平面的方向上将已草绘的截面拉伸到指定的深度，即可创建拉伸曲面。

1. 功能常见调用方法

在Creo Parametric 4.0中单击【模型】选项卡▶【形状】面板▶【拉伸】按钮 ，如下图所示。

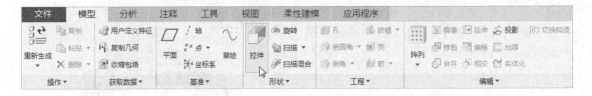

2. 系统提示

在【拉伸】操控板中单击【拉伸为曲面】按钮 即可，如下图所示。

3. 知识点扩展

要定义拉伸曲面的深度，可以使用下列深度选项之一。

（1）（盲孔）：从草绘平面开始以指定的深度值拉伸截面。

（2）（对称）：在草绘平面的两侧以指定深度值的一半拉伸截面。

（3）（到选定项）：将截面拉伸至一个选定点、曲线、平面或曲面上。

拉伸曲面可以具有开放或闭合端。要创建具有闭合体积块的拉伸曲面，可以在【选项】上滑面板中选取【封闭端】复选项，创建一个附加曲面来封闭该特征。选取【封闭端】复选项需要有一个闭合的截面。

4. 实战演练——创建拉伸曲面特征

利用【拉伸】操控板中的【拉伸为曲面】功能创建拉伸曲面特征，具体操作步骤如下。

步骤 01 选择【文件】▶【新建】菜单命令，在弹出的【新建】对话框中选择【类型】分组框中的【零件】单选项，在【子类型】分组框中选择【实体】单选项，并输入文件的【名称】，取消默认的【使用默认模板】复选项的选中状态，然后单击【确定】按钮，如下页图所示。

步骤 02 在弹出的【新文件选项】对话框中选择【模板】"mmns_part_solid"，然后单击【确定】按钮创建一个新文件，如下图所示。

步骤 03 单击【模型】选项卡▶【形状】面板▶【拉伸】按钮，系统弹出【拉伸】操控板后，单击【拉伸为曲面】按钮，如下图所示。

步骤 04 在【拉伸】操控板中单击【放置】将其上滑面板展开，然后单击【草绘】选项框右侧的【定义…】按钮，如下图所示。

步骤 05 系统弹出【草绘】对话框后，选择TOP

面为【草绘平面】并使用默认的方向，如下图所示。

步骤 06 在【草绘】对话框中单击【草绘】按钮，系统弹出【草绘】选项卡后，在草绘环境中绘制如下图所示的图形。

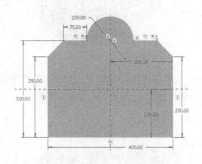

> **小提示**
>
> 截面可含有相交图元。

步骤 07 在【草绘】选项卡中单击 ✔ 按钮，返回【拉伸】操控板，采用盲孔拉伸方式，拉伸深度设置为"200.00"，然后对视图方向进行适当调整，如下图所示。

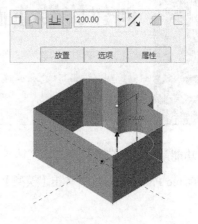

步骤 08 在【拉伸】操控板中单击【选项】将其上滑面板展开，勾选【封闭端】复选项，如下图所示。

步骤 09 在【拉伸】操控板中单击 ✔ 按钮，拉伸曲面特征创建结果如下图所示。

步骤 10 单击【分析】选项卡▶【检查几何】面板▶【网格化曲面】按钮 ，系统弹出【网格】对话框后，在绘图区域中单击选择如右上图所示的曲面。

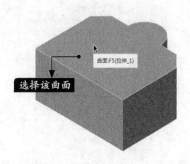

步骤 11 在【网格】对话框中可以对网格间距进行相应的设置，如下图所示。

步骤 12 在【网格】对话框中单击【关闭】按钮，所选曲面会以网格的方式进行显示，如下图所示。

11.3 创建旋转曲面

🔊 本节视频教程时间：10分钟

 创建旋转曲面首先需要做一个二维剖面，然后让剖面沿一条中心线旋转一定的角度即可。

● 1. 功能常见调用方法

在Creo Parametric 4.0中单击【模型】选项卡▶【形状】面板▶【旋转】按钮 ，如下图所示。

2. 系统提示

在【旋转】操控板中单击【作为曲面旋转】按钮 即可,如下图所示。

3. 实战演练——创建旋转曲面特征

利用【旋转】操控板中的【作为曲面旋转】功能创建旋转曲面特征,具体操作步骤如下。

步骤 01 选择【文件】➤【新建】菜单命令,在弹出的【新建】对话框中选择【类型】分组框中的【零件】单选项,在【子类型】分组框中选择【实体】单选项,并输入文件的【名称】,取消默认的【使用默认模板】复选项的选中状态,然后单击【确定】按钮,如下图所示。

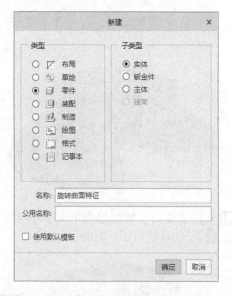

步骤 02 在弹出的【新文件选项】对话框中选择【模板】"mmns_part_solid",然后单击【确定】按钮创建一个新文件,如右上图所示。

步骤 03 单击【模型】选项卡➤【形状】面板➤【旋转】按钮 ,系统弹出【旋转】操控板后,单击【作为曲面旋转】按钮 ,如下图所示。

步骤 04 在【旋转】操控板中单击【放置】将其上滑面板展开,然后单击【草绘】选项框右侧的【定义…】按钮,如下页图所示。

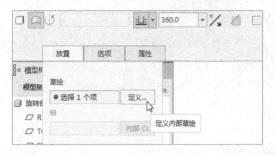

步骤 05 系统弹出【草绘】对话框后，选择TOP面为【草绘平面】并使用默认的方向，如下图所示。

步骤 06 在【草绘】对话框中单击【草绘】按钮，系统弹出【草绘】选项卡后，在草绘环境中绘制如下图所示的图形，其中左侧为竖直构造中心线。

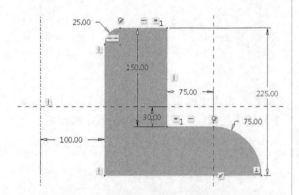

小提示

旋转截面必须包含一个旋转轴。

步骤 07 在【草绘】选项卡中单击 ✔ 按钮，系统返回【旋转】操控板后，将旋转角度设置为"270.0"，然后对视图方向进行适当调整，如下图所示。

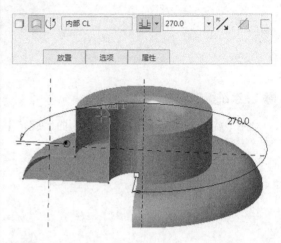

步骤 08 在【旋转】操控板中单击【选项】将其上滑面板展开，勾选【封闭端】复选项，如下图所示。

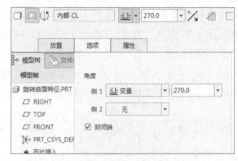

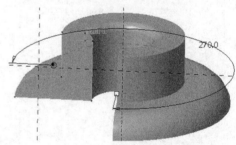

步骤 09 在【旋转】操控板中单击 ✔ 按钮，旋转曲面特征创建结果如下图所示。

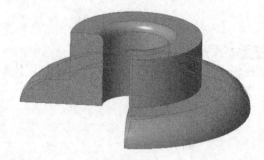

11.4 创建扫描曲面

⏺ **本节视频教程时间：17分钟**

使用【可变截面扫描】特征，用户可以通过控制截面的方向、旋转角度和几何，沿一个或多个选定的轨迹扫描截面来创建曲面。可以使用恒定截面或可变截面创建扫描曲面。

（1）可变截面：将草绘图元约束到其他轨迹（中心平面或现有几何），或者使用由Trajpar参数设置的截面关系来使草绘可变。草绘所约束到的参照可以改变截面形状。另外，以控制曲线或关系式（使用 Trajpar）定义标注的形式也能使草绘可变。草绘在轨迹点处再生，并相应地更新其形状。

（2）恒定截面：在沿轨迹扫描的过程中草绘的形状不变，仅截面所在框架的方向发生变化。

可变截面扫描工具的主元件是截面轨迹。草绘的截面被附加到原始轨迹上，并沿其长度移动来创建几何。原始轨迹及其他轨迹、其他参照（如平面、轴、边或坐标系等）沿扫描的方向定义截面。Creo Parametric 4.0将草绘截面相对于这些参照放置到某个方向，并将其附加到沿原始轨迹和扫描截面移动的坐标系中。

【框架】实质上是沿着原始轨迹滑动且自身带有要被扫描截面的坐标系。坐标系的轴由辅助轨迹和其他参考定义。【框架】非常重要，因为它决定着草绘沿原始轨迹移动时的方向。【框架】由附加约束和参考（如【垂直于轨迹】、【垂直于投影】和【恒定法向】等）定向（沿轴、边或平面）。

11.4.1 恒定截面扫描曲面

⏺ **1. 功能常见调用方法**

在Creo Parametric 4.0中单击【模型】选项卡➤【形状】面板➤【扫描】按钮，如下图所示。

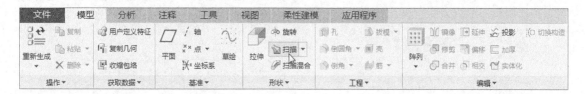

⏺ **2. 系统提示**

在【扫描】操控板中单击【扫描为曲面】按钮并单击 按钮即可，如下图所示。

● 3. 实战演练——创建恒定截面扫描曲面特征

利用【扫描】操控板中的【扫描为曲面】功能创建恒定截面扫描曲面特征，具体操作步骤如下。

步骤 01 选择【文件】▶【新建】菜单命令，在弹出的【新建】对话框中选择【类型】分组框中的【零件】单选项，在【子类型】分组框中选择【实体】单选项，并输入文件的【名称】，取消默认的【使用默认模板】复选项的选中状态，然后单击【确定】按钮，如下图所示。

步骤 02 在弹出的【新文件选项】对话框中选择【模板】"mmns_part_solid"，然后单击【确定】按钮创建一个新文件，如下图所示。

步骤 03 单击【模型】选项卡▶【形状】面板▶【扫描】按钮 ，系统弹出【扫描】操控板后，单击【扫描为曲面】按钮 ，并单击 按钮，如下图所示。

步骤 04 绘制扫描轨迹。单击【模型】选项卡▶【基准】面板▶【草绘】按钮 ，系统弹出【草绘】对话框后，选择TOP面为【草绘平面】并使用默认的方向，如下图所示。

步骤 05 在【草绘】对话框中单击【草绘】按钮，系统将弹出【草绘】选项卡，在草绘环境中绘制如下图所示的样条曲线图形。

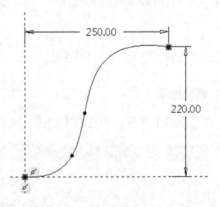

步骤 06 在【草绘】选项卡中单击 ✔ 按钮，系统返回【扫描】操控板后，此时刚才绘制的基准线就会被自动地选取为扫描特征的轨迹，如下页图所示。

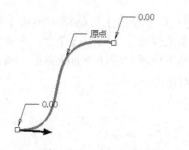

步骤07 在【扫描】操控板中单击 ✎ 按钮再一次进入草绘状态，然后绘制一个椭圆形作为截面草图，如下图所示。

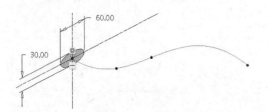

步骤08 在【草绘】选项卡中单击 ✔ 按钮，返回【扫描】操控板，可以对方向进行适当调整，如下图所示。

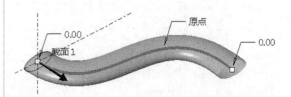

步骤09 在【扫描】操控板中单击 ✔ 按钮，恒定截面扫描特征创建结果如下图所示。

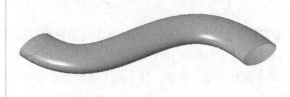

11.4.2 可变截面扫描曲面

◉ 1. 功能常见调用方法

在Creo Parametric 4.0中单击【模型】选项卡▶【形状】面板▶【扫描】按钮 🐚 ，如下图所示。

◉ 2. 系统提示

在【扫描】操控板中单击【扫描为曲面】按钮 🗔 并单击 ⌐ 按钮即可，如下图所示。

◉ 3. 实战演练——创建可变截面扫描曲面特征

利用【扫描】操控板中的【扫描为曲面】功能创建可变截面扫描曲面特征，具体操作步骤如下。

步骤01 选择【文件】▶【新建】菜单命令，在弹出的【新建】对话框中选择【类型】分组框中的【零件】单选项，在【子类型】分组框中选择【实体】单选项，并输入文件的【名称】，取消默认的【使用默认模板】复选项的选中状态，然后单击【确定】按钮，如下页图所示。

步骤02 在弹出的【新文件选项】对话框中选择【模板】"mmns_part_solid"，然后单击【确定】按钮创建一个新文件，如下图所示。

步骤03 单击【模型】选项卡▶【基准】面板▶【草绘】按钮，系统弹出【草绘】对话框后，选择TOP面为【草绘平面】并使用默认的方向，如下图所示。

步骤04 在【草绘】对话框中单击【草绘】按钮，系统弹出【草绘】选项卡，在草绘环境中绘制如下图所示的样条曲线图形，两条样条曲线为对称关系。

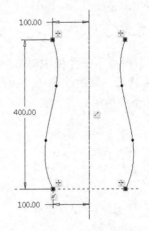

步骤05 在【草绘】选项卡中单击 ✔ 按钮，退出草绘环境。继续进行草绘图形的绘制，调用【草绘】功能，选择RIGHT面为【草绘平面】并使用默认的方向，如下图所示。

步骤06 在【草绘】对话框中单击【草绘】按钮，系统弹出【草绘】选项卡，在草绘环境中绘制如下图所示的样条曲线图形。

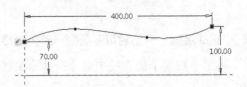

步骤07 在【草绘】选项卡中单击 ✔ 按钮，退出草绘环境。草绘结果如下页图所示。

步骤 08 单击【模型】选项卡➤【形状】面板➤
【扫描】按钮🖌️，系统弹出【扫描】操控板后，
单击【扫描为曲面】按钮，并单击↗按钮，
如下图所示。

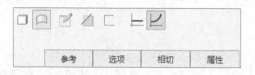

步骤 09 在绘图区域中单击选择如下图所示的样
条曲线。

步骤 10 继续在绘图区域中配合按住【Ctrl】键
选择另外两条样条曲线，如下图所示。

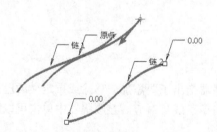

步骤 11 在【扫描】操控板中单击📝按钮进入
草绘状态，然后绘制一个矩形作为截面草图，
如下图所示。

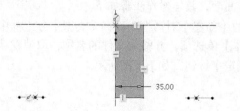

　　绘制的矩形顶点必须分别与3条扫描轨迹线
对齐。

步骤 12 在【草绘】选项卡中单击✔️按钮，返
回【扫描】操控板，可以对方向进行适当调
整，如下图所示。

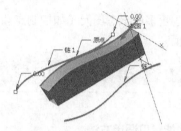

步骤 13 在【扫描】操控板中单击【参考】将其
上滑面板展开，可以对其进行适当设置，如下
图所示。

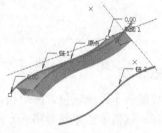

步骤 14 在【扫描】操控板中单击✔️按钮，可
变截面扫描特征创建结果如下图所示。

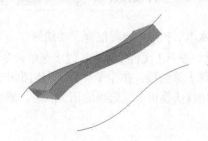

11.5 创建混合曲面

🌐 本节视频教程时间：25 分钟

混合曲面就是用边界混合工具在参考实体（它们在一个或两个方向上定义曲面）之间创建边界混合的特征。在每个方向上选定第一个和最后一个图元定义曲面的边界。

添加更多的参考图元（如控制点和边界）能使用户更完整地定义曲面形状，从而创建复杂的混合曲面。

11.5.1 【边界混合】特征工具

🔵 1. 功能常见调用方法

在Creo Parametric 4.0中单击【模型】选项卡➤【曲面】面板➤【边界混合】按钮 🗇，如下图所示。

🔵 2. 系统提示

调用【边界混合】功能后系统会弹出【边界混合】操控板，如下图所示。

🔵 3. 知识点扩展

【边界混合】操控板包含两个收集器，这两个收集器指出了要添加、移除或重定义的已选取曲线链参考。这两个收集器与第一方向曲线及第二方向十字线相对应。在收集器中单击可以激活并选取该方向的曲线，或者使用相应的快捷菜单。

11.5.2 实战演练——创建简单混合曲面

本小节利用【边界混合】功能创建一个简单混合曲面，具体操作步骤如下。

步骤 01 选择【文件】➤【新建】菜单命令，在弹出的【新建】对话框中选择【类型】分组框中的【零件】单选项，在【子类型】分组框中选择【实体】单选项，并输入文件的名称，取消默认的【使用默认模板】复选项的选中状态，然后单击【确定】按钮，如下页图所示。

步骤 02 在弹出的【新文件选项】对话框中选择
【模板】"mmns_part_solid"，然后单击【确
定】按钮，如下图所示，创建一个新文件。

步骤 03 单击【模型】选项卡➤【基准】面板➤
【平面】按钮 ☐，系统弹出【基准平面】对话
框后，选择FRONT：F3（基准平面），并将偏
移区域中的平移距离设置为"100.00"，如下
图所示。

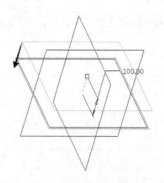

步骤 04 在【基准平面】对话框中单击【确定】
按钮，基准平面DTM1创建结果如下图所示。

步骤 05 继续进行基准平面的创建，选择
FRONT：F3（基准平面），并在【基准平
面】对话框中将偏移区域中的平移距离设置为
"-100.00"，如下图所示。

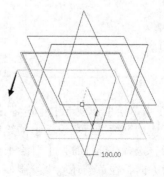

步骤 06 在【基准平面】对话框中单击【确定】

261

按钮，基准平面DTM2创建结果如下图所示。

DTM2:F6(基准平面)

步骤 07 单击【模型】选项卡▶【基准】面板▶【草绘】按钮，系统弹出【草绘】对话框后，选择FRONT面为【草绘平面】并使用默认的方向，如下图所示。

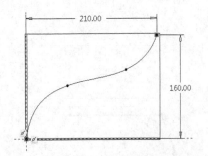

步骤 08 在【草绘】对话框中单击【草绘】按钮，系统弹出【草绘】选项卡后，在草绘环境中绘制如下图所示的样条曲线图形。

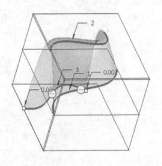

步骤 09 在【草绘】选项卡中单击 ✔ 按钮，退出草绘环境。继续进行草绘图形的绘制，调用草绘功能，选择DTM1面为【草绘平面】并使用默认的方向，在草绘环境中绘制如右上图所示的样条曲线图形。

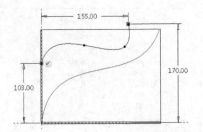

步骤 10 在【草绘】选项卡中单击 ✔ 按钮，退出草绘环境。继续进行草绘图形的绘制，调用草绘功能，选择DTM2面为【草绘平面】并使用默认的方向，在草绘环境中绘制如下图所示的样条曲线图形。

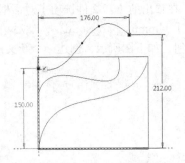

步骤 11 在【草绘】选项卡中单击 ✔ 按钮，退出草绘环境。草绘结果如下图所示。

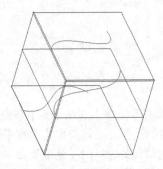

步骤 12 单击【模型】选项卡▶【曲面】面板▶【边界混合】按钮，系统弹出【边界混合】操控板后，在绘图区域中配合按住【Ctrl】键选择3条样条曲线，如下图所示。

步骤13 在【边界混合】操控板中单击【曲线】将其上滑面板展开，可以对其进行适当设置，如下图所示。

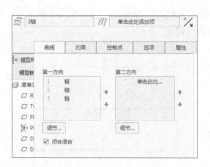

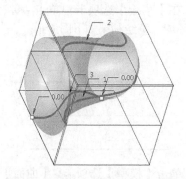

步骤14 在【边界混合】操控板中单击 ✔ 按

钮，简单混合曲面特征创建结果如下图所示。

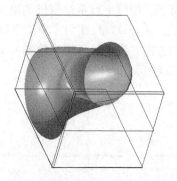

步骤15 可以对观察方向进行适当调整，利用不同角度对当前曲面模型进行观察，如下图所示。

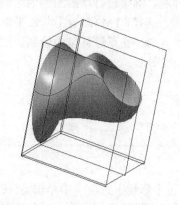

11.5.3 实战演练——创建复杂混合曲面

本小节利用【边界混合】功能创建一个复杂混合曲面，具体操作步骤如下。

步骤01 参考第11.5.2小节 **步骤01** 至 **步骤06** ，新建模型文件并创建基准平面DTM1、DTM2，如下图所示。

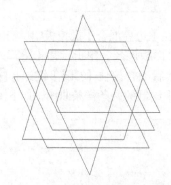

步骤02 单击【模型】选项卡▶【基准】面板▶【草绘】按钮 ，系统弹出【草绘】对话框后，选择FRONT面为【草绘平面】并使用默认的方向，如右上图所示。

步骤03 在【草绘】对话框中单击【草绘】按钮，系统弹出【草绘】选项卡后，在草绘环境中绘制如下图所示的样条曲线图形。

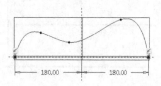

步骤 04 在【草绘】选项卡中单击 ✔ 按钮，退出草绘环境。继续进行草绘图形的绘制，调用草绘功能，选择DTM1面为【草绘平面】并使用默认的方向，在草绘环境中绘制如下图所示的样条曲线图形。

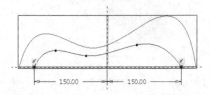

步骤 05 在【草绘】选项卡中单击 ✔ 按钮，退出草绘环境。继续进行草绘图形的绘制，调用草绘功能，选择DTM2面为【草绘平面】并使用默认的方向，在草绘环境中绘制如下图所示的样条曲线图形。

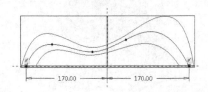

步骤 06 在【草绘】选项卡中单击 ✔ 按钮，退出草绘环境。继续进行草绘图形的绘制，调用草绘功能，选择RIGHT面为【草绘平面】并使用默认的方向，在草绘环境中绘制如下图所示的样条曲线图形。

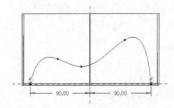

步骤 07 在【草绘】选项卡中单击 ✔ 按钮，退出草绘环境。继续进行草绘图形的绘制，调用草绘功能，选择TOP面为【草绘平面】并使用默认的方向，在草绘环境中绘制如下图所示的样条曲线图形。

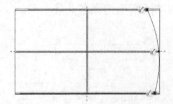

步骤 08 在【草绘】选项卡中单击 ✔ 按钮，退出草绘环境。继续进行草绘图形的绘制，调用草绘功能，选择TOP面为【草绘平面】并使用默认的方向，在草绘环境中绘制如下图所示的样条曲线图形。

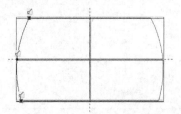

步骤 09 在【草绘】选项卡中单击 ✔ 按钮，退出草绘环境。草绘结果如下图所示。

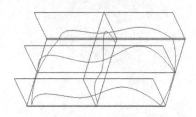

步骤 10 单击【模型】选项卡➤【曲面】面板➤【边界混合】按钮 ⬦，系统弹出【边界混合】操控板后，在绘图区域中配合按住【Ctrl】键选择 步骤 02 至 步骤 05 中绘制的3条样条曲线，如下图所示。

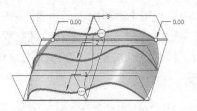

步骤 11 在【边界混合】操控板中单击【曲线】将其上滑面板展开，单击选择【第二方向】选项框，然后配合按住【Ctrl】键选择 步骤 07 和 步骤 08 中绘制的两条样条曲线，如下图所示。

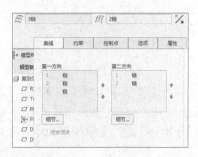

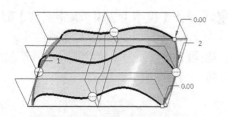

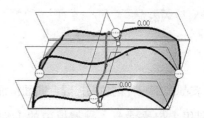

步骤 12 在【边界混合】操控板中单击【选项】将其上滑面板展开，选择【影响曲线】选项框，然后选择**步骤 06** 绘制的曲线，生成的混合曲面将向该曲线拟合，如下图所示。

步骤 13 在【边界混合】操控板中单击✔按钮，复杂混合曲面特征创建结果如下图所示。

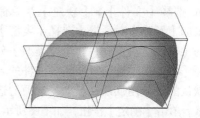

步骤 14 可以对观察方向进行适当调整，利用不同角度对当前曲面模型进行观察，如下图所示。

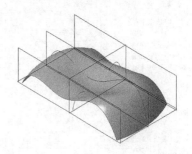

 11.6 创建扫描混合曲面

🔊 **本节视频教程时间：8分钟**

创建扫描混合曲面需要有单个轨迹（原始轨迹）和多个截面。要定义扫描混合的原始轨迹可以草绘一条曲线，也可以选取一条基准曲线或边换链。

📀 1. 功能常见调用方法

在Creo Parametric 4.0中单击【模型】选项卡➤【形状】面板➤【扫描混合】按钮，如下图所示。

📀 2. 系统提示

在【扫描混合】操控板中单击【创建曲面】按钮即可，如下页图所示。

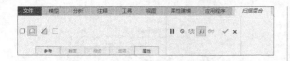

3. 实战演练——创建扫描混合曲面特征

利用【扫描混合】操控板中的【创建曲面】功能创建扫描混合曲面特征，具体操作步骤如下。

步骤01 选择【文件】▶【新建】菜单命令，在弹出的【新建】对话框中选择【类型】分组框中的【零件】单选项，在【子类型】分组框中选择【实体】单选项，并输入文件的名称，取消默认的【使用默认模板】复选项的选中状态，然后单击【确定】按钮，如下图所示。

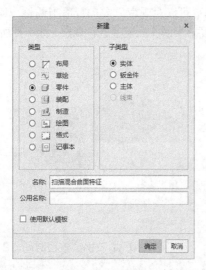

步骤02 在弹出的【新文件选项】对话框中选择【模板】"mmns_part_solid"，然后单击【确定】按钮创建一个新文件，如下图所示。

步骤03 单击【模型】选项卡▶【基准】面板▶【草绘】按钮，系统弹出【草绘】对话框后，选择FRONT面为【草绘平面】并使用默认的方向，如下图所示。

步骤04 在【草绘】对话框中单击【草绘】按钮，系统弹出【草绘】选项卡后，在草绘环境中绘制如下图所示的样条曲线图形。

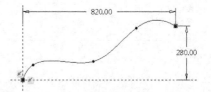

步骤05 在【草绘】选项卡中单击✔按钮，退出草绘环境，结果如下图所示。

步骤06 单击【模型】选项卡▶【形状】面板▶【扫描混合】按钮，系统弹出【扫描混合】操控板后，单击【创建曲面】按钮，如下图所示。

步骤07 在绘图区域中选择刚才创建的样条曲线，然后在【扫描混合】操控板中单击【截面】将其上滑面板展开，单击【草绘】按钮，如下页图所示。

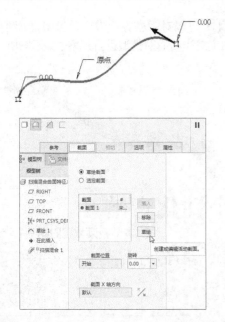

原点

0.00

0.00

步骤 08 系统进入草绘环境后，绘制如下图所示的圆形。

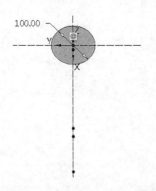

100.00

步骤 09 在【草绘】选项卡中单击 ✔ 按钮，返回至【扫描混合】操控板，在【截面】上滑面板中单击【插入】按钮，如下图所示。

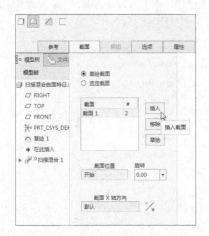

步骤 10 在【截面】上滑面板中选择插入的【截

面2】，然后单击【草绘】按钮，如下图所示。

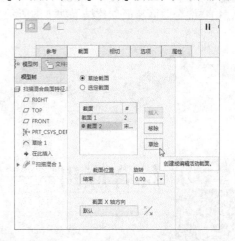

步骤 11 系统进入草绘环境后，绘制如下图所示的椭圆形。

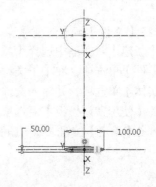

50.00   100.00

步骤 12 在【草绘】选项卡中单击 ✔ 按钮，返回至【扫描混合】操控板，适当调整视图观察方向，如下图所示。

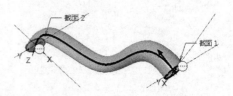

截面2   截面1

步骤 13 在【扫描混合】操控板中单击【选项】将其上滑面板展开，然后勾选【封闭端】复选项，如下图所示。

步骤 ⑭ 在【扫描混合】操控板中单击 ✔ 按 钮，扫描混合曲面特征创建结果如下图所示。

步骤 ⑮ 可以对观察方向进行适当调整，利用不 同角度对当前曲面模型进行观察，如下图所示。

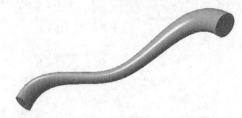

11.7 综合应用——创建个性化音响

🕐 **本节视频教程时间：15分钟**

本节综合利用旋转曲面特征及扫描混合曲面特征创建个性化音响模型，
具体操作步骤如下。

步骤 ①① 选择【文件】▶【新建】菜单命令，
在弹出的【新建】对话框中选择【类型】分组
框中的【零件】单选项，在【子类型】分组框
中选择【实体】单选项，并输入文件的名称，
取消默认的【使用默认模板】复选项的选中状
态，然后单击【确定】按钮，如下图所示。

步骤 ①② 在弹出的【新文件选项】对话框中选择
【模板】"mmns_part_solid"，然后单击【确
定】按钮创建一个新文件，如右上图所示。

步骤 ①③ 单击【模型】选项卡▶【基准】面板▶
【草绘】按钮 ⟍，系统弹出【草绘】对话框
后，选择FRONT面为【草绘平面】并使用默认
的方向，如下图所示。

步骤 04 在【草绘】对话框中单击【草绘】按钮，系统弹出【草绘】选项卡后，在草绘环境中绘制如下图所示的图形。

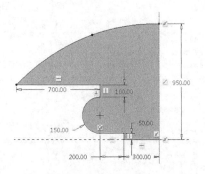

步骤 05 在【草绘】选项卡中单击 ✔ 按钮，退出草绘环境，结果如下图所示。

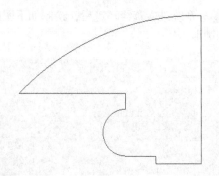

步骤 06 单击【模型】选项卡➤【形状】面板➤【旋转】按钮 ✤，系统弹出【旋转】操控板后，单击【作为曲面旋转】按钮 🞅，如下图所示。

步骤 07 在绘图区域中选择刚才创建的草绘图形，然后在【旋转】操控板中单击 ✔ 按钮，适当调整视图观察方向，结果如下图所示。

步骤 08 单击【模型】选项卡➤【基准】面板➤【草绘】按钮 ➤，系统弹出【草绘】对话框后，选择FRONT面为【草绘平面】并使用默认

的方向，如下图所示。

步骤 09 在【草绘】对话框中单击【草绘】按钮，系统弹出【草绘】选项卡后，在草绘环境中绘制如下图所示的样条曲线图形。

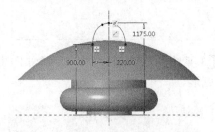

步骤 10 在【草绘】选项卡中单击 ✔ 按钮，退出草绘环境，结果如下图所示。

步骤 11 单击【模型】选项卡➤【形状】面板➤【扫描混合】按钮 ✐，系统弹出【扫描混合】操控板后，单击【创建曲面】按钮 🞅，如下图所示。

步骤 12 在绘图区域中选择刚才创建的样条曲线，然后在【扫描混合】操控板中单击【截面】将其上滑面板展开，单击【草绘】按钮，如下页图所示。

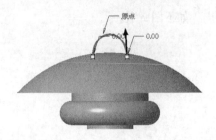

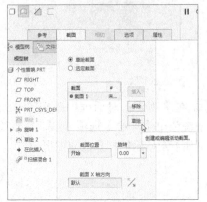

步骤13 系统进入草绘环境后，绘制如下图所示的椭圆形。

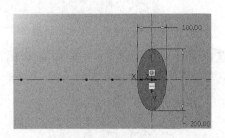

步骤14 在【草绘】选项卡中单击 ✔ 按钮，返回至【扫描混合】操控板，在【截面】上滑面板中单击【插入】按钮，如下图所示。

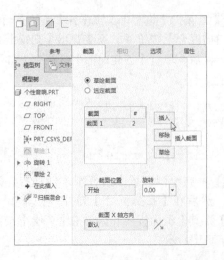

步骤15 在【截面】上滑面板中选择插入的【截面2】，然后单击【草绘】按钮，如下图所示。

步骤16 系统进入草绘环境后，绘制如下图所示的椭圆形。

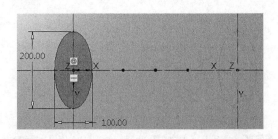

步骤17 在【草绘】选项卡中单击 ✔ 按钮，返回至【扫描混合】操控板，适当调整视图观察方向，在【扫描混合】操控板中单击 ✔ 按钮，结果如下图所示。

第 12 章

曲面特性编辑

学习目标

本章主要讲解Creo Parametric 4.0中的曲面特性编辑功能。完成基础曲面的创建后，可以对基础曲面使用复制、镜像或偏移等编辑方法生成新的曲面，也可以通过移动、修剪、合并或延伸等方法对曲面进行编辑。

学习效果

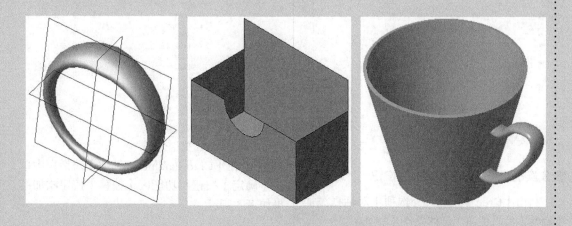

12.1 添加功能区按钮

⊗ **本节视频教程时间：2分钟**

在Creo Parametric 4.0的默认界面中列有大部分的编辑按钮，但少部分编辑按钮因工作需要可能需要用户自行添加。

● 1.功能常见调用方法

在Creo Parametric 4.0中单击【文件】▶【选项】菜单命令即可，如下图所示。

● 2.系统提示

在【Creo Parametric选项】对话框中选择自定义功能区，即可将相应按钮添加到功能区中，如下图所示。

● 3.实战演练——添加功能区按钮

利用【Creo Parametric选项】对话框添加【偏移】编辑按钮，具体操作步骤如下。

步骤01 新建一个零件文件，然后单击【文件】▶【选项】菜单命令，在打开的【Creo Parametric选项】对话框中选择自定义区域中的功能区选项，如右上图所示。

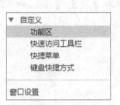

步骤02 在【过滤命令】文本框中输入"偏移"，在搜索结果中选择【偏移】命令，如下图所示。

步骤03 单击➡按钮，并对【偏移】按钮的位置进行适当调整，如下图所示。

步骤04 在【Creo Parametric选项】对话框中单击【确定】按钮，功能区【偏移】按钮添加结果如下图所示。

12.2 曲面的编辑

● 本节视频教程时间：31分钟

曲面的基本编辑操作包括复制、镜像、偏移、平移、旋转、修剪、延伸、合并、相交、加厚、实体化曲面和交互式曲面设计等。

12.2.1 平移

● 1.功能常见调用方法

选择需要编辑的曲面后，在Creo Parametric 4.0中单击【模型】选项卡➤【操作】面板➤【复制】按钮，然后在【操作】面板中选择【选择性粘贴】选项即可，如下图所示。

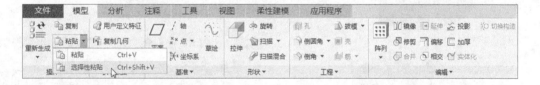

● 2.系统提示

系统会弹出【移动（复制）】操控板，单击 ↔ 按钮，如下图所示。

● 3.实战演练——平移曲面特征

对曲面特征进行平移操作，具体操作步骤如下。

步骤 01 打开随书资源中的"素材\CH12\平移曲面特征.prt"文件，如右图所示。

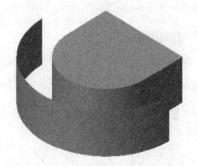

步骤 02 在绘图区域中选择如下图所示的曲面。

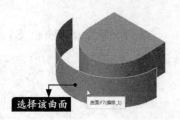

选择该曲面 曲面:F7(偏移_1)

步骤 03 单击【模型】选项卡➤【操作】面板➤【复制】按钮🗐，然后在【操作】面板中选择【选择性粘贴】选项🗐，系统弹出【移动（复制）】操控板后，单击⟷按钮，并将平移距离设置为"300"，如下图所示。

步骤 04 在绘图区域中选择如下图所示的边界。

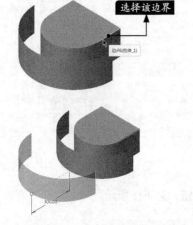

选择该边界 边:F6(拉伸_1)

步骤 05 单击【选项】将其上滑面板展开，并进行适当的设置，如下图所示。

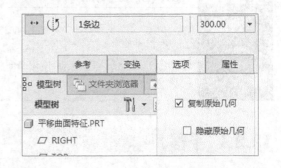

步骤 06 在【移动（复制）】操控板中单击✔按钮，平移曲面特征结果如下图所示。

> **小提示**
>
> 在选择参照决定曲面的平移方向时，如果是选中一个平面为参照，那么平移方向为该平面的法线方向。

12.2.2 复制

Creo Parametric 4.0提供的【复制】功能，主要可以在原有曲面的基础上复制出一张新的曲面，也可以将实体的表面复制成曲面。

◆ 1.功能常见调用方法

选择需要编辑的曲面后，在Creo Parametric 4.0中单击【模型】选项卡➤【操作】面板➤【复制】按钮🗐，然后在【操作】面板中选择【粘贴】选项🗐即可，如下图所示。

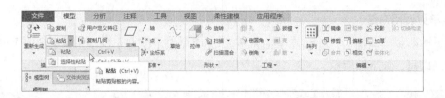

● 2.系统提示

系统会弹出【曲面：复制】操控板，如下图所示。

● 3.实战演练——复制曲面特征

对曲面特征进行复制操作，具体操作步骤如下。

步骤 01 打开随书资源中的"素材\CH12\复制曲面特征.prt"文件，如下图所示。

步骤 02 在绘图区域中选择如下图所示的曲面。

步骤 03 单击【模型】选项卡➤【操作】面板➤【复制】按钮，然后在【操作】面板中选择

【粘贴】选项，系统将弹出【曲面：复制】操控板，如下图所示。

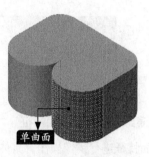

步骤 04 在【曲面：复制】操控板中单击 按钮，复制曲面特征结果如下图所示。

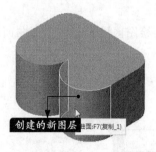

12.2.3 镜像

Creo Parametric 4.0提供的【镜像】功能，主要可以通过镜像平面生成与原曲面对应的新曲面。

◆ 1.功能常见调用方法

选择需要编辑的曲面后，在Creo Parametric 4.0中单击【模型】选项卡➤【编辑】面板➤【镜像】按钮 ◱，即可，如下图所示。

◆ 2.系统提示

调用【镜像】功能后系统会弹出【镜像】操控板，如下图所示。

◆ 3.实战演练——镜像曲面特征

对曲面特征进行镜像操作，具体操作步骤如下。

步骤 01 打开随书资源中的"素材\CH12\镜像曲面特征.prt"文件，如下图所示。

步骤 02 在绘图区域中选择全部曲面，如下图所示。

步骤 03 单击【模型】选项卡➤【编辑】面板➤【镜像】按钮 ◱，系统弹出【镜像】操控板后，在绘图区域中选择RIGHT：F1（基准平面），如下图所示。

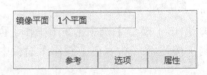

步骤 04 在【曲面（复制）】操控板中单击【选项】将其上滑面板展开，取消【隐藏原始几何】复选项的勾选，如下页图所示。

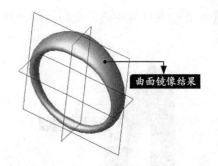

曲面镜像结果

步骤05 在【镜像】操控板中单击 ✓ 按钮，镜
像曲面特征结果如右图所示。

12.2.4 旋转

1.功能常见调用方法

选择需要编辑的曲面后，在Creo Parametric 4.0中单击【模型】选项卡➤【操作】面板➤【复
制】按钮，然后在【操作】面板中选择【选择性粘贴】选项 即可，如下图所示。

2.系统提示

系统会弹出【移动（复制）】操控板，单击 按钮，如下图所示。

3.实战演练——旋转曲面特征

对曲面特征进行旋转操作，具体操作步骤
如下。

步骤01 打开随书资源中的"素材\CH12\旋转曲
面特征.prt"文件，如右图所示。

步骤 02 在绘图区域中选择全部曲面，如下图所示。

步骤 03 单击【模型】选项卡▶【操作】面板▶【复制】按钮🖺，然后在【操作】面板中选择【选择性粘贴】选项🖺，系统弹出【移动（复制）】操控板后，单击🕐按钮，并将旋转角度设置为"90.00"，如下图所示。

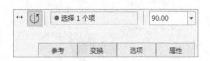

步骤 04 在绘图区域中选择如下图所示的边界。

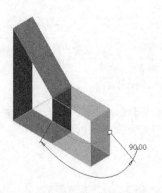

步骤 05 单击【选项】将其上滑面板展开，并进行适当的设置，如下图所示。

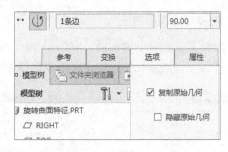

步骤 06 在【移动（复制）】操控板中单击✔按钮，旋转曲面特征结果如下图所示。

12.2.5 修剪

1.功能常见调用方法

选择需要编辑的曲面后，在Creo Parametric 4.0中单击【模型】选项卡▶【编辑】面板▶【修剪】按钮🗗即可，如下图所示。

2.系统提示

调用【修剪】功能后系统会弹出【曲面修剪】操控板,如下图所示。

3.实战演练——修剪曲面特征

对曲面特征进行修剪操作,具体操作步骤如下。

步骤01 打开随书资源中的"素材\CH12\修剪曲面特征.prt"文件,如下图所示。

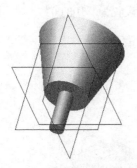

步骤02 在绘图区域中选择全部曲面,如下图所示。

步骤03 单击【模型】选项卡➤【编辑】面板➤【修剪】按钮 ,系统弹出【曲面修剪】操控

板后,在绘图区域中选择FRONT:F3(基准平面),如下图所示。

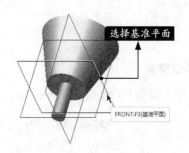

步骤04 在【曲面修剪】操控板中单击 按钮,对方向进行适当调整,如下图所示。

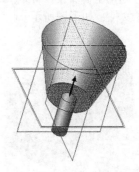

步骤05 在【曲面修剪】操控板中单击 按钮,修剪曲面特征结果如下图所示。

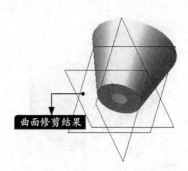

12.2.6 延伸

1.功能常见调用方法

选择需要编辑的曲面边界后,在Creo Parametric 4.0中单击【模型】选项卡➤【编辑】面板➤【延伸】按钮 即可,如下页图所示。

2.系统提示

调用【延伸】功能后系统会弹出【延伸】操控板，如下图所示。

3.实战演练——延伸曲面特征

对曲面特征进行延伸操作，具体操作步骤如下。

步骤01 打开随书资源中的"素材\CH12\延伸曲面特征.prt"文件，如下图所示。

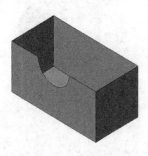

步骤02 在绘图区域中选择如下图所示的曲面边界。

步骤03 单击【模型】选项卡➤【编辑】面板➤

【延伸】按钮，系统弹出【延伸】操控板后，将延伸距离设置为"100.00"，如下图所示。

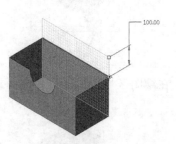

步骤04 在【延伸】操控板中单击 按钮，延伸曲面特征结果如下图所示。

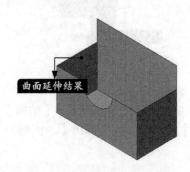

12.2.7 偏移

1.功能常见调用方法

选择需要编辑的曲面后，在Creo Parametric 4.0中单击【模型】选项卡➤【编辑】面板➤【偏移】按钮 即可，如下图所示。

2.系统提示

调用【偏移】功能后系统会弹出【偏移】操控板，如下图所示。

3.实战演练——偏移曲面特征

对曲面特征进行偏移操作，具体操作步骤如下。

步骤01 打开随书资源中的"素材\CH12\偏移曲面特征.prt"文件，如下图所示。

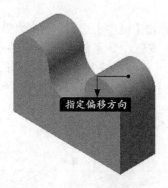

步骤02 在绘图区域中选择如下图所示的曲面。

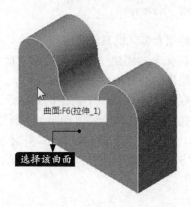

步骤03 单击【模型】选项卡➤【编辑】面板➤【偏移】按钮 ，系统弹出【偏移】操控板后，

将偏移距离设置为"500.00"，如下图所示。

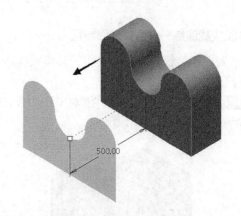

步骤04 在【偏移】操控板中单击 按钮，偏移曲面特征结果如下图所示。

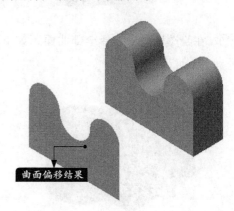

12.2.8 合并

Creo Parametric 4.0提供的【合并】功能，主要可以将多个曲面或面组合并成一个面组。

1.功能常见调用方法

选择需要编辑的曲面后，在Creo Parametric 4.0中单击【模型】选项卡➤【编辑】面板➤【合并】按钮 即可，如下图所示。

2.系统提示

调用【合并】功能后系统会弹出【合并】操控板，如下图所示。

3.实战演练——合并曲面特征

对曲面特征进行合并操作，具体操作步骤如下。

步骤 01 打开随书资源中的"素材\CH12\合并曲面特征.prt"文件，如下图所示。

步骤 02 在绘图区域中选择全部曲面，如下图所示。

选择该曲面

步骤 03 单击【模型】选项卡➤【编辑】面板➤【合并】按钮 ，系统弹出【合并】操控板后，单击【选项】将其上滑面板展开，然后选择【相交】单选项，如下图所示。

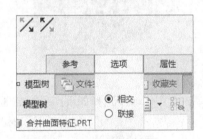

两种组合方式的具体含义如下。

【相交】：创建一个由两个相交面组的修剪部分组成的面组。

【联接】：如果一个面组的边位于另一个面组的曲面上，将两个面组连成一个面组。

步骤 04 在【合并】操控板中单击 或 按钮，对方向进行适当调整，如下页图所示。

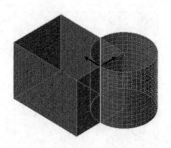

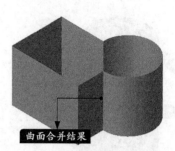

并曲面特征结果如下图所示。

步骤 05 在【合并】操控板中单击 ✓ 按钮，合

曲面合并结果

12.2.9 相交

在曲面的创建过程中，常常需要创建两个曲面的交线来作为其他设计的基准，此时可以使用相交工具实现。

1.功能常见调用方法

选择需要编辑的曲面后，在Creo Parametric 4.0中单击【模型】选项卡➤【编辑】面板➤【相交】按钮 即可，如下图所示。

2.系统提示

调用【相交】功能后系统会弹出【曲面相交】操控板，如下图所示。

3.实战演练——相交曲面特征

对曲面特征进行相交操作，具体操作步骤如下。

步骤 01 打开随书资源中的"素材\CH12\相交曲面特征.prt"文件，如右图所示。

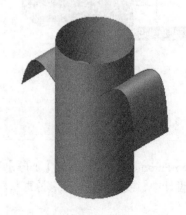

步骤 02 在绘图区域中选择如下图所示的曲面。

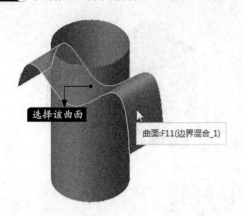

步骤 03 单击【模型】选项卡▶【编辑】面板▶【相交】按钮 🔄，系统弹出【曲面相交】操控板后，单击【参考】将其上滑面板展开，然后单击【曲面】区域中的【选择1个项】，如下图所示。

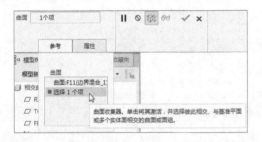

步骤 04 在绘图区域中配合按住【Ctrl】键选择如下图所示的曲面。

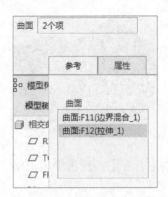

步骤 05 在【曲面相交】操控板中单击 ✓ 按钮，相交曲面特征结果如下图所示。

12.2.10 加厚

Creo Parametric 4.0提供的【加厚】功能，主要使用预定的曲面特征或面组几何将薄材料部分添加到设计中，或者从设计中移除薄材料部分。

1.功能常见调用方法

选择需要编辑的曲面后，在Creo Parametric 4.0中单击【模型】选项卡➤【编辑】面板➤【加厚】按钮即可，如下图所示。

2.系统提示

调用【加厚】功能后系统会弹出【加厚】操控板，如下图所示。

3.实战演练——加厚曲面特征

对曲面特征进行加厚操作，具体操作步骤如下。

步骤01 打开随书资源中的"素材\CH12\加厚曲面特征.prt"文件，如下图所示。

步骤02 在绘图区域中选择如下图所示的曲面。

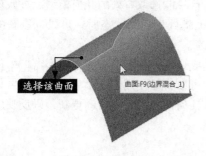

步骤03 单击【模型】选项卡➤【编辑】面板➤【加厚】按钮，系统弹出【加厚】操控板后，将厚度值设置为"10.00"，并对方向进行

适当调整，如下图所示。

步骤04 在【加厚】操控板中单击✓按钮，加厚曲面特征结果如下图所示。

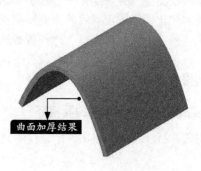

12.2.11 实体化曲面

Creo Parametric 4.0提供的【实体化】功能，主要使用预定的曲面特征或面组几何将其转换为实体几何。

● 1.功能常见调用方法

选择需要编辑的曲面后，在Creo Parametric 4.0中单击【模型】选项卡▶【编辑】面板▶【实体化】按钮🖰即可，如下图所示。

● 2.系统提示

调用【实体化】功能后系统会弹出【实体化】操控板，如下图所示。

● 3.知识点扩展

在设计中，可以使用实体化特征添加、移除或替换实体材料。设计时，面组几何可以提供更大的灵活性，而实体化特征则允许对面组几何进行转换以满足设计的要求。

通常实体化特征被用来创建复杂的几何模型，也可以使用常规的实体特征来创建这些几何模型，但是这样做比较困难。

设计实体化特征要求执行以下操作。

（1）选取一个曲面特征或面组作为参考。

（2）确定使用参考几何模型的方法：添加实体材料、移除实体材料或修补曲面。

（3）定义几何模型的材料方向。

要进入实体化工具，必须选取一个曲面特征或面组，且只能选取有效的几何模型。进入该工具时，曲面特征或面组被自动地放置到收集器中。当该工具处于活动状态时，可以选取新的参考。参考收集器一次只接受一个有效的曲面特征或面组参考。

为实体化特征指定有效的曲面特征或面组后，如果生成了几何模型，则会在图形窗口中显示几何模型预览。在图形窗口、操控板或这两者的组合中，可以直接使用快捷菜单来修改实体化特征的属性。用户还可以使用方向箭头直接控制材料方向，几何模型预览会自动更新，以反映所做的任何修改。

● 4.实战演练——实体化曲面特征

对曲面特征进行实体化操作，具体操作步骤如下。

步骤 01 打开随书资源中的"素材\CH12\实体化曲面特征.prt"文件，如下图所示。

步骤 02 在绘图区域中选择如下图所示的曲面。

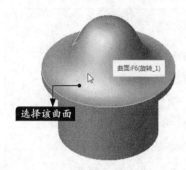

曲面:F6(旋转_1)

选择该曲面

步骤 03 单击【模型】选项卡➤【编辑】面板➤【实体化】按钮，系统将弹出【实体化】操控板，如下图所示。

步骤 04 在【实体化】操控板中单击 ✓ 按钮，实体化曲面特征结果如下图所示。

12.3 综合应用——创建水杯模型

本节视频教程时间：12 分钟

本节综合利用拉伸曲面特征、填充曲面特征、加厚曲面特征及扫描混合曲面特征功能创建水杯模型，具体操作步骤如下。

1.创建拉伸曲面特征

步骤 01 选择【文件】➤【新建】菜单命令，在弹出的【新建】对话框中选择【类型】分组框中的【零件】单选项，在【子类型】分组框中选择【实体】单选项，并输入文件的名称，取消默认的【使用默认模板】复选项的选中状态，然后单击【确定】按钮，如下页图所示。

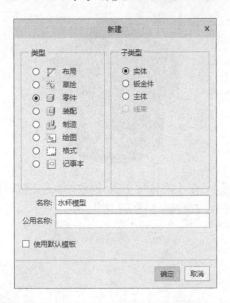

步骤 02 在弹出的【新文件选项】对话框中选择
【模板】"mmns_part_solid"，然后单击【确
定】按钮创建一个新文件，如下图所示。

步骤 03 单击【模型】选项卡➤【形状】面板➤
【拉伸】按钮 ，系统弹出【拉伸】操控板后，
单击【拉伸为曲面】按钮 ，如下图所示。

步骤 04 在【拉伸】操控板中单击【放置】将其
上滑面板展开，然后单击【草绘】选项框右侧

的【定义...】按钮，如下图所示。

步骤 05 系统弹出【草绘】对话框后，选择TOP
面为【草绘平面】并使用默认的方向，如下图
所示。

步骤 06 在【草绘】对话框中单击【草绘】按
钮，系统弹出【草绘】选项卡后，在草绘环境
中绘制如下图所示的图形。

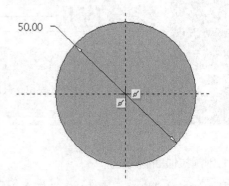

步骤 07 在【草绘】选项卡中单击 ✔ 按钮，返
回【拉伸】操控板，采用盲孔拉伸方式，拉伸
深度设置为"70.00"，然后单击【选项】将其
上滑面板展开，对其选项内容进行适当设置，
如下页图所示。

步骤08 对视图方向进行适当调整，如下图所示。

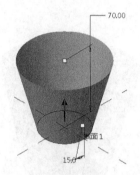

步骤09 在【拉伸】操控板中单击 ✔ 按钮，拉伸曲面特征创建结果如下图所示。

2. 创建填充曲面特征

步骤01 单击【模型】选项卡➤【曲面】面板➤【填充】按钮□，系统弹出【填充】操控板后，单击【参考】将其上滑面板展开，然后单击【草绘】选项框右侧的【定义...】按钮，如下图所示。

步骤02 系统弹出【草绘】对话框后，选择TOP面为【草绘平面】并使用默认的方向，如下图所示。

步骤03 在【草绘】对话框中单击【草绘】按钮，系统弹出【草绘】选项卡后，在草绘环境中绘制如下图所示的图形。

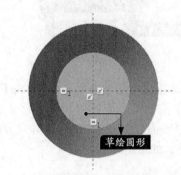

步骤04 在【草绘】选项卡中单击 ✔ 按钮，返回【填充】操控板，如下图所示。

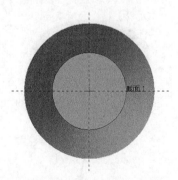

步骤05 在【填充】操控板中单击 ✔ 按钮，并对视图方向进行适当调整，结果如下图所示。

● 3.创建加厚曲面特征

步骤 01 在绘图区域中选择如下图所示的曲面。

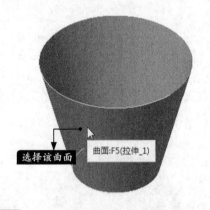

选择该曲面　曲面:F5(拉伸_1)

步骤 02 单击【模型】选项卡▶【编辑】面板▶【加厚】按钮，系统弹出【加厚】操控板后，将厚度值设置为"2.00"，并对方向进行适当调整，如下图所示。

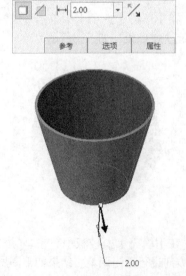

2.00

步骤 03 在【加厚】操控板中单击 ✔ 按钮，加

厚曲面特征结果如下图所示。

步骤 04 继续对下图所示的曲面进行加厚特征的创建。

选择该曲面　曲面:F6(填充_1)

步骤 05 厚度值设置为"2.00"，方向如下图所示。

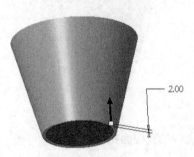

2.00

步骤 06 结果如下图所示。

4.创建扫描混合曲面特征

步骤01 单击【模型】选项卡➤【基准】面板➤【草绘】按钮 🔧，系统弹出【草绘】对话框后，选择FRONT面为【草绘平面】并使用默认的方向，如下图所示。

步骤02 在【草绘】对话框中单击【草绘】按钮，系统弹出【草绘】选项卡后，在草绘环境中绘制如下图所示的样条曲线图形。

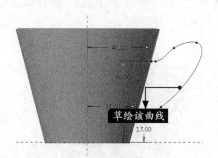

草绘该曲线

步骤03 在【草绘】选项卡中单击 ✔ 按钮，退出草绘环境，适当调整视图方向，结果如下图所示。

步骤04 单击【模型】选项卡➤【形状】面板➤

【扫描混合】按钮 🖉，系统弹出【扫描混合】操控板后，单击【创建曲面】按钮 🔲，如下图所示。

步骤05 在绘图区域中选择刚才创建的样条曲线，然后在【扫描混合】操控板中单击【截面】将其上滑面板展开，单击【草绘】按钮，如下图所示。

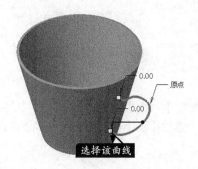

原点

选择该曲线

步骤06 系统进入草绘环境后，绘制如下图所示的椭圆形。

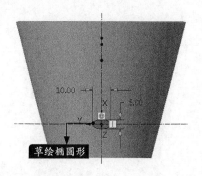

草绘椭圆形

步骤07 在【草绘】选项卡中单击 ✔ 按钮，返回至【扫描混合】操控板，在【截面】上滑面板中单击【插入】按钮，如下图所示。

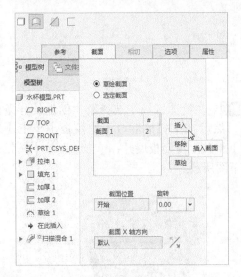

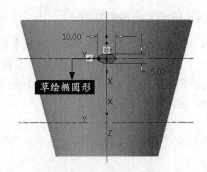

步骤 08 在【截面】上滑面板中选择插入的【截面2】，然后单击【草绘】按钮，如下图所示。

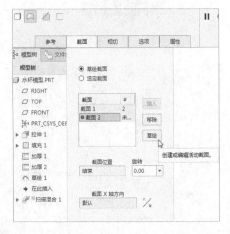

步骤 09 系统进入草绘环境后，绘制如右上图所示的椭圆形。

步骤 10 在【草绘】选项卡中单击 ✓ 按钮，返回至【扫描混合】操控板，适当调整视图观察方向，如下图所示。

步骤 11 在【扫描混合】操控板中单击 ✓ 按钮，结果如下图所示。

第4篇
常规设计

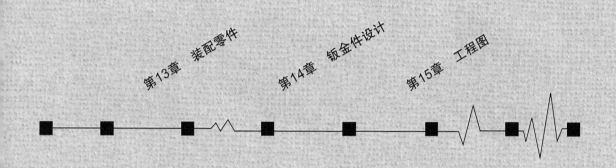

第 **13** 章

装配零件

学习目标

　　本章主要讲解Creo Parametric 4.0中的零件装配。在学习的过程中应重点掌握元件放置约束和分解视图的操作，以便更加准确、灵活地装配零件。

学习效果

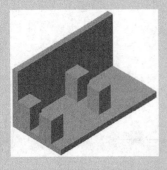
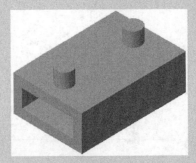

13.1 启动组合模式

🕙 **本节视频教程时间：2 分钟**

Creo Parametric 4.0中零件的装配是在组合模式下进行的，下面将对组合模式的启动进行讲解。

● 1.功能常见调用方法

在Creo Parametric 4.0中选择【文件】▶【新建】菜单命令即可，如下图所示。

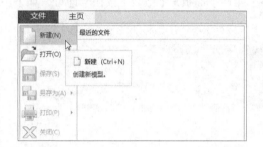

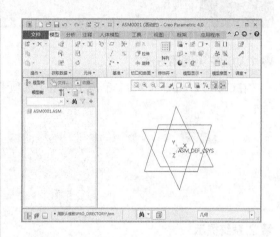

● 2.系统提示

选择【新建】菜单命令后系统会弹出【新建】对话框。在此对话框中选择类型为【装配】，输入装配的名称，并决定是否使用默认模板，或者选用 "mmns_asm_design"（工制）模板。单击【确定】按钮即可进入装配环境，如下图所示。

● 3.知识点扩展

系统会自动地创建3个基准面——ASM_TOP、ASM_RIGHT和ASM_FRONT，一个坐标系——ASM_DEF_CSYS，以及几种视角——标准方向、BACK和TOP等。另外还有【层】的设置，如下图所示，使用方式与零件模式相同。

一个装配文件不仅适用于零件的装配，还可以结合数个子组件进行装配，即除了插入零件文件外还可以插入组合文件（.asm）进行装配。

由于Creo Parametric 4.0采用单一数据库设计，因此当零件的几何造型或尺寸修改后，组件中的零件也会自动地随着修改。

13.2 移动和快速组合元件

🔆 **本节视频教程时间：5分钟**

本节重点讲解【元件放置】操控板中的【放置】上滑面板和【移动】上滑面板。

● 1.功能常见调用方法

在Creo Parametric 4.0中单击【模型】选项卡▶【元件】面板▶【组装】按钮即可，如下图所示。

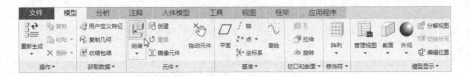

● 2.系统提示

调用【组装】功能后系统会弹出【打开】对话框，选择装配元件并单击【打开】按钮后，系统会弹出【元件放置】操控板，如下图所示。

● 3.知识点扩展

操控板下方有5个上滑面板，下面重点讲解【放置】上滑面板和【移动】上滑面板。

（1）【放置】上滑面板

主要用于设置元件与装配元件的相对关系（及约束），如装配、对齐、插入等。

（2）【移动】上滑面板

可以平移、旋转元件到适当的组合位置或调整元件到合适的装配角度，甚至移动元件到合适的位置后直接放置元件。

进入操控板后，切换到【移动】上滑面板，如下图所示。

【移动】上滑面板的主要设置为【运动类型】和【运动参考】。【运动类型】有【定向模式】、【平移】、【旋转】和【调整】等，而【运动参考】则可以选择【在视图平面中相对】或选取平面等参考，如下图所示。

移动的操作方法是，先选择【运动类型】，接着设置【运动参考】，完成后即可在绘图区中点选移动元件，通过单击鼠标右键可以切换【平移】或【旋转】运动类型（鼠标左键点选平移元件时，单击鼠标右键即可切换至【旋转】运动类型）。

①【平移】或【旋转】用来设置平移及旋转时的增量值。

②【相对】用来显示相对于原位置的移动距离或旋转角度。

另外，也可直接使用鼠标配合按住【Ctrl】键和【Alt】键移动、旋转元件。

①【Ctrl+Alt+鼠标右键】：移动鼠标指针可以平行于屏幕上、下、左、右移动元件。

②【Ctrl+Alt+鼠标中键】：移动鼠标指针可以以旋转中心为中心点旋转元件。

在设计初期，只需了解各个元件相对的大小及大致的摆放位置（无精确相对位置）即可。可以将元件移至合适的位置，而不用设置任何的约束条件，然后通过【放置】上滑面板中的【将元件固定到当前位置】按钮 放置元件目前的位置，达到快速组合的目的。

另外，对于不易设置约束条件的元件，也可使用此方式来装配。

13.3 放置约束

● 本节视频教程时间：8分钟

 进入【元件放置】操控板后选择【放置】上滑面板。

上图所示对话框提供了11种【约束】条件，其中的【自动】、【距离】、【平行】等约束，必须2个或3个同时配合使用（坐标系

Coord Sys除外），而且必须点选元件及组件的几何图元作为参考（元件/组件参考），如下图所示。

另外两种为【固定】 🔧（将元件固定到当前位置）和【默认】 ⊥（默认位置装配元件）。它们的功能更强，可以直接固定元件，使用一个按钮就可以完成组合。

13.3.1 组合元件显示

组合时，新加入的元件或子组件有两种显示情况。第一种是在独立窗口中显示元件（分离的窗口） ⬜，第二种是在组件窗口中显示元件（组合窗口） ⬜，也允许两种情况并存。

● 1.在独立窗口中显示元件

元件或子组件会显示在另一个较小的窗口中，位置可以自行拖曳调整，直到组合完毕小窗口就会消失（小窗口位于左上方），如下图所示。

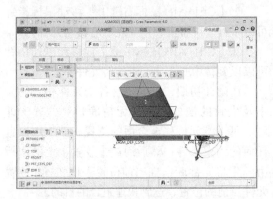

● 2.在组件窗口中显示元件

元件或子组件仍显示在主窗口中，随着约束的指定，元件的放置会随约束立即变更，如下图所示。

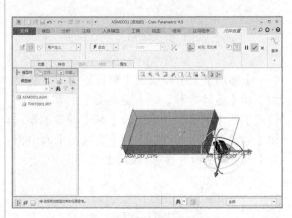

在组合时可以切换这两种显示方式，使组合参照的选取更容易。也可将这两种显示模式同时打开，元件则会同时显示在组件窗口和小窗口中。

13.3.2 约束类型

【约束】类型共有9种——【距离】、【角度偏移】、【平行】、【重合】、【法向】、【共面】、【居中】、【相切】和【自动】，可以通过【约束类型】下拉列表更改，如下图所示。加上两种组合约束——【固定】 🔧 和【默认】 ⊥，共11种。

（1）【距离】

用于将元件参考定位在装配参考的设定距离处。该约束的参考可以为点对点、点对线、线对线、平面对平面、平面曲面对平面曲面、点对平面或线对平面。

（2）【角度偏移】

用来将选定的元件参考以某一角度定位到选定的装配参考。该约束的参考可以是线对线（共面的线），也可以是线对平面或平面对平面。

（3）【平行】

主要用于平行于装配参考放置元件参考，其参考可以是线对线、线对平面或平面对平面。

（4）【重合】

用于将元件参考定位为与装配参考重合，该约束的参考可以为点、线、平面或平面曲面、圆柱、圆锥、曲线上的点及这些参考的任何组合。在使用【重合】约束时需要注意约束方向的正确设定，单击反向按钮可以更改重合的约束方向。

（5）【法向】

用于将元件参考定位为与装配参考垂直，其参考可以是线对线（共面的线）、线对平面或平面对平面。

（6）【共面】

主要用于将元件边、轴、目的基准轴或曲面定位为与类似的装配参考共面。

（7）【居中】

可以用来使元件中的坐标系或目标坐标系

的中心与装配中的坐标系或目的坐标系的中心对齐。参考可以为圆锥对圆锥、圆环对圆环或球面对球面。

（8）【相切】

用于控制两个曲面在切点的接触。

（9）【固定】

用于固定被移动或封装的元件的当前位置。

（10）【默认】

可以将系统创建的元件的默认坐标系与系统创建的装配的默认坐标系对齐。其参考可以为坐标系对坐标系，或者点对坐标系。通常使用该约束来放置装配中的第一个元件。

（11）【自动】

用来基于所选参考的自动约束，系统会根据所选参考智能地提供一种适当的约束类型。

13.4 元件复制

🔵 本节视频教程时间：15分钟

针对零组件出现频率高、装配位置有特定规律性和相同零件数量多的情况，使用元件复制功能可以大幅度地减少装配的时间。

13.4.1 阵列元件

阵列复制功能主要针对重复出现的零组件且装配位置具有规律性的情况，例如螺栓与孔的组合。

⬤ 1.功能常见调用方法

首先选择相应的元件，然后在Creo Parametric 4.0中单击【模型】选项卡➤【修饰符】面板➤【阵列】按钮▦即可，如下图所示。

⬤ 2.系统提示

调用【阵列】功能后系统会弹出【阵列】操控板，如下页图所示。

⬤ 3.实战演练——阵列方块模型

利用【方向】阵列方式阵列方块模型，具体操作步骤如下。

步骤01 选择【文件】➤【新建】菜单命令，在弹出的【新建】对话框中的【类型】分组框中选择【装配】单选项，在【子类型】分组框中选择【设计】单选项，并输入文件的名称，然后单击【确定】按钮，如下图所示。

步骤02 单击【模型】选项卡➤【元件】面板➤【组装】按钮🔧，在系统弹出的【打开】对话框中选择"素材\CH13\元件阵列-1.prt"，并单击【打开】按钮，如下图所示。

步骤03 系统弹出【元件放置】操控板后，单击【放置】将其上滑面板展开，然后选择约束类型为【默认】，如右上图所示。

步骤04 在【元件放置】操控板中单击✔按钮，结果如下图所示。

步骤05 单击【模型】选项卡➤【元件】面板➤【组装】按钮🔧，在系统弹出的【打开】对话框中选择"素材\CH13\元件阵列-2.prt"，并单击【打开】按钮，如下图所示。

步骤06 系统弹出【元件放置】操控板后，单击【放置】将其上滑面板展开，然后选择约束类型为【重合】，如下页图所示。

步骤 07 在绘图区域中选择如下图所示的曲面。

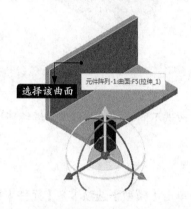

步骤 08 继续在绘图区域中选择如下图所示的曲面。

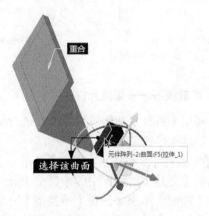

步骤 09 在【元件放置】操控板中单击 ✓ 按钮，结果如下图所示。

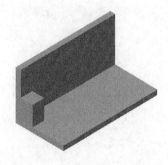

步骤 10 在模型树中选择如下图所示的文件。

步骤 11 单击【模型】选项卡▶【修饰符】面板▶【阵列】按钮▦，系统弹出【阵列】操控板后，阵列类型选择【方向】，如下图所示。

步骤 12 在绘图区域中选择如下图所示的边界作为第一方向参考。

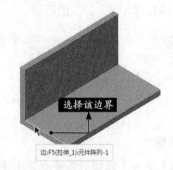

步骤 13 继续在绘图区域中选择如下图所示的边界作为第二方向参考。

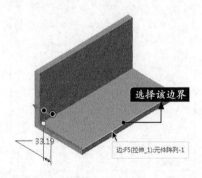

步骤 14 在【阵列】操控板中进行如下图所示的设置。

步骤 **15** 在【阵列】操控板中单击 ✔ 按钮，结果如下图所示。

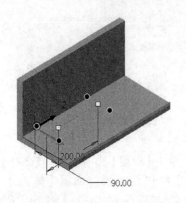

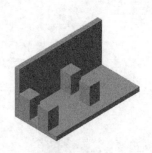

13.4.2 重复元件

若某一个零件的装配频率较高，在维持相同的约束、改选不同参考的前提下，继续新增、组合同一个元件可以节省打开此零件的步骤和时间。

● 1.功能常见调用方法

首先选择相应的元件，然后在Creo Parametric 4.0中单击【模型】选项卡▶【元件】面板▶【重复】按钮 ↺ 即可，如下图所示。

● 2.系统提示

调用【重复】功能后系统会弹出【重复元件】对话框，如下图所示。

● 3.实战演练——重复元件

利用【重复】功能对模型元件进行编辑操作，具体操作步骤如下。

步骤 **01** 选择【文件】▶【新建】菜单命令，在弹出的【新建】对话框中的【类型】分组框中选择【装配】单选项，在【子类型】分组框中选择【设计】单选项，并输入文件的名称，然后单击【确定】按钮，如下图所示。

步骤 02 单击【模型】选项卡▶【元件】面板▶【组装】按钮，在系统弹出的【打开】对话框中选择"素材\CH13\重复元件-1.prt"，并单击【打开】按钮，如下图所示。

步骤 03 系统弹出【元件放置】操控板后，单击【放置】将其上滑面板展开，然后选择约束类型为【默认】，如下图所示。

步骤 04 在【元件放置】操控板中单击 ✓ 按钮，结果如下图所示。

步骤 05 单击【模型】选项卡▶【元件】面板▶【组装】按钮，在系统弹出的【打开】对话框中选择"素材\CH13\重复元件-2.prt"，并单击【打开】按钮，如下图所示。

步骤 06 系统弹出【元件放置】操控板后，单击【放置】将其上滑面板展开，然后选择约束类型为【重合】，如下图所示。

步骤 07 在绘图区域中选择如下图所示的曲面。

步骤 08 继续在绘图区域中选择如下图所示的曲面。

步骤 09 在【放置】上滑面板中单击【新建约束】，并将约束类型选择为【居中】，然后单击激活【选择元件项】，如下图所示。

步骤 10 在绘图区域中选择如下图所示的曲面。

步骤 11 继续在绘图区域中选择如下图所示的曲面。

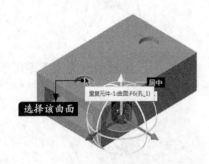

步骤 12 在【元件放置】操控板中单击 ✔ 按钮，结果如下图所示。

步骤 13 选择模型树中的"重复元件-2.PRT"文件，然后单击【模型】选项卡➤【元件】面板➤【重复】按钮 ↻，在系统弹出的【重复元件】对话框中选择【可变装配参考】区域中的两个约束，并单击【添加】按钮，如右上图所示。

步骤 14 在绘图区域中选择如下图所示的曲面。

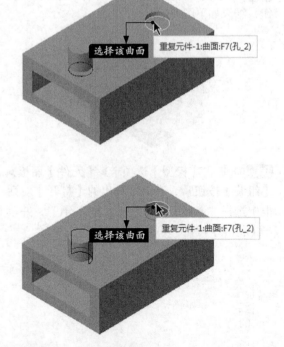

步骤 15 此时查看【重复元件】对话框，如下页图所示。

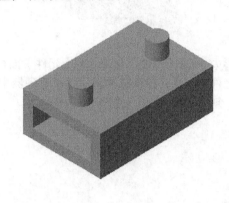

13.4.3 复制元件

使用【复制】命令可以一次产生数个元件。【复制】有【平移】和【旋转】两种类型，可以
混合使用。

1.功能常见调用方法

在Creo Parametric 4.0中单击【模型】选项卡▶【元件】面板▶【元件操作】，如下图所示。

2.系统提示

调用【元件操作】功能后系统会弹出菜单
管理器，如下图所示。

3.知识点扩展

与零件环境最大的不同点在于，组件环境

是以坐标系的3轴向为参考方向的，因此最多有
3种复制方向（x、y、z），并可同时选取单一
或多个元件进行复制。产生的元件皆独立，故
可任意删除元件。操作流程与零件模式下【阵
列】功能的类似。在执行【复制】功能后，需
先选定坐标系，再进行其他的操作。

4.实战演练——复制元件

利用菜单管理器中的【复制】功能对模型
元件进行编辑操作，具体操作步骤如下。

步骤01 打开随书资源中的"素材\CH13\复制元
件.asm"文件，如下页图所示。

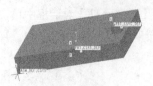

步骤02 单击【模型】选项卡➤【元件】面板➤【元件操作】，在系统弹出的菜单管理器中选择【复制】选项，如下图所示。

步骤03 选用"ASM_DEF_CSYS"坐标系，接着点选欲进行复制的元件，如下图所示。

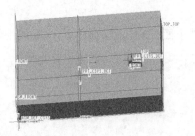

步骤04 完成后单击【选择】对话框中的【确定】按钮，如下图所示。

步骤05 进入复制方向定义菜单管理器，如下图所示，选择x轴作为第一个复制驱动方向。

步骤06 在信息栏中输入平移距离为"-60"，单击✔按钮，如下图所示。

步骤07 返回到菜单管理器，单击【完成移动】选项，如下图所示。

步骤08 在信息栏中输入此驱动方向的复制数目为"5"，单击✔按钮，如下图所示。

步骤09 返回到菜单管理器，单击【完成】选项，如下图所示。

步骤10 复制效果如下图所示。

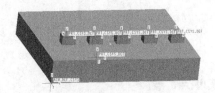

13.5 分解视图

本节视频教程时间：4分钟

元件装配完成后，如果需要再度拆开，可以执行分解操作。

13.5.1 分解视图的方法

为了能明确组件中各个元件的相对方位，可以利用【分解】命令来分解元件，如下图所示。

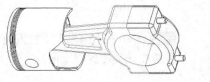 

与分解相关的功能皆在【模型】选项卡▶【模型显示】面板中，如下图所示。

其中，【分解视图】和【取消分解视图】命令可切换模型的显示，【分解视图】命令执行"炸"开元件的操作，【取消分解视图】命令则是撤销分解到组合状态。对于每个组合件，系统会根据使用的约束产生默认的【分解视图】，但是默认的【分解视图】通常无法贴切地表现出各个元件的相对方位，故必须自选使用【编辑位置】修改分解的位置。

13.5.2 保存分解视图

若希望下次打开文件时看到同样的分解视图，则需使用【视图管理器】保存已分解好的视图。如果有多个分解视图，则需使用【视图管理器】来创建、保存并管理多个分解视图。

1.功能常见调用方法

在Creo Parametric 4.0中单击【模型】选项卡▶【模型显示】面板▶【管理视图】▶【视图管理器】选项，如下图所示。

● 2.系统提示

调用【视图管理器】功能后系统会弹出【视图管理器】对话框，如下图所示。

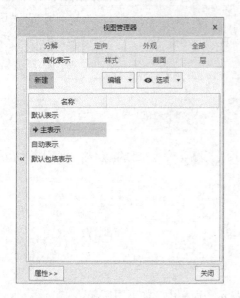

● 3.实战演练——保存分解视图

利用【视图管理器】对话框执行保存分解视图的操作，具体操作步骤如下。

步骤 01 单击【模型】选项卡➤【模型显示】面板➤【管理视图】➤【视图管理器】选项 📷，系统弹出【视图管理器】对话框，切换到【分解】选项卡，如下图所示。

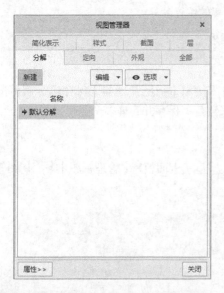

步骤 02 单击【新建】按钮，创建新的分解视图，并输入视图的名称，如右上图所示。

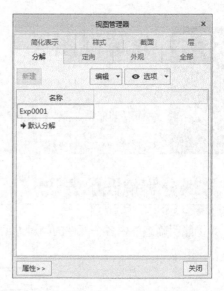

步骤 03 单击【编辑】下拉按钮，在弹出的下拉菜单中选择【保存】命令，如下图所示。

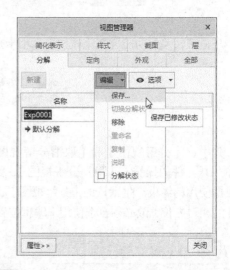

步骤 04 弹出【保存显示元素】对话框，单击【确定】按钮，保存分解视图，如下图所示。

13.6 相关实用功能

本节视频教程时间：5 分钟

Creo Parametric 4.0所提供的与组合模式相关的功能有很多，例如零组件的重命名、组合文件另存为新文件、元件缺少处理、零组件显示状态设置等。

13.6.1 重命名

组件、子组件、元件的文件名变更，须按照一定的步骤操作才不会出现问题。常发生的问题是，打开组件后找不到其中的元件。由于组合文件（###.asm）只记录子组件、元件所使用的约束等信息，并不保存元件文件，因此如果不当地变更元件的文件名，在打开组件时就会出现找不到元件的情况。切勿使用操作系统中的Windows资源管理器或类似软件进行重命名操作。

1.功能常见调用方法

在Creo Parametric 4.0中选择【文件】▶【管理文件】▶【重命名】命令，如下图所示。

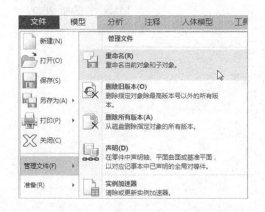

2.系统提示

调用【重命名】功能后会弹出【重命名】对话框。在该对话框中确认模型的文件名，输

入【新名称】，然后单击【确定】按钮，如下图所示。

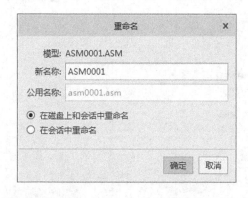

3.知识点扩展

通常是选中【在磁盘上和会话中重命名】单选项，这样在磁盘中与作业阶段都会重命名。这样操作的好处是新、旧版本的文件名皆会自动变更。

13.6.2 保存副本

1.功能常见调用方法

在Creo Parametric 4.0中选择【文件】▶【另存为】▶【保存副本】命令，如下页图所示。

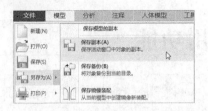

2.系统提示

调用【保存副本】功能后会弹出【保存副本】对话框，在其中输入文件名，然后单击【确定】按钮，进入【装配保存为一个副本】对话框，如下图所示。若要在保存副本的同时连同零件文件也一起重命名保存副本，则可选择欲重命名的零件文件右侧的【重新使用】文字，打开其下拉菜单后选择【新名称】选项，再点选右侧的文字方块，然后输入新文件名即可。

完成名称的修改后单击【保存副本】按钮，保存零组件，如下图所示。

13.6.3 元件显示设置

若元件的数量过多，或者某个元件会遮挡要进行操作的元件，可以对元件实行隐藏，以方便组件的设计，如下图所示。

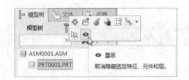

在装配环境中两种最基本的隐藏元件方式为【隐含】和【隐藏】。使用方法为点选元件后单击鼠标右键，在弹出的快捷菜单中进行选择操作。两者的区别如下。

（1）【隐含】是将元件暂时从组合件中拿掉，执行再生模型时系统不会计算此元件（进行干涉分析，即使有干涉也找不到）。

（2）【隐藏】为不显示元件，但再生模型时仍会计算元件（进行干扰分析，有干涉，将会显示）。

13.7 综合应用——装配蒸锅零件

🕐 **本节视频教程时间：8分钟**

本节综合利用【重合】、【共面】、【居中】等约束方式装配蒸锅零件，装配过程中需要注意各参考的准确选择，具体操作步骤如下。

🔘 1.安装蒸锅的底部

步骤01 选择【文件】➤【新建】菜单命令，在弹出的【新建】对话框中的【类型】分组框中选择【装配】单选项，在【子类型】分组框中选择【设计】单选项，并输入文件的名称，然后单击【确定】按钮，如下图所示。

步骤02 单击【模型】选项卡➤【元件】面板➤【组装】按钮，在系统弹出的【打开】对话框中选择"素材\CH13\1.prt"，并单击【打开】按钮，如下图所示。

步骤03 系统弹出【元件放置】操控板，单击【移动】将其上滑面板展开，然后将底座移动

到合适的位置，并单击✔按钮，完成位置的选定，如下图所示。

步骤04 单击【模型】选项卡➤【元件】面板➤【组装】按钮，在系统弹出的【打开】对话框中选择"素材\CH13\2.prt"，并单击【打开】按钮，然后将其移动到合适的位置，如下图所示。

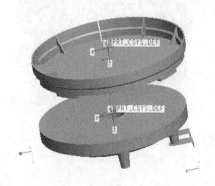

步骤05 单击【放置】将其上滑面板展开，选择【约束类型】为【重合】，然后将两个零件的

中心轴对齐，如下图所示。

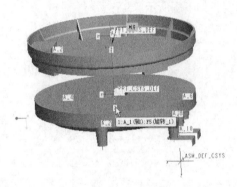

步骤 06 完成后单击【新建约束】，选择【约束类型】为【共面】，然后将上零件的底部和下零件的曲面F5进行共面约束，如下图所示。

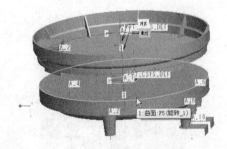

步骤 07 在【元件放置】操控板中单击 ✓ 按

钮，完成底部零件的安装，结果如下图所示。

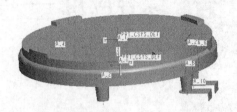

● 2.安装蒸锅的上部

步骤 01 单击【模型】选项卡➤【元件】面板➤【组装】按钮，在系统弹出的【打开】对话框中选择"素材\CH13\3.prt"，并单击【打开】按钮，然后将其移动到合适的位置，如下图所示。

步骤 02 单击【放置】将其上滑面板展开，选择【约束类型】为【重合】，然后选择锅体下面的圆和底座的曲面F8，如下图所示。

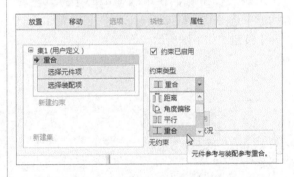

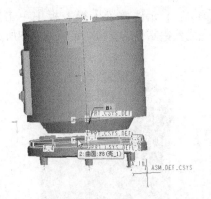

步骤 03 完成后单击【新建约束】，选择【约束类型】为【居中】，然后将上锅体的底部和下零件的曲面F5进行居中约束，如下图所示。

步骤 04 在【元件放置】操控板中单击 ✓ 按钮，完成锅体零件的安装，结果如下图所示。

步骤 05 单击【模型】选项卡➤【元件】面板➤【组装】按钮 🖽，在系统弹出的【打开】对话框中选择"素材\CH13\4.prt"，并单击【打开】按钮，然后将其移动到合适的位置，如下图所示。

步骤 06 单击【放置】将其上滑面板展开，选择【约束类型】为【重合】，然后将锅盖和锅体的中心轴对齐，如下图所示。

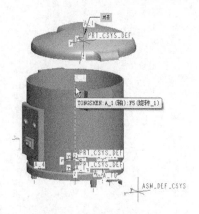

步骤 07 完成后单击【新建约束】，选择【约束类型】为【共面】，然后将锅盖的底部和锅体的曲面F5进行共面约束，如下图所示。

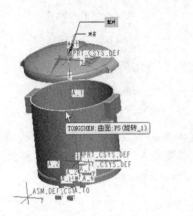

步骤 08 在【元件放置】操控板中单击 ✔ 按钮，完成蒸锅零件的安装，结果如下图所示。

第14章
钣金件设计

　　本章主要讲解Creo Parametric 4.0中的钣金件设计功能。在学习的过程中应重点掌握钣金件的创建、折弯及展平等的方法，以满足实际的设计需要。

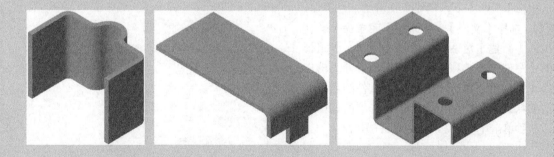

14.1 钣金薄壁设计

◉ 本节视频教程时间：24 分钟

钣金薄壁特征是钣金件中最基本的特征，也是钣金设计中第一步需要创建的特征，并且是其他钣金特征的参考特征。注意只有创建了钣金薄壁，才能创建其他特征。

14.1.1 以平整方式创建薄壁

以平整方式创建薄壁是指绘制薄壁的截面草图，并设置厚度参数来创建薄壁实体特征。

◉ 1.功能常见调用方法

在Creo Parametric 4.0中单击【模型】选项卡➤【形状】面板➤【平面】按钮，即可，如下图所示。

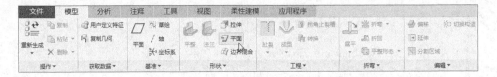

◉ 2.系统提示

调用【平面】功能后系统会弹出【平面】操控板，如下图所示。

◉ 3.实战演练——以平整方式创建薄壁

利用【平面】方式创建平整薄壁，具体操作步骤如下。

步骤01 选择【文件】➤【新建】菜单命令，在弹出的【新建】对话框中选择【类型】分组框中的【零件】单选项，在【子类型】分组框中选择【钣金件】单选项，并输入文件的名称，取消默认的【使用默认模板】复选项的选中状态，然后单击【确定】按钮，如右图所示。

步骤 02 在弹出的【新文件选项】对话框中选择【模板】"mmns_part_sheetmetal"，然后单击【确定】按钮创建一个新文件，如下图所示。

步骤 03 单击【模型】选项卡▶【形状】面板▶【平面】按钮，系统弹出【平面】操控板后，单击【参考】将其上滑面板展开，然后单击【定义...】按钮，如下图所示。

步骤 04 系统弹出【草绘】对话框后，选择【TOP：F2（基准平面）】，并接受系统的默认设置，使用RIGHT平面作为参考平面，然后单击【草绘】按钮，如下图所示。

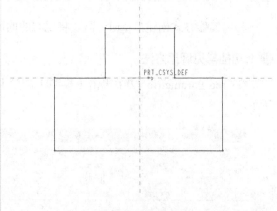

步骤 05 在草绘环境中绘制如下图所示的图形。

小提示

绘制的壁截面必须是封闭的。

步骤 06 在【草绘】选项卡中单击 ✔ 按钮，返回【平面】操控板，将厚度值设置为"5.00"，并对视图方向进行适当调整，如下图所示。

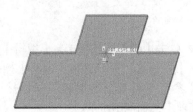

步骤 07 在【平面】操控板中单击 ✔ 按钮，结果如下图所示。

14.1.2 以偏移方式创建薄壁

利用偏移方式创建薄壁时，需要将现有的曲面进行偏移，并设置偏移的距离和薄壁的厚度值。

● 1.功能常见调用方法

在Creo Parametric 4.0中单击【模型】选项卡➤【编辑】面板➤【偏移】按钮 即可，如下图所示。

● 2.系统提示

调用【偏移】功能后系统会弹出【偏移】操控板，如下图所示。

● 3.实战演练——以偏移方式创建薄壁

利用【偏移】方式创建薄壁特征，具体操作步骤如下。

步骤 01 打开随书资源中的"素材\CH14\偏移创建薄壁.prt"文件，如下图所示。

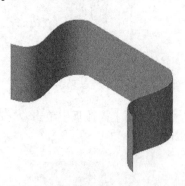

步骤 02 单击【模型】选项卡➤【编辑】面板➤【偏移】按钮 ，系统弹出【偏移】操控板，单击【参考】将其上滑面板展开，然后单击【选择项】，如下图所示。

步骤 03 在绘图区域中选择如下图所示的曲面。

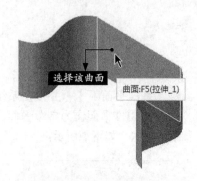

步骤 04 在绘图区域中选择如下图所示的曲面。将偏移距离设置为"700.00"，如下图所示。

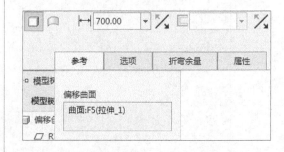

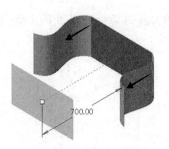 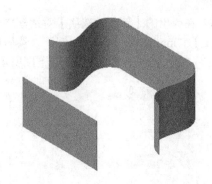

步骤 05 在【偏移】操控板中单击 ✔ 按钮，结果如下图所示。

14.1.3 以拉伸方式创建薄壁

以拉伸方式创建薄壁的方法和创建曲面的方法类似。

● 1.功能常见调用方法

在Creo Parametric 4.0中单击【模型】选项卡➤【形状】面板➤【拉伸】按钮 即可，如下图所示。

● 2.系统提示

调用【拉伸】功能后系统会弹出【拉伸】操控板，如下图所示。

● 3.实战演练——以拉伸方式创建薄壁

利用【拉伸】方式创建薄壁特征，具体操作步骤如下。

步骤 01 选择【文件】➤【新建】菜单命令，在弹出的【新建】对话框中选择【类型】分组框中的【零件】单选项，在【子类型】分组框中选择【钣金件】单选项，并输入文件的名称，取消默认的【使用默认模板】复选项的选中状态，然后单击【确定】按钮，如右图所示。

步骤 02 在弹出的【新文件选项】对话框中选择【模板】"mmns_part_sheetmetal",然后单击【确定】按钮创建一个新文件,如下图所示。

步骤 03 单击【模型】选项卡➤【形状】面板➤【拉伸】按钮 ,系统弹出【拉伸】操控板后,单击【放置】将其上滑面板展开,然后单击【定义…】按钮,如下图所示。

步骤 04 系统弹出【草绘】对话框后,选择【TOP"F2(基准平面)】,并接受系统的默认设置,使用RIGHT平面作为参考平面,然后单击【草绘】按钮,如下图所示。

步骤 05 在草绘环境中绘制如下图所示的图形。

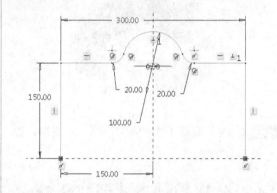

步骤 06 在【草绘】选项卡中单击 ✓ 按钮,返回【拉伸】操控板,将拉伸距离设置为"200.00",厚度值设置为"15.00",并对视图方向进行适当调整,如下图所示。

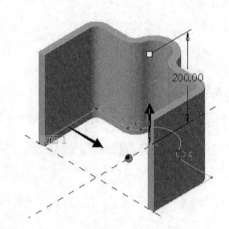

步骤 07 在【拉伸】操控板中单击 ✓ 按钮,结果如下图所示。

14.1.4 以旋转方式创建薄壁

以旋转方式创建薄壁需要先绘制薄壁的侧截面，并绘制一条旋转中心线，最后设置厚度参数即可。

1.功能常见调用方法

在Creo Parametric 4.0中单击【模型】选项卡➤【形状】面板➤【旋转】按钮即可，如下图所示。

2.系统提示

调用【旋转】功能后系统会弹出【旋转】操控板，如下图所示。

3.实战演练——以旋转方式创建薄壁

利用【旋转】方式创建薄壁特征，具体操作步骤如下。

步骤01 选择【文件】➤【新建】菜单命令，在弹出的【新建】对话框中选择【类型】分组框中的【零件】单选项，在【子类型】分组框中选择【钣金件】单选项，并输入文件的名称，取消默认的【使用默认模板】复选项的选中状态，然后单击【确定】按钮，如下图所示。

步骤02 在弹出的【新文件选项】对话框中选择【模板】"mmns_part_sheetmetal"，然后单击【确定】按钮创建一个新文件，如下图所示。

步骤 03 单击【模型】选项卡➤【形状】面板➤【旋转】按钮，系统弹出【旋转】操控板后，单击【放置】将其上滑面板展开，然后单击【定义...】按钮，如下图所示。

步骤 04 系统弹出【草绘】对话框后，选择【FRONT:F3（基准平面）】，并接受系统的默认设置，使用RIGHT平面作为参考平面，然后单击【草绘】按钮，如下图所示。

步骤 05 在草绘环境中绘制下图所示的图形。

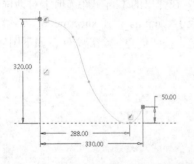

小提示

这里需要绘制一条垂直的几何中心线作为旋转轴线。

步骤 06 在【草绘】选项卡中单击 ✔ 按钮，返回【旋转】操控板，将旋转角度设置为"360.00"，厚度值设置为"5.00"，并对视图方向进行适当调整，如下图所示。

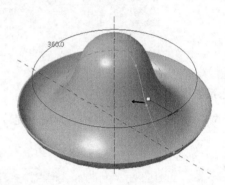

步骤 07 在【旋转】操控板中单击 ✔ 按钮，结果如下图所示。

14.1.5　以混合方式创建薄壁

以混合方式创建薄壁是指绘制一定距离间隔的两个截面，并设置薄壁厚度，来创建两截面间的混合薄壁特征。

✏ 1.功能常见调用方法

在Creo Parametric 4.0中单击【模型】选项卡➤【形状】面板➤【混合】按钮 即可，如下图所示。

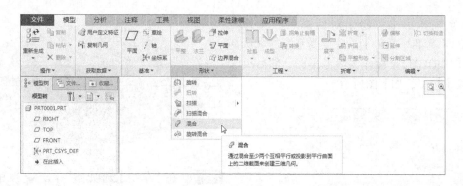

2.系统提示

调用【混合】功能后系统会弹出【混合】操控板，如下图所示。

3.实战演练——以混合方式创建薄壁

利用混合方式创建薄壁特征，具体操作步骤如下。

步骤01 选择【文件】➤【新建】菜单命令，在弹出的【新建】对话框中选择【类型】分组框中的【零件】单选项，在【子类型】分组框中选择【钣金件】单选项，并输入文件的名称，取消默认的【使用默认模板】复选项的选中状态，然后单击【确定】按钮，如下图所示。

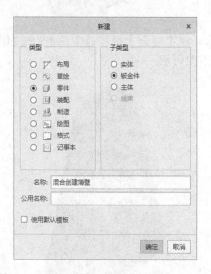

步骤02 在弹出的【新文件选项】对话框中选择【模板】"mmns_part_sheetmetal"，然后单击【确定】按钮创建一个新文件，如右上图所示。

步骤03 单击【模型】选项卡➤【形状】面板➤【混合】按钮，系统弹出【混合】操控板后，单击【截面】将其上滑面板展开，然后单击【定义...】按钮，如下图所示。

步骤 04 系统弹出【草绘】对话框后，选择【TOP:F2（基准平面）】，并接受系统的默认设置，使用RIGHT平面作为参考平面，然后单击【草绘】按钮，如下图所示。

步骤 05 在草绘环境中绘制如下图所示的图形。

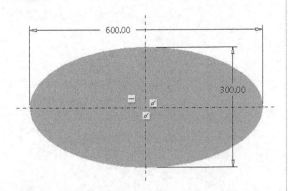

步骤 06 在【草绘】选项卡中单击 ✔ 按钮，返回【混合】操控板，在【截面】上滑面板中选择【截面2】，将偏移距离设置为"700"，并单击【草绘...】按钮，如下图所示。

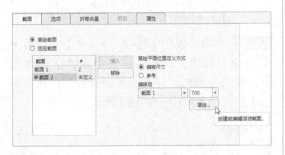

步骤 07 在草绘环境中绘制如右上图所示的图形。

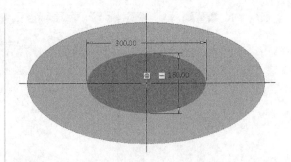

步骤 08 在【草绘】选项卡中单击 ✔ 按钮，返回【混合】操控板，将厚度值设置为"10.00"，并对视图方向进行适当调整，如下图所示。

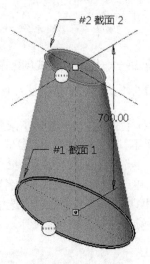

步骤 09 在【混合】操控板中单击 ✔ 按钮，结果如下图所示。

14.2 高级钣金特征创建

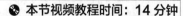
🔊 **本节视频教程时间: 14 分钟**

如果已经创建了第一壁, 可以以此壁为基础创建其他高级钣金特征, 如延伸壁、附加平整壁、法兰壁等。同时, 用户还可以对钣金壁进行折弯和成型操作。

14.2.1 创建延伸壁

利用Creo Parametric 4.0提供的延伸工具可以以钣金件和侧边曲面之间的直边为延伸参照, 并以制定的目标为曲面创建延伸壁特征。同时, 用户也可以自定义延伸的具体长度。

● 1.功能常见调用方法

在Creo Parametric 4.0中单击【模型】选项卡➤【编辑】面板➤【延伸】按钮 🔲 即可, 如下图所示。

● 2.系统提示

调用【延伸】功能后系统会弹出【延伸】操控板, 如下图所示。

● 3.实战演练——创建延伸壁

利用【延伸】方式创建延伸壁, 具体操作步骤如下。

步骤 01 选择【文件】➤【新建】菜单命令, 在弹出的【新建】对话框中选择【类型】分组框中的【零件】单选项, 在【子类型】分组框中选择【钣金件】单选项, 并输入文件的名称, 取消默认的【使用默认模板】复选项的选中状态, 然后单击【确定】按钮, 如右图所示。

步骤 02 在弹出的【新文件选项】对话框中选择【模板】"mmns_part_sheetmetal"，然后单击【确定】按钮创建一个新文件，如下图所示。

步骤 03 单击【模型】选项卡▶【形状】面板▶【拉伸】按钮 ，系统弹出【拉伸】操控板，单击【放置】将其上滑面板展开，然后单击【定义...】按钮，如下图所示。

步骤 04 系统弹出【草绘】对话框后，选择【TOP:F2（基准平面）】，并接受系统的默认设置，使用RIGHT平面作为参考平面，然后单击【草绘】按钮，如下图所示。

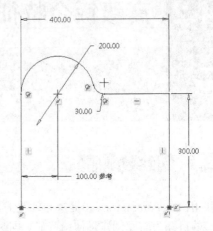

步骤 05 在草绘环境中绘制如下图所示的图形。

步骤 06 在【草绘】选项卡中单击 ✔ 按钮，返回【拉伸】操控板，将拉伸距离设置为"200.00"，厚度值设置为"10.0"，并对视图方向进行适当调整，如下图所示。

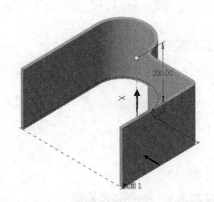

步骤 07 在【拉伸】操控板中单击 ✔ 按钮，结果如下图所示。

步骤 08 在绘图区域中选择如下图所示的边界。

步骤 09 单击【模型】选项卡➤【编辑】面板➤【延伸】按钮回，系统弹出【延伸】操控板，将延伸距离设置为"100.00"，如下图所示。

步骤 10 在【延伸】操控板中单击✔按钮，结果如下图所示。

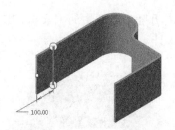

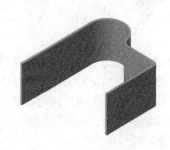

14.2.2 创建法兰壁

创建法兰壁是以现有的钣金薄壁的一边为设置参照，添加任意弯曲角度或形状的薄壁特征，从而创建新的壁特征。

● 1.功能常见调用方法

在Creo Parametric 4.0中单击【模型】选项卡➤【形状】面板➤【法兰】按钮即可，如下图所示。

● 2.系统提示

调用【法兰】功能后系统会弹出【凸缘】操控板，如下图所示。

● 3.实战演练——创建法兰壁

利用【法兰】方式创建法兰壁，具体操作步骤如下。

步骤 01 打开随书资源中的 "素材\CH14\法兰壁.prt" 文件，如下图所示。

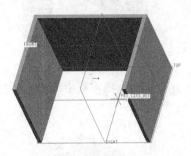

步骤 02 单击【模型】选项卡▶【形状】面板▶【法兰】按钮 ，系统弹出【凸缘】操控板，选择基础壁的一条边作为连接边，该边将作为法兰壁的起始参考边，如下图所示。此时用户可以动态地设置各项参数。

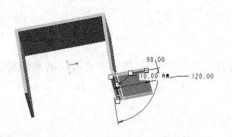

步骤 03 单击【形状】将其上滑面板展开，然后单击【草绘...】按钮，如下图所示。

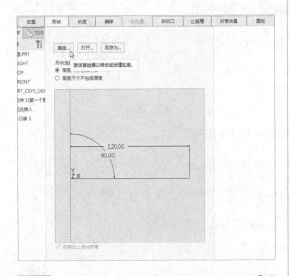

步骤 04 系统弹出【草绘】对话框后，选择【薄壁端】单选项，然后单击【草绘】按钮，如右上图所示。

步骤 05 系统进入草绘环境后，绘制如下图所示的图形。

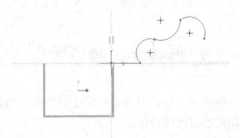

步骤 06 单击 ✔ 按钮，查看自定义形状的法兰壁特征，如下图所示。

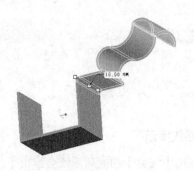

步骤 07 在【凸缘】操控板中单击 ✔ 按钮，结果如下图所示。

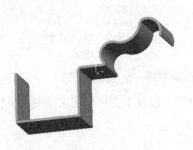

14.2.3 创建附加平整壁

创建附加平整壁是指在第一壁创建完成后，以此壁特征的一边为连接边，并以系统给定的形状和自定义形状为壁形状创建的附加壁特征。

1.功能常见调用方法

在Creo Parametric 4.0中单击【模型】选项卡➤【形状】面板➤【平整】按钮，即可，如下图所示。

2.系统提示

调用【平整】功能后系统会弹出【平整】操控板，如下图所示。

3.实战演练——创建附加平整壁

利用【平整】方式创建T形附加平整壁，具体操作步骤如下。

步骤 01 选择【文件】➤【新建】菜单命令，在弹出的【新建】对话框中选择【类型】分组框中的【零件】单选项，在【子类型】分组框中选择【钣金件】单选项，并输入文件的名称，取消默认的【使用默认模板】复选项的选中状态，然后单击【确定】按钮，如下图所示。

步骤 02 在弹出的【新文件选项】对话框中选择【模板】"mmns_part_sheetmetal"，然后单击【确定】按钮创建一个新文件，如下图所示。

步骤 03 单击【模型】选项卡➤【形状】面板➤【平面】按钮，系统弹出【平面】操控板，单击【参考】将其上滑面板展开，然后单击【定义...】按钮，如下页图所示。

步骤 04 系统弹出【草绘】对话框后，选择【TOP:F2（基准平面）】，并接受系统的默认设置，使用RIGHT平面作为参考平面，然后单击【草绘】按钮，如下图所示。

步骤 05 在草绘环境中绘制如下图所示的图形。

步骤 06 在【草绘】选项卡中单击✔按钮，返回【平面】操控板，将厚度值设置为"10.00"，并对视图方向进行适当调整，如下图所示。

步骤 07 在【平面】操控板中单击✔按钮，结果如右上图所示。

步骤 08 单击【模型】选项卡▶【形状】面板▶【平整】按钮，系统弹出【平整】操控板后，选择【T】形方式，如下图所示。

步骤 09 在绘图区域中选择如下图所示的边界。

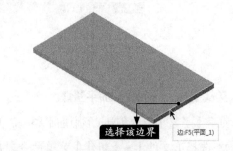

步骤 10 对其进行如下图所示相应的动态设置。

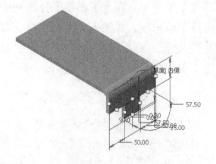

步骤 11 在【平整】操控板中单击✔按钮，结果如下图所示。

14.3 钣金的折弯

🌐 本节视频教程时间：3分钟

钣金弯曲是将钣金平面区域的一部分弯成弧状或自定义为某个角度。

1.功能常见调用方法

在Creo Parametric 4.0中单击【模型】选项卡➤【折弯】面板➤【折弯】➤【折弯】选项 ⚒ 即可，如下图所示。

2.系统提示

调用【折弯】功能后系统会弹出【折弯】操控板，如下图所示。

3.实战演练——创建钣金折弯

按一定角度为钣金件创建折弯特征，具体操作步骤如下。

步骤 01 打开随书资源中的 "素材\CH14\钣金折弯.prt" 文件，如下图所示。

步骤 02 单击【模型】选项卡➤【折弯】面板➤【折弯】➤【折弯】选项 ⚒，系统弹出【折弯】操控板，在绘图区域中选择如下图所示的曲面。

选择该曲面

步骤 03 单击【折弯线】将其上滑面板展开，然后单击【草绘...】按钮，如下图所示。

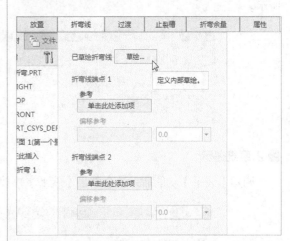

步骤 04 系统弹出【草绘】选项卡，进入草绘环境后，绘制如下页图所示的图形。

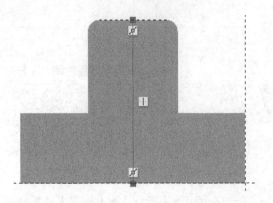

步骤 05 单击 ✔ 按钮，系统返回【折弯】操控板后，对其进行相应设置，并对视图方向进行相应调整，如下图所示。

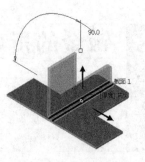

步骤 06 在【折弯】操控板中单击 ✔ 按钮，结果如下图所示。

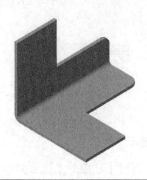

14.4 钣金的展平

🕐 **本节视频教程时间：2分钟**

钣金展平就是将已经折弯的三维钣金件展平成二维的薄板。

● 1.功能常见调用方法

在Creo Parametric 4.0中单击【模型】选项卡➤【折弯】面板➤【展平】按钮 ⬛ 即可，如下图所示。

● 2.系统提示

调用【展平】功能后系统会弹出【展平】操控板，如下图所示。

3.实战演练——创建钣金展平

为已折弯的钣金件执行展平操作，具体操作步骤如下。

步骤 01 打开随书资源中的"素材\CH14\钣金展平.prt"文件，如下图所示。

步骤 03 在【展平】操控板中单击 ✔ 按钮，结果如下图所示。

步骤 02 单击【模型】选项卡➤【折弯】面板➤【展平】按钮 ，系统弹出【展平】操控板，如下图所示。

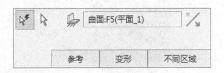

14.5 综合应用——创建钣金件特征

🐾 **本节视频教程时间：11 分钟**

本节综合利用拉伸薄壁特征、延伸薄壁特征和钣金折弯特征等创建钣金件特征，具体操作步骤如下。

1.创建拉伸薄壁特征

步骤 01 选择【文件】➤【新建】菜单命令，在弹出的【新建】对话框中选择【类型】分组框中的【零件】单选项，在【子类型】分组框中选择【钣金件】单选项，并输入文件的名称，取消默认的【使用默认模板】复选项的选中状态，然后单击【确定】按钮，如右图所示。

步骤 02 在弹出的【新文件选项】对话框中选择【模板】"mmns_part_sheetmetal"，然后单击

【确定】按钮创建一个新文件，如下图所示。

步骤 03 单击【模型】选项卡➤【形状】面板➤【拉伸】按钮，系统弹出【拉伸】操控板后，单击【放置】将其上滑面板展开，然后单击【定义…】按钮，如下图所示。

步骤 04 系统弹出【草绘】对话框后，选择【FRONT：F3（基准平面）】，并接受系统的默认设置，使用RIGHT平面作为参考平面，然后单击【草绘】按钮，如下图所示。

步骤 05 在草绘环境中绘制如右上图所示的图形。

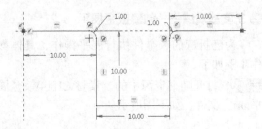

步骤 06 在【草绘】选项卡中单击 ✔ 按钮，返回【拉伸】操控板，将拉伸距离设置为"20.00"，厚度值设置为"0.50"，并对视图方向进行适当调整，如下图所示。

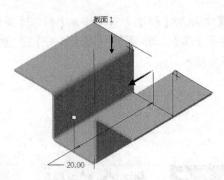

步骤 07 在【拉伸】操控板中单击 ✔ 按钮，结果如下图所示。

步骤 08 继续进行拉伸薄壁特征的创建，调用【拉伸】操控板，单击【放置】将其上滑面板展开，然后单击【定义…】按钮，如下图所示。

步骤 09 系统弹出【草绘】对话框后，选择如下图所示的曲面，并接受系统的默认设置，然后单击【草绘】按钮，如下图所示。

步骤 10 在草绘环境中绘制如下图所示的图形。

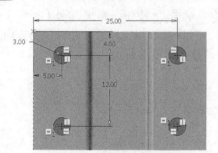

步骤 11 在【草绘】选项卡中单击✔按钮，返回【拉伸】操控板，采用系统默认设置，并对视图方向进行适当调整，如下图所示。

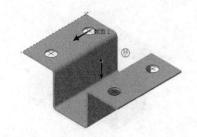

步骤 12 在【拉伸】操控板中单击✔按钮，结果如下图所示。

◢ 2.创建延伸薄壁特征

步骤 01 在绘图区域中选择如下图所示的边界。

步骤 02 单击【模型】选项卡➤【编辑】面板➤【延伸】按钮⊡，系统弹出【延伸】操控板后，将延伸距离设置为"5.00"，如下图所示。

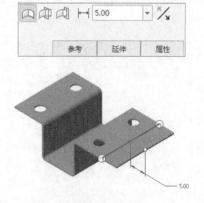

步骤 03 在【延伸】操控板中单击✔按钮，结果如下图所示。

● 3.创建钣金折弯特征

步骤01 单击【模型】选项卡▶【折弯】面板▶【折弯】按钮 ⚡️，系统弹出【折弯】操控板后，在绘图区域中选择如下图所示的曲面。

步骤02 单击【折弯线】将其上滑面板展开，然后单击【草绘...】按钮，如下图所示。

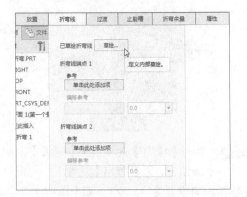

步骤03 系统将弹出【参考】对话框，如下图所示。

步骤04 在绘图区域中选择如下图所示的边界。

步骤05 在【参考】对话框中单击【求解】按钮，并将其关闭，如下图所示。

步骤06 在草绘环境中绘制如下图所示的图形。

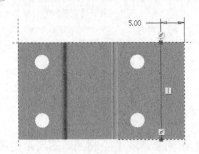

步骤07 单击 ✔ 按钮，系统返回【折弯】操控板后，对其进行相应设置，并对视图方向进行相应调整，如下图所示。

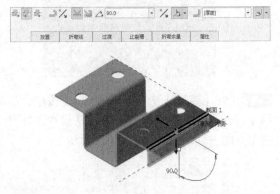

步骤08 在【折弯】操控板中单击 ✔ 按钮，结果如下图所示。

第15章

工程图

学习目标

本章主要讲解Creo Parametric 4.0中的工程图功能，需要注意图纸和其所依赖的模型相关，在图纸中修改的任何尺寸都会在模型中自动更新。同样，在模型中修改的尺寸会关联到图纸。这种相关性不仅体现在尺寸的修改上，还体现在添加或删除某些特征上。

学习效果

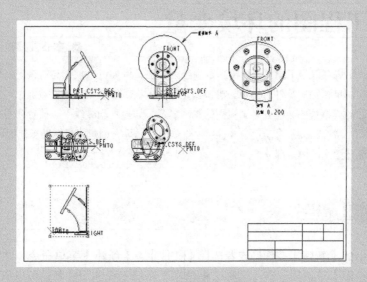

15.1 什么是工程图

● 本节视频教程时间：4 分钟

Creo Parametric 4.0中提供了工程图功能。使用这种功能可以实现双向关联，并且可以输出简单的图纸。用户可以利用Creo Parametric 4.0的工程图功能创建零件或装配件工程视图，还可以添加、注释、处理尺寸，或者使用层来管理不同类型内容的显示。

1.关于设置绘图

在实际的绘图中，用户可以使用以下各项的组合定制自己的绘图环境和绘图行为。

（1）绘图设置文件选项。

（2）配置选项。

（3）模板。

（4）格式。

例如可以预先确定某些特性，如尺寸和注释文本高度、文本方向、几何公差标准、字体属性、绘制标准和箭头长度等。

2.关于绘图模板

在创建新绘图时可以参考绘图模板。绘图模板能基于模板自动地创建视图、设置所需的视图显示、创建捕捉线和显示模型尺寸等。

绘图模板包含3种创建新绘图的基本信息类型。第一种类型是构成绘图但不依赖绘图模型的基本信息，如注释、符号等。此信息会从模板复制到新绘图中。

第二种类型是用于配置绘图视图的指示，以及在该视图上执行的操作。该指示用于采用新绘图对象（模型）创建新绘图。

第三种类型是参数化注释。参数化注释是更新为新绘图参数和尺寸数值的注释。在实例化模板时，注释将重新解析或更新。

使用模板可以完成以下任务。

（1）定义视图的布局。

（2）设置视图显示。

（3）放置注释。

（4）放置符号。

（5）定义表格。

（6）创建捕捉线。

（7）显示尺寸。

15.2 工程图的环境变量

● 本节视频教程时间：18 分钟

用户可以为不同类型的绘图定制绘图模板，例如可以创建与铸铁零件相对应的机械加工零件的模板。机械加工零件模板能够定义用于机械加工零件绘图的典型视图、设置各个视图的视图显示（如显示隐藏线）、放置公司标准加工注释，以及自动地为放置尺寸创建捕捉线等。创建模板有助于使用可定制的模板自动地创建绘图的固定部分。

15.2.1 新建工程图

单击工具栏中的【新建】按钮□或者选择【文件】▶【新建】菜单命令，在弹出的【新建】对话框中选中【绘图】单选项，在【名称】框中输入新的工程图文件名，可以取消对【使用默认模板】复选项的选中状态，如下页图所示。

单击【新建】对话框中的【确定】按钮，弹出【新建绘图】对话框，如下图所示。

在【新建绘图】对话框中，用户可以选择工程图的零件模型、工程图的图纸格式。单击【默认模型】文本框右侧的 [浏览...] 按钮，系统会弹出【打开】对话框，从中可以选择工程图的零件文件。在选择好零件文件后，用户需要根据零件的具体尺寸选择工程图的图纸大小。选中【指定模板】分组框中的【使用模板】单选项，在该分组框下方即会出现【模板】分组框，如右上图所示。

在【模板】分组框中列出了系统提供的模板，用户可以在列表框中根据零件的尺寸选取各种规格的图纸。或者单击分组框中的 [浏览...] 按钮弹出【打开】对话框，从中可以选择已经存在的制图文件（如*.drw格式文件）。如果选中【指定模板】分组框中的【格式为空】单选项，在该分组框的下面就会出现【格式】分组框，如下图所示。

如果首次使用此选项，那么在【格式】分组框的下拉列表中无任何内容。单击该分组框

中的 浏览... 按钮弹出【打开】对话框，在此对话框中列出了可供选择的格式种类，如下图所示。

选择一种格式"a.frm"，然后单击 打开 按钮确认这种格式并返回到【新建绘图】对话框，此时【格式】分组框的下拉列表中就会存在选项"a.frm"。

在【新建绘图】对话框中选中【指定模板】分组框中的【空】单选项，如下图所示。

在此对话框的【方向】分组框中，用户可以选择图纸的方向为【纵向】、【横向】或【可变】，系统默认的方向为【横向】。在【大小】分组框中，用户可以选择图纸的【标准大小】。在【标准大小】下拉列表中选择了一种图纸后，在下方的【高度】和【宽度】框中会列出该图纸尺寸的具体数据。如果单击

【方向】分组框中的【可变】按钮，此时【大小】分组框中的【宽度】文本框和【高度】文本框就会变为可编辑状态，如下图所示。

用户可以选择是使用【英寸】还是使用【毫米】作为基本的计量单位，并且可以根据零件的大小设定非标准的图纸。

在这里选择图纸为【空】格式，大小为标准的A4图纸，方向为【横向】。单击【新建绘图】对话框中的 确定 按钮完成工程图的新建。工程图绘图界面如下图所示。

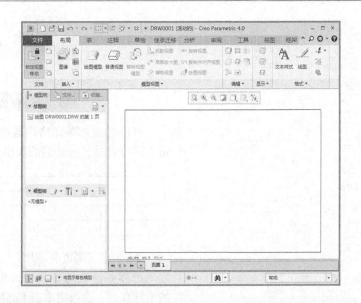

15.2.2 绘制标题栏

在设计工程图的过程中，需要指定图纸中零件的标号、零件材料、设计者等辅助信息。通常，这些信息都是使用表格的形式在图纸的右下角或左上角列出，被称为标题栏。在使用系统提供的标准模板时，系统已经设计了一些表格以供使用。但当表格不够或需要修改格式时，用户就需要创建新的表格。

● 1.绘制基础表格

切换到【表】选项卡，在【表】面板中选择【插入表】选项，系统会弹出【插入表】对话框，如下图所示。

在【插入表】对话框中，【方向】区域用来选择绘制表格时的纵向是从上到下绘制还是从下到上绘制，以及绘制表格时的横向是从右到左还是从左到右绘制；【表尺寸】区域用来指定绘制表格的列数和行数；【行】区域中的【高度（INCH）】/【高度（字符数）】和【列】区域中的【宽度（INCH）】/【宽度（字符数）】可以选择表格单元格的长宽计量单位。具体来说，【字符数】是选择放置多少个字符来定义表格单元格的长宽，而【INCH】则是指选择多少个英寸或者毫米来定义表格单元格的长宽。

这里在【插入表】对话框中【方向】区域选择【向右且向上】；【表尺寸】区域中的【列数】设置为"4"，【行数】设置为"4"；【行】区域中的【高度（字符数）】设置为"1.0"；【列】区域中【宽度（字符数）】设置为"10.0"，然后单击【确定】按钮，如下页图所示。

指定表格的位置后，绘制结果如下图所示。

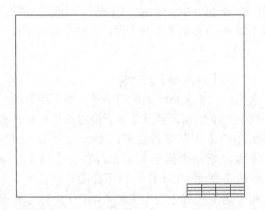

● 2.修改表格并添加文本

绘制完表格后，往往需要对表格进行编辑以满足绘制工程图的需要。在【表】选项卡中有对表格进行修改的各种命令，如下图所示。

（1）合并单元格

在【表】选项卡中的【行和列】面板中单击【合并单元格】按钮，将弹出【表合并】菜单管理器，然后使用此菜单管理器中的选项分别指定行、列或同时指定两者，如下图所示。

可以通过在单元格内选取单元格范围的对角来进行合并，合并后的表格如下图所示。

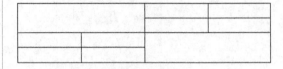

（2）定义高度和宽度

选择要修改的单元格，在【表】选项卡中的【行和列】面板中单击【高度和宽度】按钮，弹出【高度和宽度】对话框，如下图所示。

在该对话框中用户可以修改单元格的【高度】和【宽度】，可以使用字符数单位来修改，也可以使用毫米单位来修改。如果修改字符数，系统会自动地调整高宽的数值。此外，当修改一个单元格时，它所在的那一行和那一列都会改变。

（3）表格的旋转

在主视区选择表格，在【表】选项卡中的【表】面板中单击 ▾ 按钮，在弹出的下拉列表中选择【旋转】命令，可以将表格逆时针旋转90°；再重复一次操作，又可以将表格逆时针旋转90°。重复操作4次，表格就会回到原来的位置。

（4）重复区域

在要指定为重复区域的行中选取一个单元格，然后单击【表】选项卡➤【表】面板➤【选择行】按钮  选择行，该行加亮显示。仍然选取该行并单击鼠标右键，在弹出的快捷菜单中选择【添加重复区域】命令，该行被指定为重复区域。

Creo Parametric 4.0的动态报表是在被称为重复区域的【智能】表单元格基础上的。重复区域是一个表中由用户指定的部分，该表会展开或收缩以适应相关模型当前拥有数据量的大小。

重复区域所包含的信息由基于文本的报告符号决定，它们以文本的形式输入到区域内的各个单元格中。例如一个组件有20个零件，并在重复区域内的单元格中输入"Asm.mbr.name"，那么在更新该表时，它会被展开，以便为每个零件名称添加一个相应的单元格。

下面是一个非常简单的表格示例，显示了材料清单的参数（见下表）。其中，第一行为输入到表单元格中的正常文本；第二行包含报告符号，它们以文本的形式输入到在第一行已被指定为重复区域的对应单元格中，如下表表示。

索引	零件名称	数量
Rpt.index	Asm.mbr.name	Rpt.qty

用户可以将支持报表的任何类型文件输入到报表中，例如绘图、布线图或报告文件等。

更新后的结果报表如下表所示。

索引	零件名称	数量
1	COVER_FRONT	1
2	轴	1
3	衬套	2
4	轴承	4
5	COVER_BACK	1

（5）添加文本

在表格中选中一个单元格后，单击鼠标右键，在弹出的快捷菜单中选择【属性】命令，系统会弹出【注解属性】对话框，如右上图所示。

在此对话框的【文本】选项卡中用户可以输入需要为单元格添加的内容。

【文本样式】选项卡如下图所示。在该选项卡中用户可以设置文本字体、大小、颜色等属性，设置完成后单击【确定】按钮，然后可以继续在其他的单元格中输入文本。

15.3 创建零件视图

本节视频教程时间：22分钟

当新建工程图并完成工程图的环境设置后，就需要在工程图中插入模型的多种视图。在Creo Parametric 4.0的绘图模块中可以指定主视图类型、视图中显示的模型数、视图中是否有单一曲面和横截面、视图的缩放比例等。

基本视图的类型主要有以下5种。

（1）投影视图：是使一个视图的几何模型沿水平或垂直方向的正交投影。投影视图放置在【投影通道】中，可位于父视图的上、下、左、右的任意一边，如下图所示。

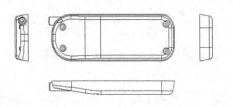

（2）辅助视图：又称为斜视图，也是一种投影视图，在恰当的角度上向选定曲面或轴投影。父视图中所选定的平面必须垂直于屏幕平面，如下图所示。

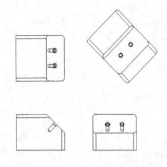

（3）一般视图：通常为一系列要放置视图中的第一个视图，例如它可以作为投影视图或其他的由其导出视图的父项视图。

（4）详细视图：指在另一个视图中放大显示的模型中的一小部分视图。在父视图中包括一个参考注释和边界作为详细视图设置的一部分，如右上图所示。

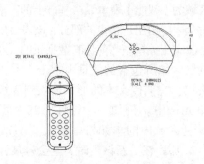

（5）旋转视图：是现有的视图绕切割平面旋转90°后投影的剖面图。也就是假想将零件或组合件的倾斜部分旋转到与某一个选定的基本投影面平行后，再向该投影面投影所得到的视图。旋转视图可以是全部或部分视图，但一定是剖视图。

指定基本视图类型后，可以用【视图类型】菜单中的命令控制模型在绘图中可见部分的大小。即通过创建全视图、半视图、破断视图和局部视图等，可以控制模型在工程图中的可见部分。

（1）全视图：显示整个模型。

（2）半视图：从切割平面一侧的视图中移除其模型的一部分，如下图所示。

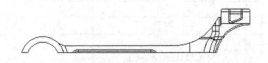

（3）局部视图：显示封闭边界内视图模型的一部分。系统显示该边界内的几何模型，而删除边界外的几何模型，如下页图所示。

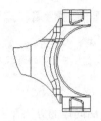

同时进行水平和垂直破断，并使用破断的各种图形边界样式，如下图所示。

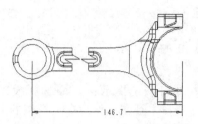

（4）破断视图：移除两个选定点或多个选定点间的部分模型，并将剩余的两部分合拢在一个指定的距离内。可以进行水平、垂直，或

15.3.1 创建主视图

首先使用普通视图来创建主视图，普通视图是需要放置的第一个视图。在创建第一个视图时，普通视图是唯一的选择。为一个零件或组件创建普通视图后，才可以创建其他的各类视图。

步骤01 切换到【布局】选项卡，在【模型视图】面板中单击【普通视图】按钮，如下图所示。

步骤02 此时系统提示："选择绘图视图的中心点"，在图纸上选择将要放置主视图的地方，单击后会出现零件的轴侧视图，如下图所示。

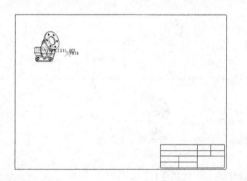

步骤03 同时系统会弹出如右上图所示的【绘图视图】对话框。

步骤04 按照上图所示的方向选取，单击【确定】按钮，便创建了模型的主视图，如下图所示。

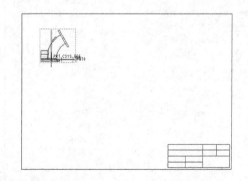

15.3.2 创建左视图和俯视图

按照标准的工程图习惯，一个完整的工程图至少需要主视、俯视和左（右）视方向的视图。

步骤01 切换到【布局】选项卡，在【模型视图】面板中单击【投影视图】按钮，如下图所示。

步骤02 此时系统提示："➡ 选择投影父视图"，选择主视图，然后在主视图的右边单击，结果如下图所示。

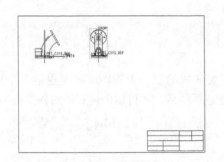

小提示

用户如果感觉某个视图的位置不合适，则可选中该视图后再移动。在移动的过程中，视图之间依然会保持正交关系。

步骤03 可以使用同样的方法在主视图的下侧创建俯视图，如下图所示。

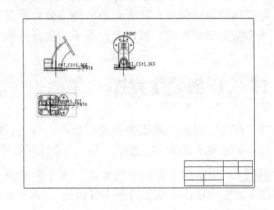

15.3.3 创建轴侧视图

在工程图中往往需要有一个轴侧视图作为三维零件的参考，用户可以使用一般视图来创建轴侧视图。

切换到【布局】选项卡，在【模型视图】面板中单击【普通视图】按钮。在需要放置轴侧视图的位置单击，在该位置就会出现轴侧视图并弹出【绘图视图】对话框，如下左图所示。用户也可以使用前面介绍的【绘图视图】对话框的使用方法来设置视图新的方向。单击对话框中的【确定】按钮，其结果如下右图所示。

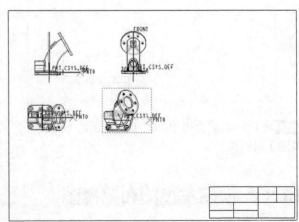

15.3.4 创建详细视图

在制作工程图时，往往需要将零件的一部分单独列出并放大，以突出需要注意和需要细化的地方，这时就需要创建详细视图。

步骤 01 切换到【布局】选项卡，在【模型视图】面板中单击【局部放大图】按钮，如下图所示。

> **小提示**
>
> 创建投影视图后才可以创建局部放大视图。

步骤 02 此时系统提示："➡ 在一现有视图上选择要查看细节的中心点"，然后在左视图上需要突出的地方单击，系统提示："➡ 草绘样条，不相交其他样条，来定义一轮廓线"，此时在左视图上绕选取点连续单击绘制一条样条曲线，如下图所示。

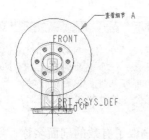

> **小提示**
>
> 在绘制样条曲线时，选取细节中心点后，直接在视图上连续单击即可，而不是在工具栏中单击【样条曲线】按钮。

步骤 03 完成样条曲线的绘制后单击鼠标中键结束，系统提示："➡ 选择绘制视图的中心点"，然后在绘图上选择要放置局部放大视图的位置。局部放大视图将显示样条内的区域，并用视图名称和比例进行标记。创建的局部放大视图如下图所示。

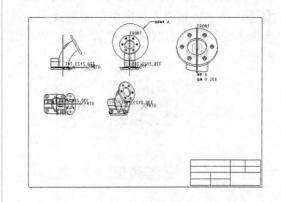

15.3.5 创建剖视图

剖面是一个假想平面，它穿过零件，并带有与其相关的剖面线图案。剖面在特定视图中的显示方式是显示视图类型——全视图、半视图和局部视图等。在视图中放置定义为平面的剖面之前必须定向该视图，以便剖面平面平行于屏幕平面。如果是旋转剖面，该剖面的平面则必须与屏幕垂直。可以在零件和组件模式下创建剖面，这些剖面可用于显示绘图中元件的不同部分。上述三维剖面与组件切口相似，但只用于显示目的。

步骤 01 在【绘图视图】对话框打开时，可以使用【视图类型】类别定义视图方向，以使要剖切的视图相对于屏幕正确定向。然后选择【截面】类别，【截面选项】会显示在对话框的右侧，如下页图所示。

步骤02 选中【2D横截面】单选项，启用2D剖面属性表。如果绘图中不存在2D剖面，则需要创建一个新的2D剖面，否则就要选取一个现有剖面。

步骤03 单击 ➕ 按钮在视图中创建剖截面，系统会弹出【横截面创建】菜单管理器，如下图所示。

步骤04 保持系统默认的【平面】和【单一】选项，然后单击【完成】选项，系统提示："输入横截面名称[退出]"，输入截面名"X1"后单击 ✔ 按钮确定，如下图所示。

步骤05 系统再次弹出【设置平面】菜单管理器，选择【平面】，如下图所示。

步骤06 如果需要，则可通过该视图上的显示箭头来记录父视图上的剖面。在表中单击加亮的箭头显示收集器，并在绘图上选取视图，然后单击【应用】按钮以预览箭头。箭头包括剖面名称可以放置在任意一端。通过右键单击表中的收集器并选取【删除】选项，或者在放置箭头后可以删除可删除的箭头。

要继续定义绘图视图的其他属性，可以单击【应用】按钮，然后选取适当的类别。如果已经完全定义绘图视图，可以单击【确定】按钮，完成剖视图的创建，如下图所示。

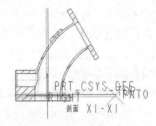

> **小提示**
>
> 通过定义两个剖面可以显示完全（Full）和局部剖面可见性，一个剖面具有完全可见性，另一个剖面具有局部可见性。但无论何时，至多只能存在一个具有完全可见性的剖面。

如果选取了有效的剖面名称，则需定义剖切区域的显示方式。从【剖切区域】列表框中可以选取下列可见性样式。

（1）完全。

（2）一半。

（3）局部。

（4）全部（展开）。

（5）全部（对齐）。

15.3.6 创建半视图

当Creo Parametric 4.0在绘图中创建半视图时，它用一个平面切割模型，拭除一部分，显示其余的部分。切割平面可以是一个平曲面或一个基准平面，但它在新视图中必须垂直于屏幕。

步骤 01 切换到【布局】选项卡，在【模型视图】面板中单击【普通视图】按钮⬜。此时系统提示："➡选择绘图视图的中心点"，然后在主视图的右边单击，如下图所示，此时系统会弹出【绘图视图】对话框。

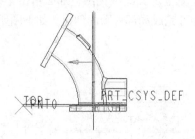

步骤 02 选择【可见区域】类别，【可见区域选项】显示在对话框的右侧。从【视图可见性】下拉列表中选择【半视图】，显示定义视图区域的选项，如右上图所示。

步骤 03 选择将分割视图的参考为RIGHT基准平面。选定参考加亮并列在【半视图参考平面】收集器中，然后单击【确定】按钮即可完成半视图的创建，如下图所示。

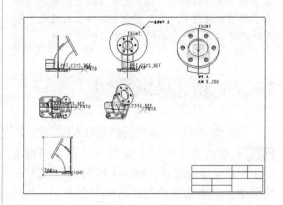

15.3.7　创建局部视图

要创建一个局部视图，可以插入并选定某一种视图类型，然后在新视图的周围草绘一条封闭边界。完成后，该边界外部的几何图形将被移除。

步骤 01 切换到【布局】选项卡，在【模型视图】面板中单击【普通视图】按钮⬜。此时系统提示："➡选择绘图视图的中心点"，然后在主视图的右边单击，此时系统会弹出【绘图视图】对话框。

步骤 02 选择【可见区域】类别，【可见区域选项】显示在对话框的右侧。从【视图可见性】下拉列表中选择【局部视图】，显示定义视图区域的选项，如右图所示。

步骤 03 在局部视图中要保留的区域中心附近选择视图的几何，选定项目加亮。然后围绕要显示的区域草绘一个样条，如下图所示。

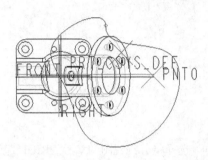

不要使用【草绘】工具栏启动样条草绘。只需单击绘图来开始草绘。如果已经访问了工具栏，局部视图就会被取消，并且样条为二维绘制图元。完成草绘样条后，按中键即可完成绘制。

步骤 04 要显示在样条中所包含局部视图的边界，则可以选中【在视图上显示样条边界】复选项，边界就会以几何线型显示。

步骤 05 要继续定义绘图视图的其他属性，可以单击【应用】按钮，然后选择适当的类别。如果已经完全定义绘图视图，那么单击【确定】按钮即可完成局部视图的创建，如下图所示。

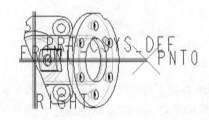

15.3.8 创建破断视图

创建破断视图，首先要放置全视图，然后使用破断图形样式选项指定破断线。

步骤 01 切换到【布局】选项卡，在【模型视图】面板中单击【普通视图】按钮。此时系统提示："➡选择绘图视图的中心点"，然后在主视图的右边单击，此时系统会弹出【绘图视图】对话框。

步骤 02 选择【可见区域】类别，【可见区域选项】显示在对话框的右侧。从【视图可见性】下拉列表中选择【破断视图】，显示定义视图区域的选项，如下图所示。

步骤 03 单击➕按钮向视图中添加断点，破断视图表中会出现一行。两条线定义一个断点，这两条线之间的区域将被移除。可以将两个方向置入同一个进程中，包括水平线和垂直线，如下图所示。

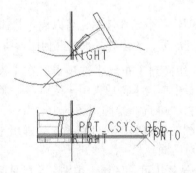

步骤 04 选择几何参考，然后在所需的方向上拖动鼠标指针草绘水平或垂直破断线。需谨慎地选择几何参考，因为第一条破断线开始于选定点。破断线参考在破断视图表中的【第一破断线】下面列出。

步骤 05 选择一个点来定义第二条破断线的放置。草绘直线和选定点之间的距离决定了要从视图中移除多少模型几何。破断线参考在破断视图表中的【第二破断线】下面列出，单击【确定】按钮即可完成破断视图的创建，如下图所示。

> **小提示**
>
> 在首次创建断点时，通过设置绘图设置文件选项 broken_view_offset可以控制偏移距离，默认间距是 1 个绘图单位。要改变间距，可以拖动破断视图的某些子视图或部分，剖面之间的空间就会按比例增大或减小。

步骤 06 从破断视图表中的【破断线线体】列表框中选择一种样式来定义破断线的图形表示形式，可以滚动或调整列表以选择【破断线线体】的类型。

（1）直线。

（2）草绘。

（3）视图轮廓上的 S 曲线。

（4）几何上的 S 曲线。

（5）视图轮廓上的心电图形。

（6）几何上的心电图形。

如果需要，还可以通过单击＋按钮，并重复以上的步骤定义附加断点。

15.3.9 创建辅助视图

在绘制零件的工程图时，时常会碰到这样的零件：它的某些面是非标准的，具有一定的倾斜角度。这个时候，如果采用一般的三维视图，将无法全面地反映整个零件。此时就需要将倾斜面旋转一定的角度，使这个面成为正对的面，以便查看和添加尺寸。以垂直角度向选定曲面或轴投影，选定曲面的方向确定投影通道，父视图中的参考必须垂直于屏幕平面。

> **小提示**
>
> 要想修改辅助视图的属性，可以双击投影视图，或者选择并用鼠标右键单击视图，然后选择快捷菜单中的【属性】选项，以访问【绘图视图】对话框。

步骤 01 切换到【布局】选项卡，在【模型视图】面板中单击【辅助视图】按钮◇。

步骤 02 根据提示选择要从中创建辅助视图的边、轴、基准平面或曲面，父视图的上方会出现一个框代表辅助视图，如下图所示。

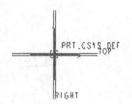

步骤 03 将此框水平或垂直地拖到所需的位置，然后单击放置视图显示辅助视图。

步骤 04 可以使用【绘图视图】对话框中的类别定义绘图视图的其他属性。定义完每个类别后可以单击【应用】按钮，选取下一个适当的类别，完全定义绘图视图后的辅助视图如下图所示。

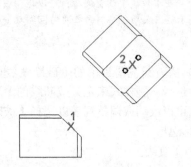

> **小提示**
>
> 在上图中，1为拾取要投影的平面，2为拾取新视图的中心点。

15.4 综合应用——为机械模型创建工程图

本节视频教程时间：3分钟

 本节为机械零件创建主视图、投影视图及轴侧视图，具体操作步骤如下。

步骤 01 选择【文件】➤【新建】菜单命令，在弹出的【新建】对话框中选择【类型】分组框中的【绘图】单选项，输入文件的名称，并取消【使用默认模板】复选项的勾选，然后单击【确定】按钮，如下图所示。

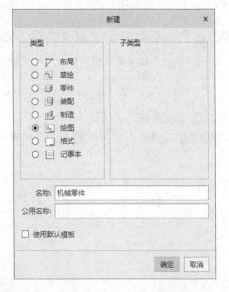

步骤 02 系统弹出【新建绘图】对话框，进行相应设置后单击【确定】按钮即可，如右上图所示。

步骤 03 单击【布局】选项卡➤【模型视图】面板➤【普通视图】按钮，系统弹出【打开】对话框后，选择随书资源中的"素材\CH15\机械零件.prt"文件，然后单击【打开】按钮，如下页图所示。

步骤04 单击指定绘图视图的中心点，系统弹出【绘图视图】对话框，进行相应设置后单击【确定】按钮，如下图所示。

步骤05 主视图创建结果如下图所示。

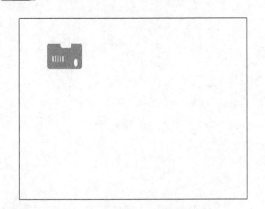

步骤06 单击【布局】选项卡➤【模型视图】面板➤【投影视图】按钮，在主视图的右侧单击指定绘图视图的中心点，结果如右上图所示。

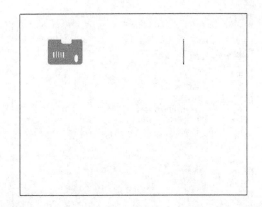

步骤07 继续单击【投影视图】按钮，然后选择投影父视图，如下图所示。

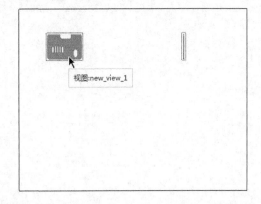

步骤08 在主视图的下方单击指定绘图视图的中心点，结果如下图所示。

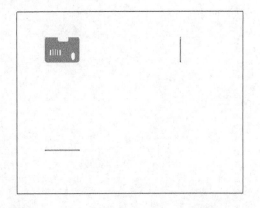

步骤09 单击【布局】选项卡➤【模型视图】面板➤【普通视图】按钮，单击指定绘图视图的中心点，系统弹出【绘图视图】对话框，进行相应设置后单击【确定】按钮，如下页图所示。

步骤⑩ 轴侧视图创建结果如下图所示。

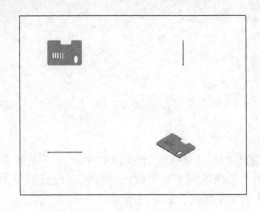

第5篇
实战案例

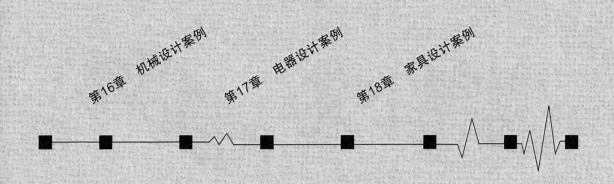

第16章

机械设计案例

学习目标

本章主要讲解机械案例的设计过程，包括叶轮的设计、管件的设计及减速器上箱体的设计等，在设计的过程中应注意Creo Parametric 4.0中各种功能的灵活使用。

学习效果

16.1 叶轮设计

叶轮是装有转动叶片的轮盘，由动叶栅和轮盘组成，它是转子的主要组成部分。

16.1.1 叶轮设计的注意事项

叶轮应用非常广泛，根据应用行业及需求的不同，对其要求也不尽相同。下面以整体叶轮设计中的难点及刀具、刀柄的选择为例，对叶轮设计中的注意事项进行介绍。

1.叶轮的设计难点

（1）整体叶轮形状复杂，其叶片多为非可展扭曲直纹面，在加工上对机床有一定要求。

（2）整体叶轮相邻叶片的空间较小，而且在径向上随着半径的减小，通道越来越窄，加工过程中刀具与相邻叶片之间极易产生干涉。

（3）整体叶轮叶片的厚度较薄，加工过程中极易发生变形。

2.刀具的选择

（1）为了提高时效，应尽量选用大的、带有锥度的球头刀进行叶片的粗加工，并且采用多刃铣刀。

（2）根据不同的工件材料确定加工刀具的材料，并且确定是否需要使用带涂层的刀具。

3.刀柄的选择

由于刀柄的结构形式不同，因此其选择应兼顾技术先进与经济合理。

16.1.2 叶轮的绘制思路

绘制叶轮模型的思路是先以旋转特征创建轮盘的毛坯模型，然后以混合特征创建转动叶片的毛坯模型，并配合阵列特征、倒圆角特征、边倒角特征等逐步对其进行完善。具体绘制思路如下表所示。

序号	绘图方法	结　果	备　注
1	利用旋转特征创建轮盘的毛坯模型		注意旋转特征横截面的绘制
2	利用混合特征创建转动叶片的毛坯模型		注意混合特征横截面的绘制

续表

序号	绘图方法	结　果	备　注
3	利用倒圆角特征、阵列特征对旋转叶片进行完善		注意倒圆角半径的设置
4	利用旋转特征、孔特征、边倒角特征、倒圆角特征对轮盘进行完善		注意旋转特征横截面的绘制

16.1.3　创建旋转特征

本小节为叶轮模型创建旋转特征，创建过程中需要注意截面图形的绘制，具体操作步骤如下。

步骤01 选择【文件】➤【新建】菜单命令，在弹出的【新建】对话框中选择【类型】分组框中的【零件】单选项，在【子类型】分组框中选择【实体】单选项，并输入文件的名称，取消默认的【使用默认模板】复选项的选中状态，然后单击【确定】按钮，如下图所示。

步骤02 在弹出的【新文件选项】对话框中选择【模板】"mmns_part_solid"，然后单击【确定】按钮创建一个新文件，如右上图所示。

步骤03 单击【模型】选项卡➤【基准】面板➤【草绘】按钮，系统弹出【草绘】对话框后，进行如下图所示的相关设置，并单击【草绘】按钮。

步骤 04 系统进入草绘模式后，绘制如下图所示的图元。

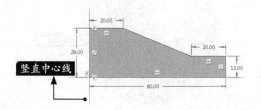

步骤 05 在【草绘】选项卡中单击 ✓ 按钮，在绘图区域的空白位置单击一下，取消对草绘图元的选择，然后单击【模型】选项卡▶【形状】面板▶【旋转】按钮 ⬥，系统弹出【旋转】操控板后，在绘图区域中选择 **步骤 04** 绘制的草绘图元，如下图所示。

步骤 06 在【旋转】操控板中进行如下图所示的设置。

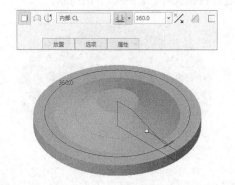

步骤 07 在【旋转】操控板中单击 ✓ 按钮，完成旋转特征的操作，如下图所示。

步骤 08 单击【模型】选项卡▶【工程】面板▶【倒圆角】按钮 ◟，系统弹出【倒圆角】操控板后，在绘图区域中选择如下图所示的边作为需要倒圆角的边，并将圆角半径设置为"15.00"。

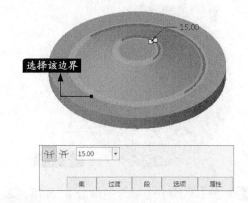

步骤 09 在【倒圆角】操控板中单击 ✓ 按钮，倒圆角特征创建结果如下图所示。

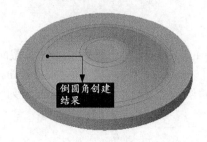

16.1.4 创建混合特征

本小节为叶轮模型创建混合特征，具体操作步骤如下。

步骤 01 单击【模型】选项卡▶【形状】面板▶【混合】按钮 ⬤，系统弹出【混合】操控板后，单击【截面】上滑面板，选择【截面1】，单击【未定义】，然后单击【定义...】按钮，系统弹出【草绘】对话框后，进行如下页图所示的设置。

步骤 02 单击【草绘】按钮，系统进入草绘模式，绘制如下图所示的圆形。

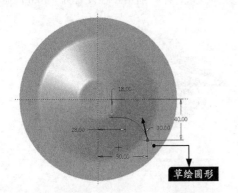

步骤 03 在【草绘】选项卡中单击 ✓ 按钮，返回【混合】操控板，进行如下图所示的设置。

步骤 04 单击【截面】上滑面板，选择【截面2】，单击【未定义】，然后单击【草绘...】按钮，系统进入草绘模式，绘制如右上图所示的图形。

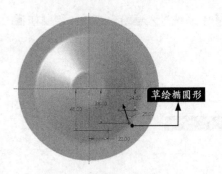

步骤 05 在【草绘】选项卡中单击 ✓ 按钮，返回【混合】操控板，单击【创建薄特征】按钮 □，薄特征宽度指定为"6.00"。绘图区域如下图所示。

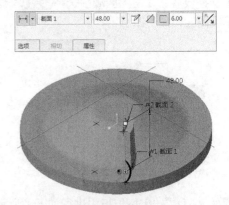

步骤 06 在【混合】操控板中单击 ✓ 按钮，完成混合特征操作。结果如下图所示。

16.1.5 创建倒圆角特征

本小节为叶轮模型创建倒圆角特征，具体操作步骤如下。

步骤 01 单击【模型】选项卡➤【工程】面板➤【倒圆角】按钮，系统弹出【倒圆角】操控板后，在绘图区域中选择如右图所示的两个曲面。

步骤 02 单击【集】将其上滑面板展开，然后选择【完全倒圆角】选项，如下图所示。

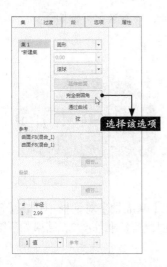

步骤 03 在绘图区域中选择如下图所示的曲面。

步骤 04 在【倒圆角】操控板中单击 ✔ 按钮，倒圆角特征创建结果如下图所示。

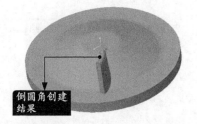

步骤 05 继续进行【倒圆角】的操作，调用【倒圆角】操控板，在绘图区域中配合按钮【Ctrl】键选择如下图所示的边界，并将圆角半径设置为"2.00"。

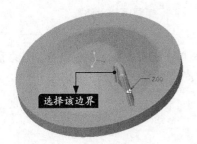

步骤 06 在【倒圆角】操控板中单击 ✔ 按钮，倒圆角特征创建结果如下图所示。

步骤 07 继续进行【倒圆角】的操作，调用【倒圆角】操控板，在绘图区域中选择如下图所示的边界，并将圆角半径设置为"4.00"。

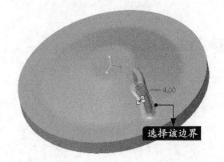

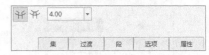

步骤 08 在【倒圆角】操控板中单击 ✔ 按钮，倒圆角特征创建结果如下图所示。

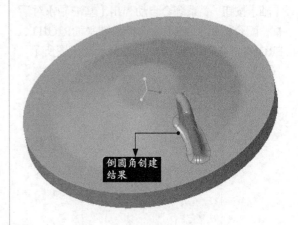

16.1.6 创建阵列特征

本小节为叶轮模型创建阵列特征，创建前先要创建组特征，具体操作步骤如下。

步骤01 在模型树中配合按住【Ctrl】键选择特征【混合1】、【倒圆角2】、【倒圆角3】、【倒圆角4】，并单击【分组】按钮，如下图所示。

步骤02 创建组结果如下图所示。

步骤03 单击【模型】选项卡▶【基准】面板▶【轴】按钮，系统会自动弹出【基准轴】对话框，配合按住【Ctrl】键选择基准平面RIGHT、FRONT，其余采用系统默认设置，如下图所示。

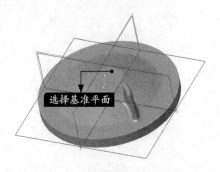

步骤04 在【基准轴】对话框中单击【确定】按钮，将会创建新基准轴A_2，结果如下图所示。

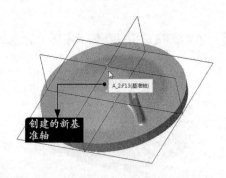

步骤05 在模型树中将新创建的基准轴A_2的位置进行调整，将其移动到组特征的上面，如下图所示。

步骤06 单击下页图所示的组特征，选取后它呈红色并高亮显示。

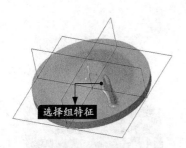

选择组特征

步骤07 单击【模型】选项卡▶【编辑】面板▶
【阵列】按钮，系统弹出【阵列】操控板
后，单击阵列类型下拉列表，选择【轴】选
项，如下图所示。

步骤08 在绘图区域中单击选择A_2基准轴，如
下图所示。

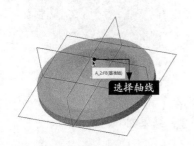

选择轴线

步骤09 进行如下图所示的设置。

步骤10 在【阵列】操控板中单击 ✔ 按钮完成
轴式阵列操作，结果如下图所示。

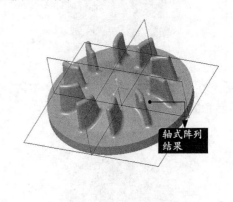

轴式阵列
结果

16.1.7 创建旋转特征及孔特征

本小节为叶轮模型创建旋转特征，具体操作步骤如下。

1.创建旋转特征

步骤01 单击【模型】选项卡▶【基准】面板▶
【草绘】按钮，系统弹出【草绘】对话框
后，进行如下图所示的相关设置，并单击【草
绘】按钮。

步骤02 系统进入草绘模式后，绘制如下图所示
的图元。

竖直中心线

步骤03 在【草绘】选项卡中单击 ✔ 按钮，在
绘图区域的空白位置单击一下，取消对草绘
图元的选择，然后单击【模型】选项卡▶【形
状】面板▶【旋转】按钮，系统弹出【旋
转】操控板后，在绘图区域中选择上一步绘制
的草绘图元，如下页图所示。

步骤 04 在【旋转】操控板中进行如下图所示的设置。

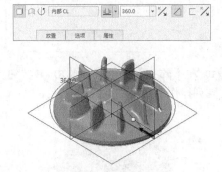

步骤 05 在【旋转】操控板中单击 ✔ 按钮，完成旋转特征的操作，如下图所示。

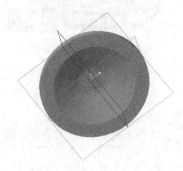

2.创建孔特征

步骤 01 单击【模型】选项卡▶【工程】面板▶【孔】按钮 🗂️，系统进入【孔】操控板后，在绘图区域中选择基准轴A_2，如下图所示。

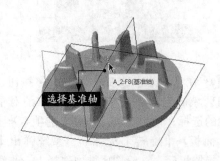

步骤 02 配合按住【Ctrl】键选择如下图所示的

曲面。

步骤 03 在【孔】操控板中进行如下图所示的设置。

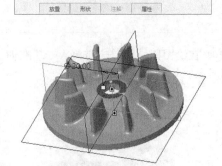

步骤 04 在【孔】操控板中单击 ✔ 按钮完成孔特征创建，结果如下图所示。

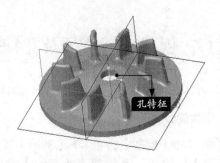

3.创建边倒角特征

步骤 01 单击【模型】选项卡▶【工程】面板▶【边倒角】按钮 🔲，系统弹出【边倒角】操控板后，选择"D×D"方式，并将距离值设置为"2.00"，如下图所示。

步骤 02 在绘图区域中配合按住【Ctrl】键选择

如下图所示的两条边作为需要创建边倒角特征的边。

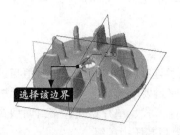

步骤 03 在【边倒角】操控板中单击 ✔ 按钮，边倒角特征创建结果如下图所示。

🍂 4.创建倒圆角特征

步骤 01 单击【模型】选项卡➤【工程】面板➤

【倒圆角】按钮 ◌，系统弹出【倒圆角】操控板后，在绘图区域中配合按住【Ctrl】键选择如下图所示的边作为需要倒圆角的边，并将圆角半径设置为"3.00"。

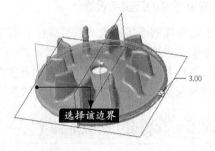

步骤 02 在【倒圆角】操控板中单击 ✔ 按钮，倒圆角特征创建结果如下图所示。

16.2 管件设计

 🕐 本节视频教程时间：40 分钟

管件是管道的组成部分，并且在整个管道系统中起着不可或缺的作用。

16.2.1 管件设计的注意事项

管件在管道系统中起着非常重要的作用，因此管道的设计更加需要规范化、合理化。下面将对管道设计中需要注意的问题进行讲解。

🍂 1.管道工艺设计参数的确定

（1）介质、压力和温度直接决定管道材料的选择、管道的壁厚和安装设计，所以管道的设计压力和设计温度均应按使得管道具有最大壁厚的操作条件组合来确定。

（2）对于液化气体管道，需要考虑环境温度、阳光辐射、加热或冷却等因素，还需要按介质可能达到的最高温度确定管道的设计压力。

● 2.管道材料的选用

管道材料的选用必须依据管道的使用条件（压力、温度、介质）、耐蚀性、经济性、材料的焊接及加工等来综合考虑。

● 3.管道组件的连接与设置

管道组件的连接形式一般有焊接、法兰和螺纹3种。法兰连接和螺纹连接方便管道与设备的安装、维修及更换，而焊接更能够保证密封的可靠性。对于密封要求较高的位置，如果无法避免采用法兰连接及螺纹连接，应严格按照相关规范要求进行法兰型式、垫片型式、密封面型式及螺栓连接件的选择，并且在设计中应注意法兰连接处的外力，提高其压力等级。

16.2.2 管件的绘制思路

绘制管件模型的思路是先以旋转特征创建管件的主体毛坯模型，然后以孔特征、阵列特征、拉伸特征完善管件的主体模型，以扫描特征和拉伸特征创建管件弯臂的毛坯模型，再以扫描特征和拉伸特征为管件创建主体和弯臂的孔特征，并配合倒圆角特征、边倒角特征等逐步对其进行完善。具体绘制思路如下表所示。

序号	绘图方法	结　果	备　注
1	利用旋转特征创建管件主体的毛坯模型		注意创建旋转特征时横截面的绘制
2	利用孔特征和阵列特征为管件创建连接孔特征		注意阵列时轴线的选择
3	利用拉伸特征、阵列特征创建管件的连接孔特征		注意创建拉伸特征时截面的绘制
4	利用扫描特征创建管件弯臂的毛坯模型		注意创建扫描特征时扫描轨迹线的绘制

续表

序号	绘图方法	结　果	备　注
5	利用拉伸特征完善管件弯臂毛坯模型		注意创建拉伸特征时截面的绘制
6	利用扫描特征和拉伸特征为管件创建贯通孔		注意创建扫描特征时扫描轨迹线的绘制
7	利用倒圆角特征和边倒角特征完善管件模型		注意倒圆角半径及边倒角距离的设置

16.2.3　创建旋转特征

本小节为管件模型创建旋转特征，创建过程中需要注意截面图形的绘制，具体操作步骤如下。

步骤01 选择【文件】➤【新建】菜单命令，在弹出的【新建】对话框中选择【类型】分组框中的【零件】单选项，在【子类型】分组框中选择【实体】单选项，并输入文件的名称，取消默认的【使用默认模板】复选项的选中状态，然后单击【确定】按钮，如下图所示。

步骤02 在弹出的【新文件选项】对话框中选择【模板】"mmns_part_solid"，然后单击【确定】按钮创建一个新文件，如下图所示。

步骤03 单击【模型】选项卡➤【基准】面板➤【草绘】按钮✎，系统弹出【草绘】对话框后，进行如下图所示的相关设置，并单击【草

绘】按钮，如下图所示。

步骤 04 系统进入草绘模式，绘制如下图所示的图元。

步骤 05 在【草绘】选项卡中单击 ✔ 按钮，在绘图区域的空白位置单击一下，取消对草绘图元的选择，然后单击【模型】选项卡➤【形状】面板➤【旋转】按钮 ⚬，系统弹出【旋转】操控板后，在绘图区域中选择 **步骤** 04 绘制的草绘图元，如右上图所示。

步骤 06 在【旋转】操控板中进行如下图所示的设置。

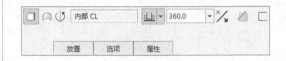

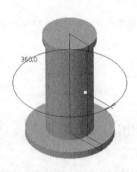

步骤 07 在【旋转】操控板中单击 ✔ 按钮，完成旋转特征的操作，如下图所示。

16.2.4 创建孔特征及阵列特征

本小节为管件模型创建孔特征及阵列特征，创建过程中需要注意孔特征位置的确定，具体操作步骤如下。

步骤 01 单击【模型】选项卡➤【工程】面板➤【孔】按钮 📷，系统进入【孔】操控板后，单击【放置】将其上滑面板展开，然后单击【放置】区域中的【无项】，如下页图所示。

步骤 02 在绘图区域中选择如下图所示的曲面。

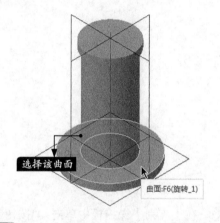

步骤 03 单击【放置】上滑面板中【偏移参考】区域的【单击此处添加项】，如下图所示。

步骤 04 在绘图区域中单击选择基准轴A_1，如右上图所示。

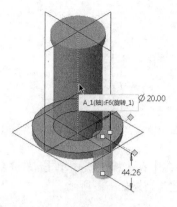

步骤 05 配合按住【Ctrl】键选择基准面FRONT，如下图所示。

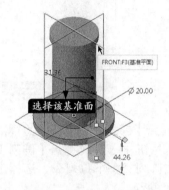

步骤 06 在【放置】上滑面板中将【类型】选择为【直径】，并在【偏移参考】区域中将【直径】设置为"70.00"，【角度】设置为"60.00"，如下图所示。

步骤 07 在【孔】操控板中进行如下图所示的设置。

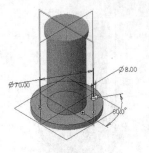

步骤 08 在【孔】操控板中单击 ✓ 按钮完成孔特征创建，结果如下图所示。

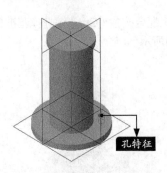

孔特征

步骤 09 单击【模型】选项卡▶【编辑】面板▶【阵列】按钮 ⊞，系统弹出【阵列】操控板后，单击阵列类型下拉列表，选择【轴】选项，如下图所示。

步骤 10 在绘图区域中单击选择A_1基准轴，如下图所示。

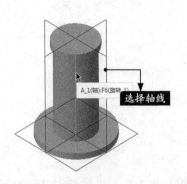

A_1(轴):F6(旋转_1)

选择轴线

步骤 11 进行如下图所示的设置。

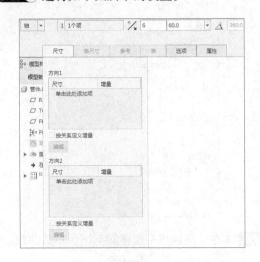

步骤 12 在【阵列】操控板中单击 ✓ 按钮完成轴式阵列操作，结果如下图所示。

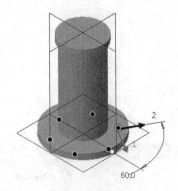

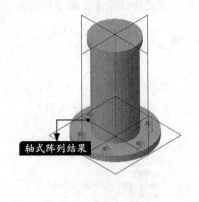

轴式阵列结果

16.2.5 创建拉伸特征（一）

本小节为管件模型创建拉伸特征，创建过程中需要注意拉伸特征截面的绘制，具体操作步骤如下。

步骤 01 单击【模型】选项卡➤【形状】面板➤【拉伸】按钮，系统弹出【拉伸】操控板后，单击【放置】将其上滑面板展开，然后单击【定义...】按钮，如下图所示。

步骤 02 系统弹出【草绘】对话框后，在绘图区域中选择如下左图所示的曲面，其余采用系统默认设置，然后在【草绘】对话框中单击【草绘】按钮，如下右图所示。

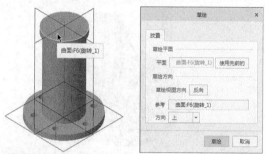

步骤 03 系统进入草绘模式后，绘制如下图所示的草绘剖面。

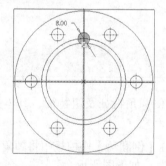

步骤 04 在【草绘】选项卡中单击 ✔ 按钮，系统返回【拉伸】操控板后，进行如下图所示的设置。

步骤 05 在【拉伸】操控板中可以单击 ✕ 按钮适当调整拉伸方向，如右上图所示。

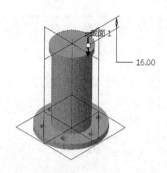

步骤 06 在【拉伸】操控板中单击 ✔ 按钮，完成拉伸操作，如下图所示。

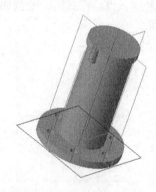

步骤 07 继续进行拉伸特征的创建，调用【拉伸】操控板，单击【放置】将其上滑面板展开，然后单击【定义...】按钮，如下图所示。

步骤 08 系统弹出【草绘】对话框后，在绘图区域中选择如下图所示的曲面，其余采用系统默认设置，然后在【草绘】对话框中单击【草绘】按钮。

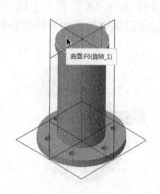

步骤 09 系统进入草绘模式后，绘制如下图所示的草绘剖面。

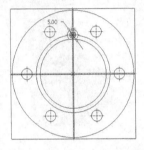

步骤 10 在【草绘】选项卡中单击 ✔ 按钮，系统返回【拉伸】操控板后，进行如下图所示的设置。

步骤 11 在【拉伸】操控板中可以单击 ﹪ 按钮适当调整拉伸方向，如下图所示。

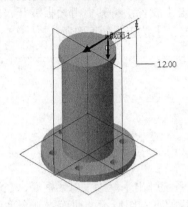

步骤 12 在【拉伸】操控板中单击 ✔ 按钮，完成拉伸操作，如下图所示。

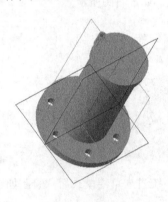

16.2.6 创建阵列特征

本小节为管件模型创建阵列特征，创建之前需要创建倒圆角特征及组特征，具体操作步骤如下。

步骤 01 单击【模型】选项卡➤【工程】面板➤【倒圆角】按钮 ◝，系统弹出【倒圆角】操控板后，在绘图区域中选择如下图所示的边界。

步骤 02 在【倒圆角】操控板中将圆角半径设置为"3.00"，如下图所示。

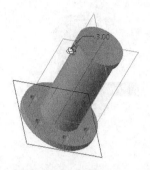

步骤 03 在【倒圆角】操控板中单击 ✔ 按钮，倒圆角特征创建结果如下图所示。

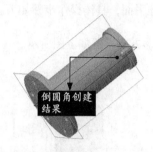

倒圆角创建结果

步骤 04 在模型树中配合按住【Ctrl】键选择特征【拉伸1】、【拉伸2】、【倒圆角1】，并单击【分组】按钮，如下图所示。

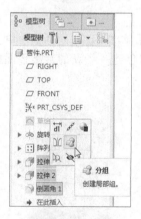

步骤 05 创建组结果如下图所示。

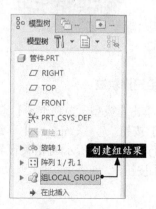

创建组结果

步骤 06 单击【模型】选项卡➤【编辑】面板➤【阵列】按钮 ▦，系统弹出【阵列】操控板后，单击阵列类型下拉列表，选择【轴】选项，如下图所示。

步骤 07 在绘图区域中单击选择A_1基准轴，如下图所示。

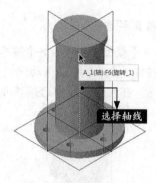

A_1(轴):F6(旋转_1)

选择轴线

步骤 08 进行如下图所示的设置。

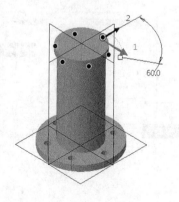

步骤 09 在【阵列】操控板中单击 ✓ 按钮完成轴式阵列操作，结果如右图所示。

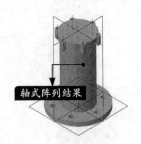

轴式阵列结果

16.2.7 创建扫描特征（一）

本小节为管件模型创建扫描特征，创建之前需要创建基准平面，具体操作步骤如下。

◆ 1.创建基准平面

步骤 01 单击【模型】选项卡➤【基准】面板➤【平面】按钮 ◻，系统会自动弹出【基准平面】对话框，在绘图区域中选择基准平面TOP作为参考，如下图所示。

TOP:F2(基准平面)

选择参考平面

步骤 02 在【基准平面】对话框中将约束条件设置为【偏移】，并将偏移距离设置为"60.00"，如下图所示。

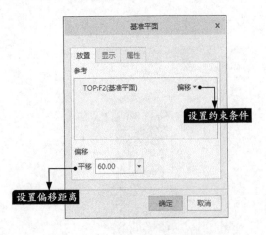

基准平面   ×

放置 显示 属性

参考

TOP:F2(基准平面)   偏移 ▼

设置约束条件

偏移

平移 60.00 ▼

设置偏移距离

确定   取消

步骤 03 偏移方向设置如下图所示。

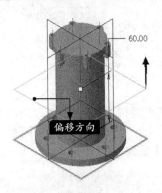

60.00

偏移方向

步骤 04 在【基准平面】对话框中单击【确定】按钮，即可创建一个新的基准平面DTM1，结果如下图所示。

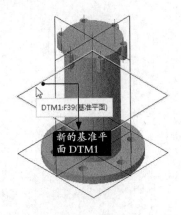

DTM1:F39(基准平面)

新的基准平面 DTM1

◆ 2.草绘扫描轨迹

步骤 01 单击【模型】选项卡➤【基准】面板➤【草绘】按钮 ◠，系统弹出【草绘】对话框后，进行如下页图所示的相关设置，并单击【草绘】按钮。

步骤 02 系统进入草绘模式后, 绘制如下图所示的图元。

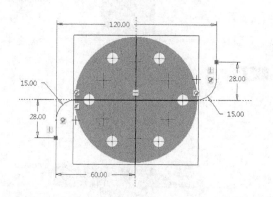

步骤 03 在【草绘】选项卡中单击 ✔ 按钮, 在绘图区域的空白位置单击一下, 取消对草绘图元的选择, 结果如下图所示。

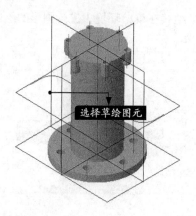

选择草绘图元

● 3.创建扫描特征

步骤 01 单击【模型】选项卡▶【形状】面板▶【扫描】按钮 🌂, 系统弹出【扫描】操控板后, 在绘图区域中选择刚才绘制的曲线作为扫描轨迹, 如右上图所示。

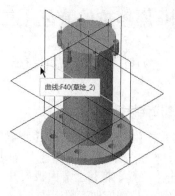

曲线:F40(草绘_2)

步骤 02 在【扫描】操控板中单击 🗹 按钮, 系统进入草绘模式, 绘制如下图所示的圆形。

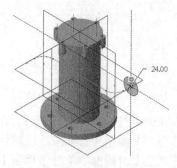

24.00

步骤 03 在【草绘】选项卡中单击 ✔ 按钮, 系统返回【扫描】操控板, 绘图区域如下图所示。

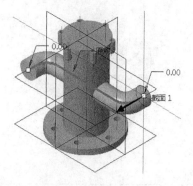

步骤 04 在【扫描】操控板中单击 ✔ 按钮, 完成扫描特征操作, 结果如下图所示。

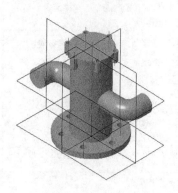

16.2.8 创建拉伸特征（二）

本小节为管件模型创建拉伸特征，创建完成后还需要对其进行特征复制操作，具体操作步骤如下。

● 1.创建拉伸特征

步骤 01 单击【模型】选项卡▶【形状】面板▶【拉伸】按钮 ，系统弹出【拉伸】操控板后，单击【放置】将其上滑面板展开，然后单击【定义...】按钮，如下图所示。

步骤 02 系统弹出【草绘】对话框后，在绘图区域中选择一个曲面，其余采用系统默认设置，然后在【草绘】对话框中单击【草绘】按钮，如下图所示。

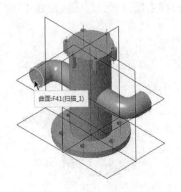

步骤 03 系统进入草绘模式后，绘制如下图所示的圆形，然后将其切换为构造模式。

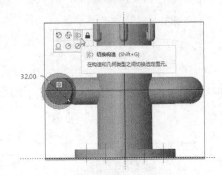

步骤 04 结果如下图所示。

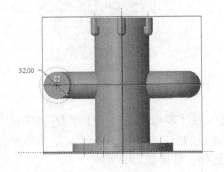

步骤 05 继续在草绘环境中进行圆形的绘制，如下图所示。

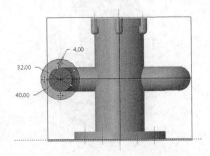

步骤 06 在【草绘】选项卡中单击 按钮，系统返回【拉伸】操控板，进行如下图所示的设置。

步骤 07 在【拉伸】操控板中可以单击 ％ 按钮适当调整拉伸方向，如下图所示。

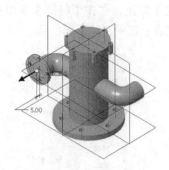

步骤 08 在【拉伸】操控板中单击 ✔ 按钮，完成拉伸操作。

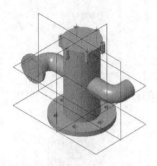

2.特征复制操作

步骤 01 在命令搜索框中输入【继承】并在搜索结果中单击【继承】命令。系统会弹出菜单管理器，依次选择【特征】➤【复制】➤【移动】➤【选择】➤【独立】➤【完成】选项，如下图所示。

步骤 02 系统将弹出【复制特征】菜单管理器和【选择】对话框，如右上图所示。

步骤 03 在绘图区域中选择如下图所示的拉伸特征。

步骤 04 在【复制特征】菜单管理器中单击【完成】选项，系统弹出【移动特征】菜单管理器后，选择【旋转】选项，并在【一般选择方向】菜单中选择【曲线/边/轴】选项，如下图所示。

步骤 05 在绘图区域中选择基准轴A_1，如下图所示。

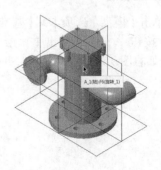

步骤 06 在系统弹出的【方向】菜单中选择【反向】选项，在绘图区域中也可以对箭头方向进行适当的调整，如下图所示。

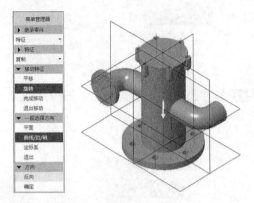

步骤 07 在【方向】菜单中选择【确定】选项，系统弹出【输入旋转角度】输入框，输入"180"，然后单击 ✔ 按钮，如下图所示。

步骤 08 在【移动特征】菜单管理器中选择【完成移动】选项，系统将弹出【组元素】对话框和【组可变尺寸】菜单管理器，如下图所示。

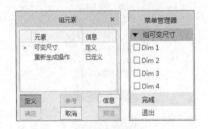

步骤 09 在【组可变尺寸】菜单管理器中单击【完成】选项，然后在【组元素】对话框中单击【确定】按钮，并在【特征】菜单管理器中单击【完成】选项，如下图所示。

步骤 10 拉伸特征复制结果如下图所示。

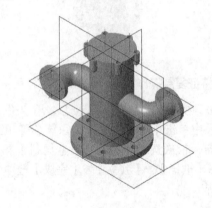

16.2.9 创建扫描特征（二）

本小节为管件模型创建扫描特征，创建之前需要草绘扫描轨迹，具体操作步骤如下。

● 1.草绘扫描轨迹

步骤 01 单击【模型】选项卡▶【基准】面板▶【草绘】按钮 ，系统弹出【草绘】对话框后，进行如右图所示的相关设置，并单击【草绘】按钮。

步骤 02 系统进入草绘模式后，绘制如下图所示的图元。

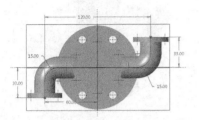

步骤 03 在【草绘】选项卡中单击 ✓ 按钮，在绘图区域的空白位置单击一下，取消对草绘图元的选择，结果如下图所示。

选择草绘图元

2.创建扫描特征

步骤 01 单击【模型】选项卡▶【形状】面板▶【扫描】按钮 🗔，系统弹出【扫描】操控板后，在绘图区域中选择如下图所示的曲线作为扫描轨迹。

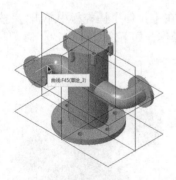

曲线:F45(草绘_3)

步骤 02 在【扫描】操控板中单击 ☑ 按钮，系统进入草绘模式后，绘制如下图所示的圆形。

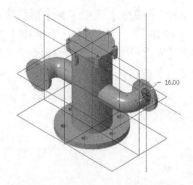

16.00

步骤 03 在【草绘】选项卡中单击 ✓ 按钮，系统返回【扫描】操控板，进行如下图所示的设置。

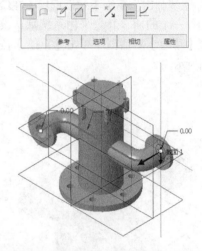

| | 参考 | 选项 | 相切 | 属性 |

步骤 04 在【扫描】操控板中单击 ✓ 按钮，完成创建扫描特征操作，结果如下图所示。

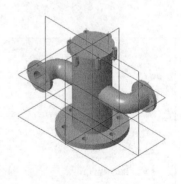

16.2.10 创建拉伸特征（三）

本小节为管件模型创建拉伸特征，创建完成后还要为其创建倒圆角特征及边倒角特征，具体操作步骤如下。

1.创建拉伸特征

步骤 01 单击【模型】选项卡▶【形状】面板▶【拉伸】按钮，系统弹出【拉伸】操控板后，单击【放置】将其上滑面板展开，然后单击【定义...】按钮，如下图所示。

步骤 02 系统弹出【草绘】对话框后，在绘图区域中选择一个曲面，其余采用系统默认设置，然后在【草绘】对话框中单击【草绘】按钮，如下图所示。

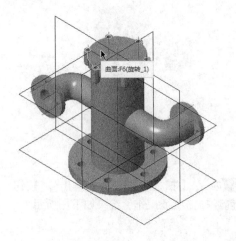

步骤 03 系统进入草绘模式后，绘制如右上图所示的圆形。

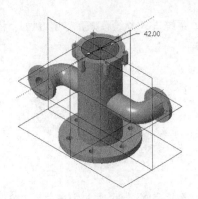

步骤 04 在【草绘】选项卡中单击 ✔ 按钮，系统返回【拉伸】操控板，进行如下图所示的设置。

步骤 05 在【拉伸】操控板中可以单击 ⅍ 按钮适当调整拉伸方向，如下图所示。

步骤 06 在【拉伸】操控板中单击 ✔ 按钮，完成拉伸操作，如下图所示。

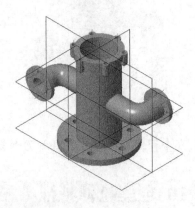

2.创建倒圆角特征

步骤 01 单击【模型】选项卡▶【工程】面板▶

【倒圆角】按钮 ，系统弹出【倒圆角】操控板后，在绘图区域中配合按住【Ctrl】键选择如下图所示的边作为需要倒圆角的边，并将圆角半径设置为"4.00"。

板后，选择"D×D"方式，并将距离值设置为"2.00"，如下图所示。

选择该边界

4.00

步骤02 在绘图区域中配合按住【Ctrl】键选择如下图所示的6条边作为需要创建边倒角特征的边。

步骤02 在【倒圆角】操控板中单击 ✔ 按钮，倒圆角特征创建结果如下图所示。

2.00

选择该边界

倒圆角创建结果

步骤03 在【边倒角】操控板中单击 ✔ 按钮，边倒角特征创建结果如下图所示。

边倒角创建结果

3.创建边倒角特征

步骤01 单击【模型】选项卡▶【工程】面板▶【边倒角】按钮 ，系统弹出【边倒角】操控

16.3 减速器上箱体设计

🔹 本节视频教程时间：69 分钟

减速器箱体属箱体类零件，主要起支撑和连接的作用。

16.3.1 减速器箱体设计的注意事项

　　箱体的主要功能是包容各种传动零件（例如轴承、齿轮等），使它们能够保持正常的运动关系及运动精度，在进行箱体类零件设计时通常需要注意以下几点。

1.设计图纸准确

设计图纸必须保证准确、清晰，尺寸及公差需要标注到位。

2.焊接之前的检查工作

焊接之前必须严格检查每一个零件的几何尺寸和外观质量是否符合设计图纸的要求，对不符合要求的零件不能进行装配组焊。

3.焊接件标准

焊接件必须按相关标准执行，例如JB/T 5000.3—1998。

4.焊缝应探伤检查

轴承座与各钢板间的焊缝应探伤检查，使其符合相关规定，例如GB 11345、GB 3323、GB/T 6064等。

5.焊后处理

焊后退火消除焊接应力，喷丸处理。

16.3.2 减速器上箱体的绘制思路

绘制减速器上箱体模型的思路是先以拉伸特征和倒圆角特征创建减速器上箱体的坯体及连接板模型，然后综合利用拉伸特征、镜像特征、倒圆角特征创建吊耳、轴承座、加强筋、凸台、内腔模型，接下来为减速器上箱体创建各类孔特征，再利用拉伸特征创建衬垫槽模型。具体绘制思路如下表所示。

序号	绘图方法	结　果	备　注
1	利用拉伸特征和倒圆角特征创建减速器上箱体的坯体及连接板模型		注意拉伸特征横截面的绘制
2	利用拉伸特征创建减速器上箱体的吊耳及轴承座模型		注意拉伸特征横截面的绘制
3	利用拉伸特征、镜像特征创建减速器上箱体的加强筋特征		注意基准平面的创建

续表

序号	绘图方法	结　果	备　注
4	利用拉伸特征、倒圆角特征创建减速器上箱体的凸台及内腔模型		注意拉伸特征横截面的绘制
5	利用拉伸特征、倒圆角特征、孔特征、阵列特征为减速器上箱体创建各类孔特征，并利用倒圆角特征、边倒角特征为减速器上箱创建各类倒角特征		注意各类孔特征的创建
6	利用拉伸特征为减速器上箱体创建衬垫槽模型		注意拉伸特征横截面的绘制

16.3.3　创建坯体及连接板

　　本小节为减速器上箱体创建坯体及连接板，创建过程中主要会应用到拉伸特征和倒圆角特征，具体操作步骤如下。

● 1.创建坯体

步骤01 选择【文件】➤【新建】菜单命令，在弹出的【新建】对话框中选择【类型】分组框中的【零件】单选项，在【子类型】分组框中选择【实体】单选项，并输入文件的名称，取消默认的【使用默认模板】复选项的选中状态，然后单击【确定】按钮，如下图所示。

步骤02 在弹出的【新文件选项】对话框中选择【模板】"mmns_part_solid"，然后单击【确定】按钮创建一个新文件，如下图所示。

步骤03 单击【模型】选项卡➤【形状】面板➤【拉伸】按钮，系统弹出【拉伸】操控板后，单击【放置】将其上滑面板展开，然后单击【定义...】按钮，如下页图所示。

步骤 04 系统弹出【草绘】对话框后，选择基准平面FRONT，其余采用系统默认设置，然后在【草绘】对话框中单击【草绘】按钮，如下图所示。

步骤 05 系统进入草绘模式后，绘制如下图所示的图形。

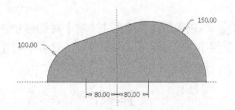

步骤 06 在【草绘】选项卡中单击 ✔ 按钮，系统返回【拉伸】操控板，进行如下图所示的设置。

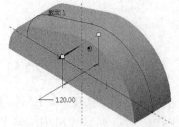

步骤 07 在【拉伸】操控板中单击 ✔ 按钮，完成拉伸操作，如右上图所示。

◐ 2.创建连接板

步骤 01 单击【模型】选项卡▶【形状】面板▶【拉伸】按钮 ，系统弹出【拉伸】操控板后，单击【放置】将其上滑面板展开，然后单击【定义...】按钮，如下图所示。

步骤 02 系统弹出【草绘】对话框后，选择基准平面TOP，其余采用系统默认设置，然后在【草绘】对话框中单击【草绘】按钮，如下图所示。

步骤 03 系统进入草绘模式后，绘制如下图所示的图形。

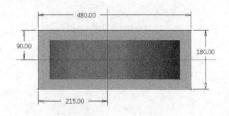

步骤 04 在草绘选项卡中单击 ✔ 按钮，系统返回【拉伸】操控板，进行如下图所示的设置。

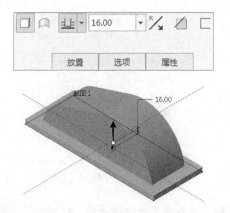

步骤 05 在【拉伸】操控板中单击 ✔ 按钮，完成拉伸操作，如下图所示。

步骤 06 单击【模型】选项卡➤【工程】面板➤【倒圆角】按钮 🔧，系统弹出【倒圆角】操控板，在绘图区域中配合【Ctrl】键选择如下图所示的边作为需要倒圆角的边，并将圆角半径设置为"40"。

步骤 07 在【倒圆角】操控板中单击 ✔ 按钮，倒圆角特征创建结果如下图所示。

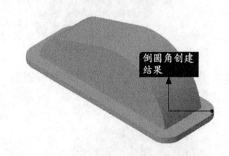

16.3.4 创建吊耳及轴承座

本小节为减速器上箱体创建吊耳及轴承座，创建过程中主要会应用到对称拉伸特征，具体操作步骤如下。

🌑 1.创建吊耳

步骤 01 单击【模型】选项卡➤【形状】面板➤【拉伸】按钮 🗗，系统弹出【拉伸】操控板后，单击【放置】将其上滑面板展开，然后单击【定义...】按钮，如下图所示。

步骤 02 系统弹出【草绘】对话框后，选择基准平面FRONT，其余采用系统默认设置，然后在【草绘】对话框中单击【草绘】按钮，如下图所示。

步骤 03 系统进入草绘模式后，绘制如下页图所示的图形。

步骤 04 在【草绘】选项卡中单击 ✔ 按钮，系统返回【拉伸】操控板，进行如下图所示的设置。

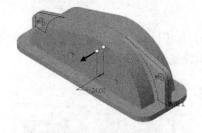

步骤 05 在【拉伸】操控板中单击 ✔ 按钮，完成拉伸操作，如下图所示。

● 2.创建轴承座

步骤 01 单击【模型】选项卡➤【形状】面板➤【拉伸】按钮 ，系统弹出【拉伸】操控板后，单击【放置】将其上滑面板展开，然后单击【定义...】按钮，如下图所示。

步骤 02 系统弹出【草绘】对话框后，选择基准平面FRONT，其余采用系统默认设置，然后在

【草绘】对话框中单击【草绘】按钮，如下图所示。

步骤 03 系统进入草绘模式后，绘制如下图所示的图形。

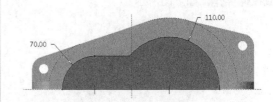

步骤 04 在【草绘】选项卡中单击 ✔ 按钮，系统返回【拉伸】操控板，进行如下图所示的设置。

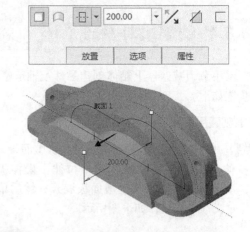

步骤 05 在【拉伸】操控板中单击 ✔ 按钮，完成拉伸操作，如下图所示。

16.3.5 创建加强筋

本小节为减速器上箱体创建加强筋，创建过程中主要会应用到筋特征和镜像特征，具体操作步骤如下。

1.创建基准平面

步骤01 单击【模型】选项卡➤【基准】面板➤【平面】按钮 ⟋ ，系统会自动弹出【基准平面】对话框，在绘图区域中选择基准平面RIGHT作为参考，如下图所示。

步骤02 在【基准平面】对话框中将约束条件设置为【偏移】，并将偏移距离设置为"80.00"，如下图所示。

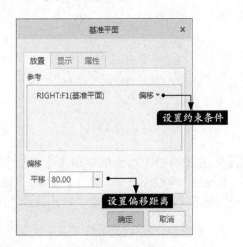

步骤03 偏移方向设置如下图所示。

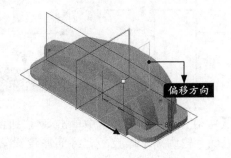

步骤04 在【基准平面】对话框中单击【确定】按钮，即可创建一个新的基准平面DTM1，结果如下图所示。

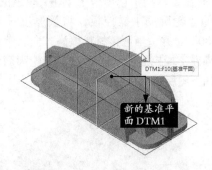

2.创建加强筋-1

步骤01 单击【模型】选项卡➤【工程】面板➤【筋】按钮右侧的下拉三角箭头，选择【轮廓筋】方式，系统将进入【轮廓筋】操控板。

步骤02 单击【参考】将其上滑面板展开，然后单击【草绘】区域中的【定义...】按钮，系统弹出【草绘】对话框后，选择【DTM1：F9（基准平面）】作为草绘平面，其余采用系统默认设置，如下图所示。

步骤03 在【草绘】对话框中单击【草绘】按钮，系统进入草绘环境后，单击【线链】按钮，并分别指定线链的起点和终点，如下页图所示。

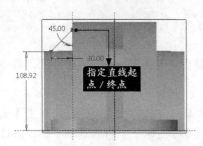

步骤04 在【草绘】选项卡中单击 ✔ 按钮，系统返回【轮廓筋】操控板，将筋厚度设置为"10.00"，并适当调整材料填满方向，然后在【轮廓筋】操控板中单击 ✔ 按钮，轮廓筋创建结果如下图所示。

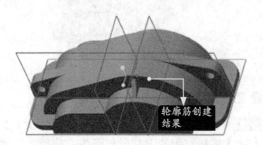

3.创建基准平面

步骤01 单击【模型】选项卡➤【基准】面板➤【平面】按钮 ⊘，系统会自动弹出【基准平面】对话框，在绘图区域中选择基准平面RIGHT作为参考。

步骤02 在【基准平面】对话框中将约束条件设置为【偏移】，并将偏移距离设置为"－80.00"，如下图所示。

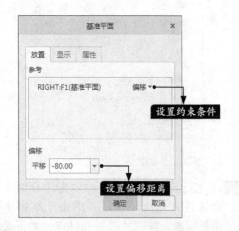

步骤03 在【基准平面】对话框中单击【确定】按钮，即可创建一个新的基准平面DTM2，结

果如下图所示。

4.创建加强筋-2

步骤01 单击【模型】选项卡➤【工程】面板➤【筋】按钮右侧的下拉三角箭头，选择【轮廓筋】方式，系统将进入【轮廓筋】操控板。

步骤02 单击【参考】将其上滑面板展开，然后单击【草绘】区域中的【定义...】按钮，系统弹出【草绘】对话框后，选择【DTM2：F11（基准平面）】作为草绘平面，其余采用系统默认设置，如下图所示。

步骤03 在【草绘】对话框中单击【草绘】按钮，系统进入草绘环境后，单击【线链】按钮，并分别指定线链的起点和终点，如下图所示。

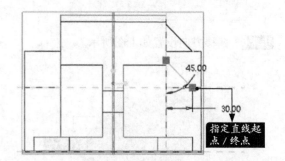

步骤04 在【草绘】选项卡中单击 ✔ 按钮，系统返回【轮廓筋】操控板，将筋厚度设置为

"10.00"，并适当调整材料填满方向，然后在【轮廓筋】操控板中单击 ✔ 按钮，轮廓筋创建结果如下图所示。

● 5.镜像筋特征

步骤01 选择上面创建的两个筋特征，然后单击【模型】选项卡➤【编辑】面板➤【镜像】按钮 ⅅⅅ，系统弹出【镜像】操控板后。在绘图区

域中选择基准平面FRONT作为镜像平面。

步骤02 在【镜像】操控板中单击 ✔ 按钮完成镜像操作，结果如下图所示。

16.3.6 创建凸台及内腔

本小节为减速器上箱体创建凸台及内腔，创建过程中主要会应用到拉伸特征和倒圆角特征，具体操作步骤如下。

● 1.创建凸台

步骤01 单击【模型】选项卡➤【形状】面板➤【拉伸】按钮 🔲，系统弹出【拉伸】操控板后，单击【放置】将其上滑面板展开，然后单击【定义...】按钮，如下图所示。

步骤02 系统弹出【草绘】对话框后，选择基准平面FRONT，其余采用系统默认设置，然后在【草绘】对话框中单击【草绘】按钮，如下图所示。

步骤03 系统进入草绘模式后，绘制如下图所示的图形。

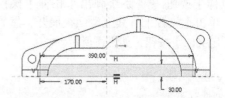

步骤04 在【草绘】选项卡中单击 ✔ 按钮，系统返回【拉伸】操控板后，进行如下图所示的设置。

步骤05 在【拉伸】操控板中单击 ✔ 按钮，完成拉伸操作，如下图所示。

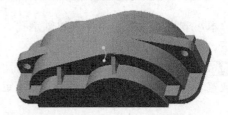

步骤 06 单击【模型】选项卡▶【工程】面板▶【倒圆角】按钮，系统弹出【倒圆角】操控板后，在绘图区域中配合按住【Ctrl】键选择如下图所示的边作为需要倒圆角的边，并将圆角半径设置为"10.00"。

选择该边界

步骤 07 在【倒圆角】操控板中单击 ✔ 按钮，倒圆角特征创建结果如下图所示。

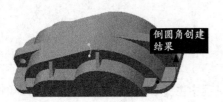

倒圆角创建结果

⬤ 2.创建内腔

步骤 01 单击【模型】选项卡▶【形状】面板▶【拉伸】按钮，系统弹出【拉伸】操控板后，单击【放置】将其上滑面板展开，然后单击【定义...】按钮，如下图所示。

步骤 02 系统弹出【草绘】对话框后，选择基准平面FRONT，其余采用系统默认设置，然后在【草绘】对话框中单击【草绘】按钮，如右上图所示。

步骤 03 系统进入草绘模式后，绘制如下图所示的图形。

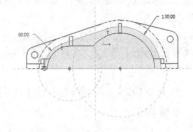

步骤 04 在【草绘】选项卡中单击 ✔ 按钮，系统返回【拉伸】操控板，进行如下图所示的设置。

步骤 05 在【拉伸】操控板中单击 ✔ 按钮，完成拉伸操作，如下图所示。

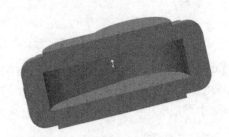

16.3.7 创建轴承孔

本小节为减速器上箱体创建轴承孔，创建过程中主要会应用到拉伸特征，具体操作步骤如下。

步骤 01 单击【模型】选项卡▶【形状】面板▶【拉伸】按钮，系统弹出【拉伸】操控板，单击【放置】将其上滑面板展开，然后单击【定义...】按钮，如下页图所示。

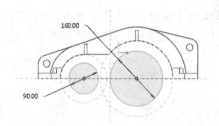

步骤 02 系统弹出【草绘】对话框后，选择基准平面FRONT，其余采用系统默认设置，然后在【草绘】对话框中单击【草绘】按钮，如下图所示。

步骤 04 在【草绘】选项卡中单击 ✔ 按钮，系统返回【拉伸】操控板，进行如下图所示的设置。

步骤 05 在【拉伸】操控板中单击 ✔ 按钮，完成拉伸操作，如下图所示。

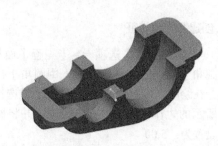

步骤 03 系统进入草绘模式后，绘制如右上图所示的图形。

16.3.8 创建观察孔

本小节为减速器上箱体创建观察孔，创建过程中主要会应用到拉伸特征、倒圆角特征、孔特征、阵列特征，具体操作步骤如下。

● 1.创建拉伸特征

步骤 01 单击【模型】选项卡➤【形状】面板➤【拉伸】按钮 🔲，系统弹出【拉伸】操控板后，单击【放置】将其上滑面板展开，然后单击【定义...】按钮，如下图所示。

步骤 03 系统进入草绘模式后，绘制如下图所示的图形。

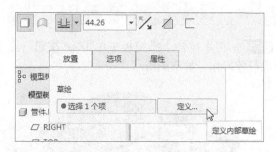

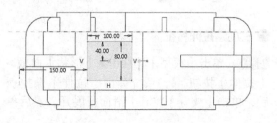

步骤 02 系统弹出【草绘】对话框后，选择如右上图所示的曲面作为草绘平面。

步骤04 在【草绘】选项卡中单击 ✔ 按钮，系统返回【拉伸】操控板，进行如下图所示的设置。

步骤05 在【拉伸】操控板中单击 ✔ 按钮，完成拉伸操作，如下图所示。

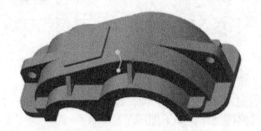

● 2.创建倒圆角特征

步骤01 单击【模型】选项卡➤【工程】面板➤【倒圆角】按钮 ◥，系统弹出【倒圆角】操控板后，在绘图区域中配合按住【Ctrl】键选择如下图所示的边作为需要倒圆角的边，并将圆角半径设置为"5.00"。

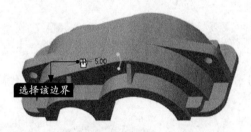

选择该边界

步骤02 在【倒圆角】操控板中单击 ✔ 按钮，倒圆角特征创建结果如下图所示。

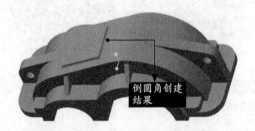

倒圆角创建结果

● 3.创建拉伸特征

步骤01 单击【模型】选项卡➤【形状】面板➤【拉伸】按钮 ◢，系统弹出【拉伸】操控板后，单击【放置】将其上滑面板展开，然后单击【定义...】按钮，如下图所示。

步骤02 系统弹出【草绘】对话框后，单击【使用先前的】按钮，如下图所示。

步骤03 系统进入草绘模式后，绘制如下图所示的图形。

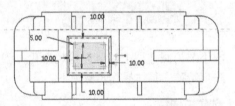

步骤04 在【草绘】选项卡中单击 ✔ 按钮，系统返回【拉伸】操控板，进行如下图所示的设置。

步骤05 在【拉伸】操控板中单击 ✔ 按钮，完成拉伸操作，如下图所示。

● 4.创建孔特征

步骤01 单击【模型】选项卡▶【工程】面板▶【孔】按钮，系统进入【孔】操控板后，展开【放置】上滑面板，可以发现【放置】中出现了【无项】的提示，如下图所示。

步骤02 在绘图区域中选择如下图所示的曲面作为孔特征的放置平面，如下图所示。

步骤03 设置次参考。单击【偏移参考】中的【单击此处添加项】，接着选择如下图所示的边线，并将其偏移值分别设置为"8.00"和"6.00"。

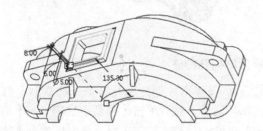

步骤04 单击【孔】控操板上的【创建标准孔】按钮和【添加沉头孔】按钮。接着将标准螺纹孔类型设置为"ISO"，螺纹尺寸设置为"M6×1"，钻孔深度值设置为"15.00"。然后单击【形状】标签，在展开的【形状】面板中设置孔特征的形状参数，如右上图所示。

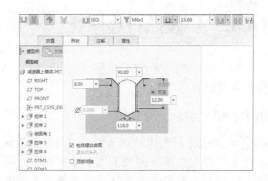

步骤05 在【孔】操控板中单击 ✔ 按钮完成孔特征创建，结果如下图所示。

● 5.创建阵列特征

步骤01 选择刚才创建的孔特征，选取后呈红色高亮显示，然后单击【模型】选项卡▶【编辑】面板▶【阵列】按钮，系统弹出【阵列】操控板，如下图所示。

步骤02 在绘图区域中选择尺寸"8"作为第一方向的阵列尺寸，接着在弹出的【尺寸增量】文本框中输入"84.00"，然后在操控板上输入第一方向的阵列数量为"2"。

步骤03 单击激活【阵列】操控板上的"第二方向的阵列尺寸"收集器。接着在图形显示区中选择尺寸"6"作为第二方向的阵列尺寸，同时在弹出的【尺寸增量】文本框中输入"68.00"。然后在选项卡上输入第二方向的阵列数量为"2"。

步骤04 在【阵列】操控板中单击 ✔ 按钮，完成单向阵列复制。结果如下图所示。

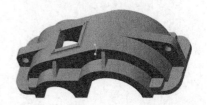

16.3.9 创建凸台连接孔

本小节为减速器上箱体创建凸台连接孔，创建过程中主要会应用到孔特征、阵列特征，具体操作步骤如下。

● 1.创建孔特征

步骤 01 单击【模型】选项卡➤【工程】面板➤【孔】按钮，系统进入【孔】操控板后，展开【放置】上滑面板，可以发现【放置】中出现了【无项】的提示，如下图所示。

步骤 02 在绘图区域中选择如下图所示的曲面作为孔特征的放置平面。

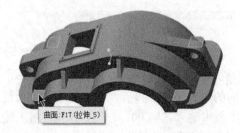

曲面:F17(拉伸_5)

步骤 03 设置次参考。单击【偏移参考】中的【单击此处添加项】，接着按住【Ctrl】键在工作窗口中选择基准面FRONT和基准面RIGHT作为偏移参考，同时将偏移距离分别设置为"80.00"和"160.00"，如下图所示。

步骤 04 单击【孔】控操板上的【创建标准孔】按钮和【添加沉孔】按钮。接着将标准螺纹孔类型设置为"ISO"，螺纹尺寸设置为"M6×0.75"，钻孔深度值设置为"穿透"。然后单击【形状】标签，在展开的【形状】面板中设置孔特征的形状参数，如下图所示。

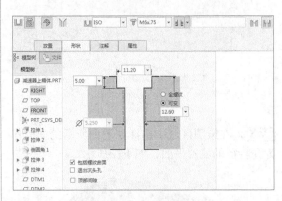

步骤 05 在【孔】操控板中单击 ✔ 按钮完成孔特征创建，结果如下图所示。

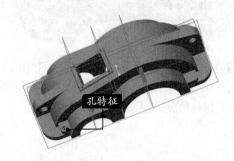

孔特征

● 2.阵列孔特征

步骤 01 选择刚才创建的孔特征，选取后呈红色高亮显示，然后单击【模型】选项卡➤【编辑】面板➤【阵列】按钮，系统将弹出【阵列】操控板，如下图所示。

步骤 02 在绘图区域中选择线性尺寸"80"作为第一方向的阵列尺寸，接着在弹出的【尺寸增

量】文本框中输入"－160.00"，然后在操控板上输入第一方向的阵列数量为"2"。

步骤03 单击激活【阵列】操控板上的"第二方向的阵列尺寸"收集器。接着在绘图区域中选择线性尺寸"160"作为第二方向的阵列尺寸，同时在弹出的【尺寸增量】文本框中输入"－370.00"。然后在操控板上输入第二方向的阵列数量为"2"。

步骤04 在【阵列】操控板中单击 ✓ 按钮，完成单向阵列复制。结果如下图所示。

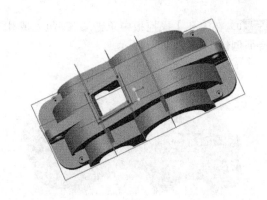

16.3.10 创建连接板螺栓孔

本小节为减速器上箱体创建连接板螺栓孔，创建过程中主要会应用到孔特征、阵列特征，具体操作步骤如下。

● 1.创建孔特征

步骤01 单击【模型】选项卡➤【工程】面板➤【孔】按钮，系统进入【孔】操控板，然后展开【放置】上滑面板，可以发现【放置】中出现了【无项】的提示，如下图所示。

步骤02 在绘图区域中选择如下图所示的曲面作为孔特征的放置平面。

步骤03 设置次参考。单击【偏移参考】中的【单击此处添加项】，接着按住【Ctrl】键在

工作窗口中选择基准面FRONT和基准面RIGHT作为偏移参考，同时将偏移距离分别设置为"50.00"和"200.00"，如下图所示。

步骤04 单击【孔】控操板上的【创建标准孔】按钮 和【添加沉孔】按钮。接着将标准螺纹孔类型设置为"ISO"，螺纹尺寸设置为"M10×0.75"，钻孔深度值设置为【穿透】。然后单击【形状】标签，在展开的【形状】面板中设置孔特征的形状参数，如下图所示。

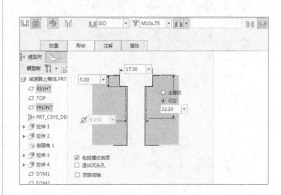

步骤 05 在【孔】操控板中单击 ✔ 按钮完成孔特征创建，结果如下图所示。

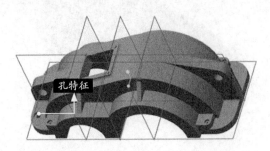

孔特征

2.阵列孔特征

步骤 01 选择刚才创建的孔特征，选取后呈红色高亮显示，然后单击【模型】选项卡▶【编辑】面板▶【阵列】按钮 ▦，系统弹出【阵列】操控板，如下图所示。

步骤 02 在绘图区域中选择线性尺寸"50"作为第一方向的阵列尺寸，接着在弹出的【尺寸增量】文本框中输入"−100.00"，然后在操控板上输入第一方向的阵列数量为"2"。

步骤 03 单击激活【阵列】操控板上的"第二方向的阵列尺寸"收集器。接着在绘图区域中选择线性尺寸"200"作为第二方向的阵列尺寸，同时在弹出的【尺寸增量】文本框中输入"−450.00"。然后在操控板上输入第二方向的阵列数量为"2"。

步骤 04 在【阵列】操控板中单击 ✔ 按钮，完成单向阵列复制。结果如下图所示。

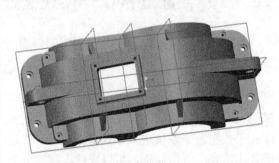

16.3.11 创建销钉孔

本小节为减速器上箱体创建销钉孔，创建过程中主要会应用到孔特征、阵列特征，具体操作步骤如下。

1.创建孔特征

步骤 01 单击【模型】选项卡▶【工程】面板▶【孔】按钮 ⬚，系统进入【孔】操控板后，展开【放置】上滑面板，可以发现【放置】中出现了【无项】的提示，如下图所示。

步骤 02 在绘图区域中选择如下图所示的曲面作为孔特征的放置平面。

曲面:F6(拉伸_2)

步骤 03 设置次参考。单击【偏移参考】中的【单击此处添加项】，接着按住【Ctrl】键在工作窗口中选择基准面FRONT和基准面RIGHT作为偏移参考，同时将偏移距离分别设置为"70.00"和"190.00"，如下页图所示。

步骤 04 在【孔】控操板上将孔直径设置为"10.00"，深度设置为【穿透】 ﹦ ，然后单击 ✓ 按钮完成孔特征创建。

2.阵列孔特征

步骤 01 选择刚才创建的孔特征，选取后呈红色高亮显示，然后单击【模型】选项卡➤【编辑】面板➤【阵列】按钮 ⊞ ，系统将弹出【阵列】操控板，如下图所示。

步骤 02 按住【Ctrl】键在绘图区域中选择线性尺寸"70"和"190"作为第一方向的阵列尺寸。接着单击操控板上的【尺寸】，在其上滑面板中设置尺寸"70"的增量为"−140.00"、尺寸"190"的增量为"−430.00"，然后在操控板上输入第一方向的阵列数量为"2"，如下图所示。

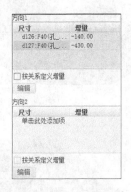

步骤 03 在【阵列】操控板中单击 ✓ 按钮，完成单向阵列复制。结果如下图所示。

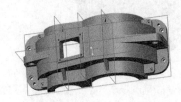

3.创建倒圆角特征

步骤 01 单击【模型】选项卡➤【工程】面板➤【倒圆角】按钮 ，系统弹出【倒圆角】操控板，在绘图区域中配合按住【Ctrl】键选择如下图所示的边作为需要倒圆角的边，并将圆角半径设置为"4.00"。

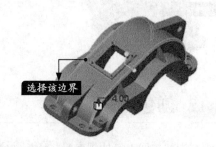

步骤 02 在【倒圆角】操控板中单击 ✓ 按钮，倒圆角特征创建结果如下图所示。

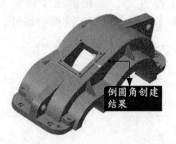

步骤 03 继续对其他位置进行相同倒圆角操作，结果如下图所示。

4.创建边倒角特征

步骤 01 单击【模型】选项卡➤【工程】面板➤【边倒角】按钮 ，系统弹出【边倒角】操控板后，选择"D×D"方式，并将距离值设置为"1.00"，如下图所示。

步骤 02 在绘图区域中配合按住【Ctrl】键选择如下图所示的边界作为需要创建边倒角特征的边。

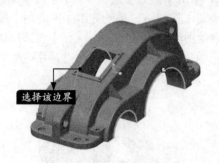

选择该边界

步骤 03 在【边倒角】操控板中单击 ✔ 按钮，边倒角特征创建结果如下图所示。

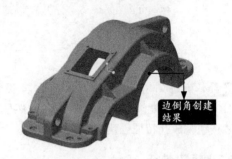

边倒角创建结果

16.3.12 创建衬垫槽

本小节为减速器上箱体创建衬垫槽，创建过程中主要会应用到拉伸特征，具体操作步骤如下。

步骤 01 单击【模型】选项卡➤【形状】面板➤【拉伸】按钮，系统弹出【拉伸】操控板后，单击【放置】将其上滑面板展开，然后单击【定义...】按钮，如下图所示。

步骤 02 系统弹出【草绘】对话框后，选择如下图所示的曲面作为草绘平面。

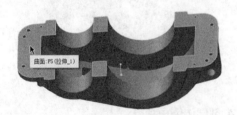

曲面:F5(拉伸_1)

步骤 03 系统进入草绘模式后，绘制如下图所示的图形。

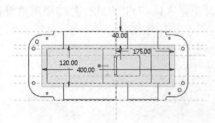

步骤 04 在【草绘】选项卡中单击 ✔ 按钮，系统返回【拉伸】操控板，进行如下图所示的设置。

步骤 05 在【拉伸】操控板中单击 ✔ 按钮，完成拉伸操作，如下图所示。

第17章

电器设计案例

学习目标

本章主要讲解电器案例的设计过程，包括相机的设计、路由器的设计及墙壁暗装开关的设计等。该类电器产品在实际生活中应用都比较广泛。

学习效果

17.1 相机设计

🌐 本节视频教程时间：44分钟

数码相机是一种利用电子传感器把光学影像转换成电子数据的照相机。

17.1.1 相机设计的注意事项

对于摄影爱好者，相机是非常熟悉的工具。在相机的设计和生产过程中有很多问题需要注意，下面将对部分需要注意的事项进行讲解。

🖉 1.安全问题

安全问题是重中之重，例如在相机前盖进行熔接时需要用到熔接机，而熔接机的温度是非常高的。为了安全起见，应尽量避免两个人同时操作，以免因两个人工作不协调出现事故。

🖉 2.同步问题

数码相机的生产过程往往都是一对一的，为了防止工作的疏漏，应尽量选择两个事务同步进行，以比对的方法及时发现问题。

🖉 3.相机良/劣品的正确处理

数码相机一般采用生产线批量生产，需要对相机的良品和劣品进行及时、有效的区分，以免后期劣品相机流入市场带来不必要的麻烦。

17.1.2 相机的绘制思路

绘制相机模型的思路是先以拉伸特征、偏移特征创建相机的机身模型，以旋转特征、拉伸特征创建相机的镜头模型，以拉伸特征创建相机的按键、取景器、显示屏、挂钩模型，再以倒圆角特征对相机模型进行完善操作。具体绘制思路如下表所示。

序号	绘图方法	结　果	备　注
1	利用拉伸特征、偏移特征创建相机机身模型		注意拉伸特征横截面的创建

续表

序号	绘图方法	结　果	备　注
2	利用旋转特征、拉伸特征创建相机镜头模型		注意旋转特征横截面的创建
3	利用拉伸特征创建相机按键、取景器、显示屏、挂钩模型		注意拉伸特征横截面的创建
4	利用倒圆角特征完善相机模型		注意倒圆角半径的设置

17.1.3　创建相机机身

本小节创建相机机身，创建过程中主要会应用到拉伸特征、偏移特征，具体操作步骤如下。

● 1.创建相机外壳

步骤 01 选择【文件】➤【新建】菜单命令，在弹出的【新建】对话框中选择【类型】分组框中的【零件】单选项，在【子类型】分组框中选择【实体】单选项，并输入文件的名称，取消默认的【使用默认模板】复选项的选中状态，然后单击【确定】按钮，如右图所示。

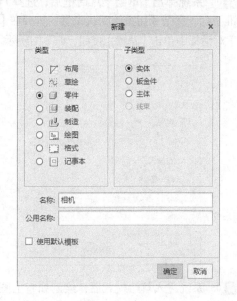

步骤 02 在弹出的【新文件选项】对话框中选择【模板】"mmns_part_solid"，然后单击【确定】按钮创建一个新文件，如下图所示。

步骤 03 单击【模型】选项卡▶【形状】面板▶【拉伸】按钮，系统弹出【拉伸】操控板后，单击【放置】将其上滑面板展开，然后单击【定义...】按钮，如下图所示。

步骤 04 系统弹出【草绘】对话框后，选择TOP基准平面，其余采用系统默认设置，然后在【草绘】对话框中单击【草绘】按钮，如下图所示。

步骤 05 系统进入草绘模式后，绘制如右上图所

示的草绘剖面。

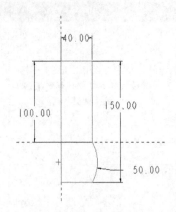

步骤 06 在【草绘】选项卡中单击 ✔ 按钮，系统返回【拉伸】操控板，进行如下图所示的设置。

步骤 07 在【拉伸】操控板中可以单击 ⅍ 按钮适当调整拉伸方向，如下图所示。

步骤 08 在【拉伸】操控板中单击 ✔ 按钮，完成拉伸操作，结果如下图所示。

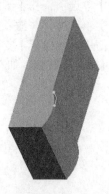

步骤 09 单击【模型】选项卡▶【基准】面板▶

【平面】按钮▱，系统会自动弹出【基准平面】对话框，在绘图区域中选择基准平面RIGHT作为参考。

步骤⑩ 在【基准平面】对话框中将约束条件设置为【偏移】，并将偏移距离设置为"48"，如下图所示。

步骤⑪ 在【基准平面】对话框中单击【确定】按钮，即可创建一个新的基准平面，结果如下图所示。

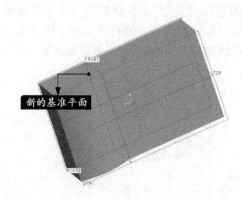

步骤⑫ 按住【Ctrl】键选择机身的弧形外表面，单击【模型】选项卡➤【编辑】面板➤【偏移】按钮，系统弹出【偏移】操控板后，选择【具有拔模特征】偏移方式，如下图所示。

步骤⑬ 单击【参考】将其上滑面板展开，单击草绘旁边的【定义...】按钮，如右上图所示。

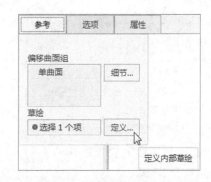

步骤⑭ 系统弹出【草绘】对话框后，选择上面偏移出来的DTM1基准平面作为草绘平面，进入草绘环境绘制一个矩形，如下图所示。

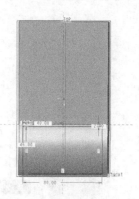

步骤⑮ 在【草绘】选项卡中单击✓按钮，系统返回【偏移】操控板，将偏移值设置为"6.00"，然后单击✓按钮，创建结果如下图所示。

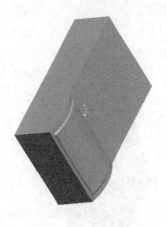

2.创建防滑孔

步骤① 单击【模型】选项卡➤【基准】面板➤【草绘】按钮∿，系统弹出【草绘】对话框后，进行如下页图所示的相关设置，并单击【草绘】按钮。

步骤 02 系统进入草绘模式后，绘制如下图所示的直线图元。

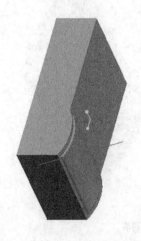

直线图元

步骤 03 在【草绘】选项卡中单击✔按钮，结果如下图所示。

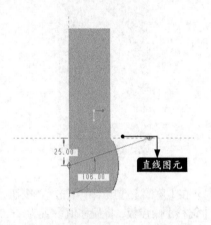

步骤 04 单击【模型】选项卡➤【基准】面板➤【点】按钮✕✕，系统弹出【基准点】对话框后，在上图的基准线端点处创建一个基准点，如右上图所示。

步骤 05 单击【模型】选项卡➤【基准】面板➤【平面】按钮▱，系统会自动弹出【基准平面】对话框，生成一个穿过机身侧边线且垂直于基准线的基准平面DTM2，如下图所示。

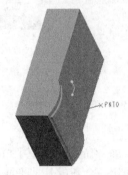

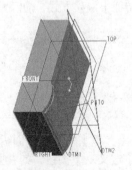

步骤 06 再次进行基准平面的创建，调用【基准平面】对话框，选择上面创建的DTM2基准平面，进行如下图所示的相关设置，生成基准平面DTM3。

步骤 07 单击【模型】选项卡▶【形状】面板▶【拉伸】按钮，系统弹出【拉伸】操控板后，单击【放置】将其上滑面板展开，然后单击【定义...】按钮，如下图所示。

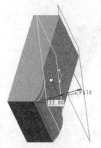

步骤 08 系统弹出【草绘】对话框后，选择DTM3基准平面，接受系统的默认设置，使用TOP平面作为参考平面，然后单击【草绘】按钮，如下图所示。

步骤 09 系统进入草绘模式后，绘制一个相机机身上防滑孔的基本图形，如下图所示。

步骤 10 在【草绘】选项卡中单击✔按钮，系统返回【拉伸】操控板，进行如下图所示的设置。

步骤 11 在【拉伸】操控板中可以单击%按钮适当调整拉伸方向，如下图所示。

步骤 12 在【拉伸】操控板中单击✔按钮，完成拉伸操作，结果如下图所示。

17.1.4 创建相机镜头

本小节为相机创建镜头，创建过程中主要会用到旋转特征、拉伸特征，具体操作步骤如下。

步骤01 单击【模型】选项卡➤【形状】面板➤【旋转】按钮✦，系统弹出【旋转】操控板后，单击【放置】将其上滑面板展开，然后单击【定义...】，如下图所示。

步骤02 系统弹出【草绘】对话框后，选择【TOP：F2（基准平面）】为草绘平面，使用相机机身的前平面（曲面F5）作为参考平面，然后单击【草绘】按钮，如下图所示。

步骤03 系统进入草绘模式后，绘制旋转的基本图形，注意这里需要绘制一条水平中心线作为旋转轴，如下图所示。

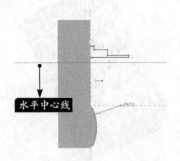

步骤04 在【旋转】操控板中进行如右上图所示

的设置。

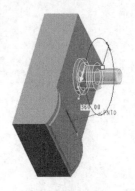

步骤05 在【旋转】操控板中单击 ✔ 按钮，完成旋转特征的操作，结果如下图所示。

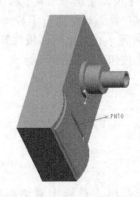

步骤06 单击【模型】选项卡➤【形状】面板➤【拉伸】按钮，系统弹出【拉伸】操控板后，单击【放置】将其上滑面板展开，然后单击【定义...】按钮，如下图所示。

步骤 07 系统弹出【草绘】对话框后，选择相机机身的前平面（曲面F5）作为草绘平面，使用FRONT平面作为参考平面，然后单击【草绘】按钮，如下图所示。

步骤 08 系统进入草绘环境后，绘制一个相机机身上闪光镜的基本图形，如下图所示。

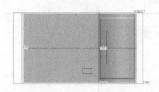

步骤 09 在【草绘】选项卡中单击 ✓ 按钮，系统返回【拉伸】操控板，进行如下图所示的设置。

步骤 10 在【拉伸】操控板中可以单击 ✕ 按钮适当调整拉伸方向，如下图所示。

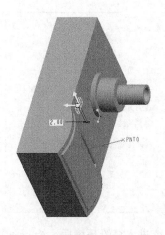

步骤 11 在【拉伸】操控板中单击 ✓ 按钮，完成拉伸操作，结果如下图所示。

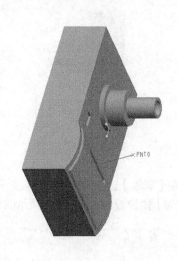

17.1.5 创建相机按键

本小节为相机创建按键，创建过程中主要会用到拉伸特征，具体操作步骤如下。

步骤 01 单击【模型】选项卡▶【形状】面板▶【拉伸】按钮，系统弹出【拉伸】操控板后，单击【放置】将其上滑面板展开，然后单击【定义...】按钮，如右图所示。

步骤 02 系统弹出【草绘】对话框后，选择相机机身的侧平面（曲面F5）作为草绘平面，使用

RIGHT平面作为参考平面，然后单击【草绘】按钮，如下图所示。

步骤 03 系统进入草绘环境后，绘制一个相机按键底板的基本图形，结果如下图所示。

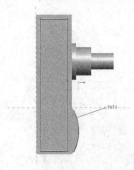

步骤 04 在【草绘】选项卡中单击 ✔ 按钮，系统返回【拉伸】操控板，进行如下图所示的设置。

步骤 05 在【拉伸】操控板中可以单击 ％ 按钮适当调整拉伸方向，如下图所示。

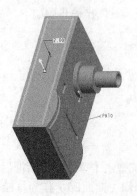

步骤 06 在【拉伸】操控板中单击 ✔ 按钮，完成拉伸操作，结果如下图所示。

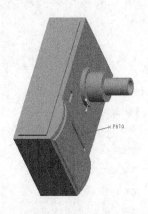

步骤 07 单击【模型】选项卡▶【形状】面板▶【拉伸】按钮 ，系统弹出【拉伸】操控板后，单击【放置】将其上滑面板展开，然后单击【定义...】按钮，如下图所示。

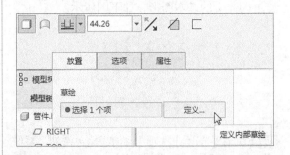

步骤 08 系统弹出【草绘】对话框后，选择相机机身的侧平面（曲面F15）作为草绘平面，使用RIGHT平面作为参考平面，然后单击【草绘】按钮，如下图所示。

步骤 09 系统进入草绘环境后，绘制一个相机按键的基本图形，结果如下页图所示。

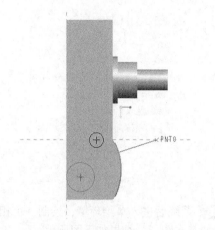

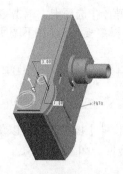

步骤⑫ 在【拉伸】操控板中单击 ✔ 按钮，完成拉伸操作，结果如下图所示。

步骤⑩ 在【草绘】选项卡中单击 ✔ 按钮，系统返回【拉伸】操控板，进行如下图所示的设置。

步骤⑪ 在【拉伸】操控板中可以单击 ⅍ 按钮适当调整拉伸方向，如右上图所示。

17.1.6 创建相机取景器和显示屏

本小节为相机创建取景器和显示屏，创建过程中主要会应用到拉伸特征，具体操作步骤如下。

步骤①1 单击【模型】选项卡▶【形状】面板▶【拉伸】按钮 ，系统弹出【拉伸】操控板后，单击【放置】将其上滑面板展开，然后单击【定义...】按钮，如下图所示。

步骤①2 系统弹出【草绘】对话框后，选择相机机身的后平面（曲面F5）作为草绘平面，使用系统默认平面作为参考平面，然后单击【草绘】按钮，如右上图所示。

步骤①3 系统进入草绘环境，绘制一个相机取景器的基本图形，结果如下图所示。

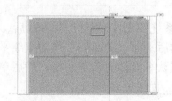

步骤 04 在【草绘】选项卡中单击 ✔ 按钮，系统返回【拉伸】操控板，进行如下图所示的设置。

步骤 05 在【拉伸】操控板中可以单击 ⅍ 按钮适当调整拉伸方向，如下图所示。

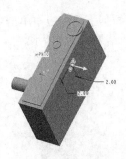

步骤 06 在【拉伸】操控板中单击 ✔ 按钮，完成拉伸操作，结果如下图所示。

步骤 07 单击【模型】选项卡▶【形状】面板▶【拉伸】按钮 🗐，系统弹出【拉伸】操控板后，单击【放置】将其上滑面板展开，然后单击【定义...】按钮，如下图所示。

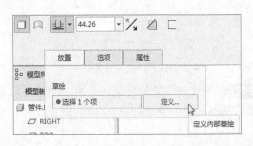

步骤 08 系统弹出【草绘】对话框后，选择相机机身的后平面（曲面F5）作为草绘平面，使用系统默认平面作为参考平面，然后单击【草绘】按钮，如右上图所示。

步骤 09 系统后进入草绘环境，绘制一个相机显示屏的基本图形，结果如下图所示。

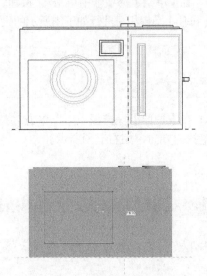

步骤 10 在【草绘】选项卡中单击 ✔ 按钮，系统返回【拉伸】操控板，进行如下图所示的设置。

步骤 11 在【拉伸】操控板中可以单击 ⅍ 按钮适当调整拉伸方向，如下图所示。

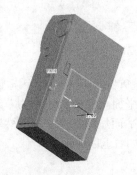

步骤 12 在【拉伸】操控板中单击 ✔ 按钮，完成拉伸操作，结果如右图所示。

17.1.7 创建相机挂钩

本小节为相机创建挂钩，创建过程中主要会应用到拉伸特征，具体操作步骤如下。

步骤 01 单击【模型】选项卡➤【形状】面板➤【拉伸】按钮 ，系统弹出【拉伸】操控板后，单击【放置】将其上滑面板展开，然后单击【定义...】按钮，如下图所示。

步骤 02 系统弹出【草绘】对话框后，选择基准平面TOP作为草绘平面，其余采用系统默认设置，然后单击【草绘】按钮，如下图所示。

步骤 03 系统进入草绘环境后，绘制一个相机挂孔的基本图形，结果如下图所示。

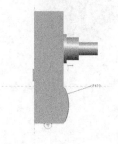

步骤 04 在【草绘】选项卡中单击 ✔ 按钮，系统返回【拉伸】操控板，进行如下图所示的设置。

步骤 05 在【拉伸】操控板中可以单击 ％ 按钮适当调整拉伸方向，如下图所示。

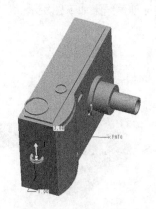

步骤 06 在【拉伸】操控板中单击 ✔ 按钮，完成拉伸操作，结果如下图所示。

17.1.8 创建倒圆角特征

本小节为相机创建倒圆角特征，以完善相机模型，具体操作步骤如下。

步骤 01 单击【模型】选项卡➤【工程】面板➤【倒圆角】按钮，系统弹出【倒圆角】操控板后，在绘图区域中配合按住【Ctrl】键选择如下图所示的边作为需要倒圆角的边，并将圆角半径设置为"6.00"。

选择该边界

步骤 02 在【倒圆角】操控板中单击 ✔ 按钮，倒圆角特征创建结果如下图所示。

倒圆角创建结果

步骤 04 相机创建结果如下图所示。

步骤 03 对其他位置进行类似的倒圆角操作，如下图所示。

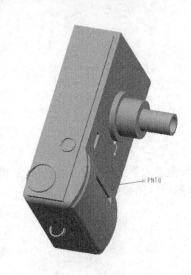

17.2 路由器设计

⊛ **本节视频教程时间：46分钟**

路由器在家庭中应用非常普遍，更是时刻影响着人们的生活。

17.2.1 路由器配置的注意事项

下面将对路由器设置问题及日常使用问题进行讲解。

● 1.路由器设置问题

对于一台新购买的路由器而言，需要进行正确配置才可以正常使用。不同品牌的路由器配置方法并不完全一致，却也大同小异，重点是将宽带运营商提供的账号和密码存储至路由器系统之中。而对于功能多样的路由器而言，用户也可以根据自身需求对其进行有选择的配置，例如可以通过有效配置控制上网时间等。

● 2.路由器日常使用问题

日常使用中，最常见的问题便是路由器的摆放问题。同样一款路由器在同样的环境中，摆放位置不同，其发挥的性能也不同。路由器的无线信号对于障碍物比较敏感，尤其是金属障碍物。应该尽量将路由器放置在一个相对空旷的位置，避免障碍物对其信号的阻挡，同时也应当注意周围磁场对路由器性能的影响。

17.2.2 路由器的绘制思路

绘制路由器模型的思路是先以拉伸特征、倒圆角特征创建路由器机身模型，利用拉伸特征、扫描特征、阵列特征创建路由器各类接口模型，再利用拉伸特征、倒圆角特征、阵列特征创建路由器天线模型。具体绘制思路如下表所示。

序号	绘图方法	结　果	备　注
1	利用拉伸特征、倒圆角特征创建机身模型		注意拉伸特征横截面的绘制
2	利用拉伸特征、扫描特征、阵列特征创建各类接口模型		注意扫描特征扫描轨迹的绘制

序号	绘图方法	结　　果	备　　注
3	利用拉伸特征、倒圆角特征、阵列特征创建天线模型	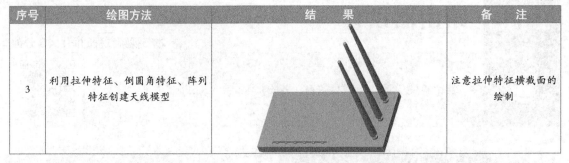	注意拉伸特征横截面的绘制

17.2.3　创建路由器机身

本小节创建路由器的机身，创建过程中会应用到拉伸特征、倒圆角特征，具体操作步骤如下。

● 1.创建机身毛坯（拉伸特征-1）

步骤01 选择【文件】➤【新建】菜单命令，在弹出的【新建】对话框中选择【类型】分组框中的【零件】单选项，在【子类型】分组框中选择【实体】单选项，并输入文件的名称，取消默认的【使用默认模板】复选项的选中状态，然后单击【确定】按钮，如下图所示。

步骤02 在弹出的【新文件选项】对话框中选择【模板】"mmns_part_solid"，然后单击【确定】按钮创建一个新文件，如右上图所示。

步骤03 单击【模型】选项卡➤【形状】面板➤【拉伸】按钮，系统弹出【拉伸】操控板后，单击【放置】将其上滑面板展开，然后单击【定义...】按钮，如下图所示。

步骤04 系统弹出【草绘】对话框后，在绘图区域中选择基准面TOP作为草绘平面，其余采用系统默认设置，然后在【草绘】对话框中单击【草绘】按钮，如下页图所示。

步骤 05 系统进入草绘模式后，绘制如下图所示的草绘剖面。

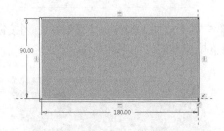

步骤 06 在【草绘】选项卡中单击 ✔ 按钮，系统返回【拉伸】操控板，进行如下图所示的设置。

步骤 07 在【拉伸】操控板中可以单击 ⅍ 按钮适当调整拉伸方向，如下图所示。

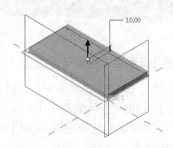

步骤 08 在【拉伸】操控板中单击 ✔ 按钮，完成拉伸操作，结果如下图所示。

2.创建机身毛坯（拉伸特征-2）

步骤 01 继续进行拉伸特征的创建，调用【拉伸】操控板，单击【放置】将其上滑面板展开，然后单击【定义...】按钮，如下图所示。

步骤 02 系统弹出【草绘】对话框后，在绘图区域中选择如下图所示的曲面，其余采用系统默认设置，然后在【草绘】对话框中单击【草绘】按钮。

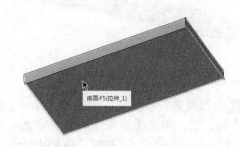

步骤 03 系统进入草绘模式后，绘制如下图所示的草绘剖面。

步骤 04 在【草绘】选项卡中单击 ✔ 按钮，系统返回【拉伸】操控板，进行如下图所示的设置。

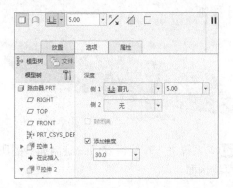

步骤 05 在【拉伸】操控板中可以单击 ⚒ 按钮适当调整拉伸方向，如下图所示。

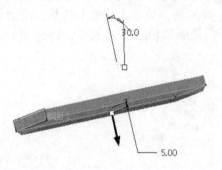

步骤 06 在【拉伸】操控板中单击 ✔ 按钮，完成拉伸操作，如下图所示。

3.创建机身毛坯（拉伸特征-3）

步骤 01 继续进行拉伸特征的创建，调用【拉伸】操控板，单击【放置】将其上滑面板展开，然后单击【定义...】按钮，如下图所示。

步骤 02 系统弹出【草绘】对话框后，在绘图区域中选择如下图所示的曲面，其余采用系统默认设置，然后在【草绘】对话框中单击【草绘】按钮。

步骤 03 系统进入草绘模式后，绘制如下图所示的草绘剖面。

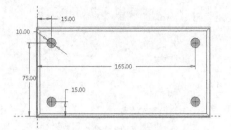

步骤 04 在【草绘】选项卡中单击 ✔ 按钮，系统返回【拉伸】操控板，进行如下图所示的设置。

步骤 05 在【拉伸】操控板中可以单击 ⚒ 按钮适当调整拉伸方向，如下图所示。

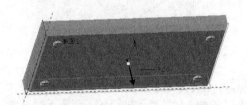

步骤 06 在【拉伸】操控板中单击 ✔ 按钮，完成拉伸操作，结果如下图所示。

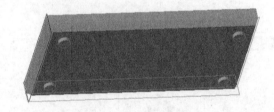

4.创建机身毛坯（倒圆角特征）

步骤 01 单击【模型】选项卡▶【工程】面板▶【倒圆角】按钮 ◥，系统弹出【倒圆角】操控板后，在绘图区域中配合按住【Ctrl】键选择如下图所示的边界。

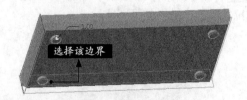

步骤 02 在【倒圆角】操控板中将圆角半径设置为"1.00"，如下页图所示。

步骤 03 在【倒圆角】操控板中单击 ✔ 按钮，倒圆角特征创建结果如下图所示。

倒圆角创建结果

● 5.创建指标灯（拉伸特征-1）

步骤 01 单击【模型】选项卡▶【形状】面板▶【拉伸】按钮 🔧，系统弹出【拉伸】操控板后，单击【放置】将其上滑面板展开，然后单击【定义...】按钮，如下图所示。

步骤 02 系统弹出【草绘】对话框后，在绘图区域中选择如下图所示的曲面作为草绘平面，其余采用系统默认设置，然后在【草绘】对话框中单击【草绘】按钮。

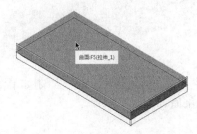

曲面:F5(拉伸_1)

步骤 03 系统进入草绘模式后，绘制如下图所示的草绘剖面。

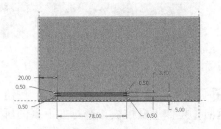

20.00
0.50
0.50
0.50
78.00
0.50
5.00
3.50

步骤 04 在【草绘】选项卡中单击 ✔ 按钮，系统返回【拉伸】操控板，进行如下图所示的设置。

步骤 05 在【拉伸】操控板中可以单击 % 按钮适当调整拉伸方向，如下图所示。

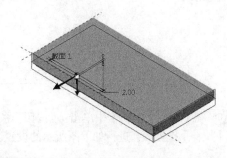

截面 1
2.00

步骤 06 在【拉伸】操控板中单击 ✔ 按钮，完成拉伸操作，结果如下图所示。

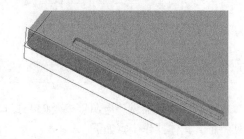

● 6.创建指标灯（拉伸特征-2）

步骤 01 继续进行拉伸特征的创建，调用【拉伸】操控板，单击【放置】将其上滑面板展开，然后单击【定义...】按钮，如下图所示。

步骤 02 系统弹出【草绘】对话框，在绘图区域中选择如下页图所示的曲面，其余采用系统默认设置，然后在【草绘】对话框中单击【草绘】按钮。

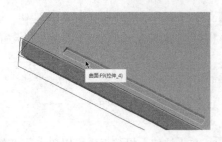

步骤 03 系统进入草绘模式后，绘制如下图所示的草绘剖面。

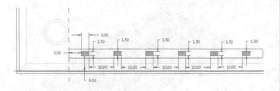

步骤 04 在【草绘】选项卡中单击 ✔ 按钮，系统返回【拉伸】操控板，进行如下图所示的设置。

17.2.4 创建各类接口

本小节为路由器创建电源接口及RJ45接口，创建过程中主要会应用到拉伸特征、扫描特征、阵列特征，具体操作步骤如下。

1.创建电源接口

步骤 01 单击【模型】选项卡▶【形状】面板▶【拉伸】按钮，系统弹出【拉伸】操控板后，单击【放置】将其上滑面板展开，然后单击【定义…】按钮，如下图所示。

步骤 02 系统弹出【草绘】对话框后，在绘图区域中选择如下图所示的曲面作为草绘平面，其余采用系统默认设置，然后在【草绘】对话框中单击【草绘】按钮。

步骤 05 在【拉伸】操控板中可以单击 ✗ 按钮适当调整拉伸方向，如下图所示。

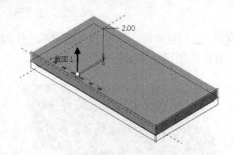

步骤 06 在【拉伸】操控板中单击 ✔ 按钮，完成拉伸操作，结果如下图所示。

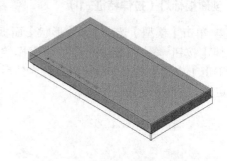

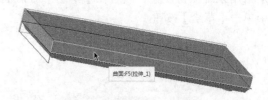

步骤 03 系统进入草绘模式后，绘制如下图所示的草绘剖面。

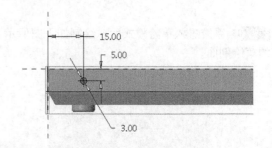

步骤 04 在【草绘】选项卡中单击 ✔ 按钮，系统返回【拉伸】操控板，进行如下页图所示的

设置。

步骤05 在【拉伸】操控板中可以单击 ⅍ 按钮适当调整拉伸方向，如下图所示。

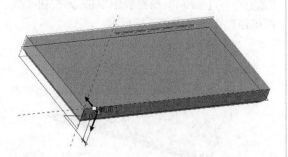

步骤06 在【拉伸】操控板中单击 ✓ 按钮，完成拉伸操作，结果如下图所示。

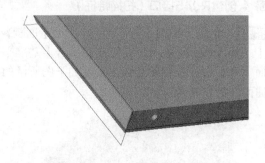

2.创建复位接口

步骤01 单击【模型】选项卡▶【形状】面板▶【拉伸】按钮 🗗，系统弹出【拉伸】操控板后，单击【放置】将其上滑面板展开，然后单击【定义...】按钮，如下图所示。

步骤02 系统弹出【草绘】对话框后，在绘图区域中选择如右上图所示的曲面作为草绘平面，其余采用系统默认设置，然后在【草绘】对话框中单击【草绘】按钮。

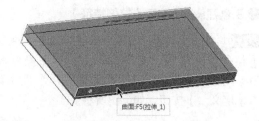

曲面:F5(拉伸_1)

步骤03 系统进入草绘模式后，绘制如下图所示的草绘剖面。

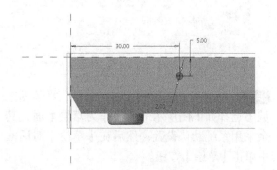

步骤04 在【草绘】选项卡中单击 ✓ 按钮，系统返回【拉伸】操控板，进行如下图所示的设置。

步骤05 在【拉伸】操控板中可以单击 ⅍ 按钮适当调整拉伸方向，如下图所示。

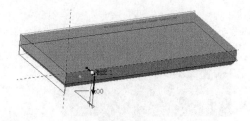

步骤06 在【拉伸】操控板中单击 ✓ 按钮，完成拉伸操作，结果如下图所示。

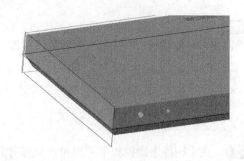

3.创建RJ45接口（拉伸特征）

步骤01 单击【模型】选项卡➤【形状】面板➤【拉伸】按钮，系统弹出【拉伸】操控板后，单击【放置】将其上滑面板展开，然后单击【定义...】按钮，如下图所示。

步骤02 系统弹出【草绘】对话框后，在绘图区域中选择如下图所示的曲面作为草绘平面，其余采用系统默认设置，然后在【草绘】对话框中单击【草绘】按钮。

曲面:F5(拉伸_1)

步骤03 系统进入草绘模式，绘制如下图所示的草绘剖面。

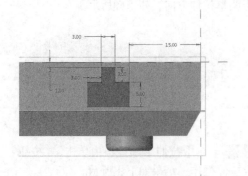

步骤04 在【草绘】选项卡中单击 ✓ 按钮，系统返回【拉伸】操控板，进行如下图所示的设置。

步骤05 在【拉伸】操控板中可以单击 ✗ 按钮适当调整拉伸方向，如右上图所示。

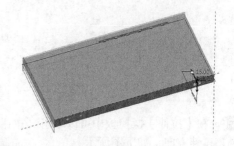

步骤06 在【拉伸】操控板中单击 ✓ 按钮，完成拉伸操作，结果如下图所示。

4.创建RJ45接口（扫描特征）

步骤01 单击【模型】选项卡➤【基准】面板➤【平面】按钮 ▱ ，系统会自动弹出【基准平面】对话框，在绘图区域中选择如下图所示的曲面作为参考。

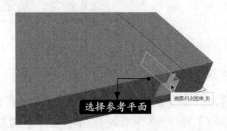

选择参考平面

曲面:F13(拉伸_8)

步骤02 在【基准平面】对话框中将约束条件设置为【偏移】，并将偏移距离设置为"1.00"，如下图所示。

设置约束条件

设置偏移距离

步骤 03 偏移方向设置如下图所示。

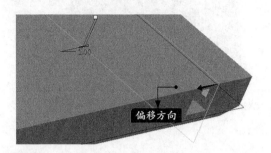

步骤 04 在【基准平面】对话框中单击【确定】按钮，即可创建一个新的基准平面DTM1，结果如下图所示。

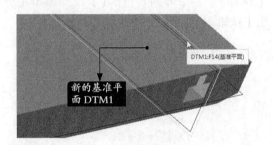

步骤 05 单击【模型】选项卡▶【基准】面板▶【草绘】按钮 ，系统弹出【草绘】对话框，进行如下图所示的相关设置，并单击【草绘】按钮。

步骤 06 系统进入草绘模式后，绘制如下图所示的图元。

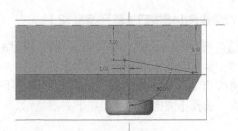

步骤 07 在【草绘】选项卡中单击 ✔ 按钮，在绘图区域的空白位置单击一下，取消对草绘图元的选择，结果如下图所示。

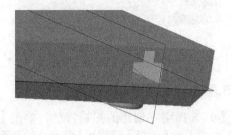

步骤 08 单击【模型】选项卡▶【形状】面板▶【扫描】按钮 ，系统弹出【扫描】操控板，在绘图区域中选择刚才绘制的曲线作为扫描轨迹，如下图所示。

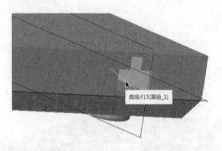

步骤 09 在【扫描】操控板中单击 按钮，系统进入草绘模式，绘制如下图所示的圆形。

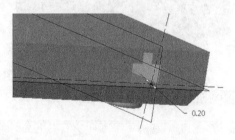

步骤 10 在【草绘】选项卡中单击 ✔ 按钮，系统返回【扫描】操控板，绘图区域如下图所示。

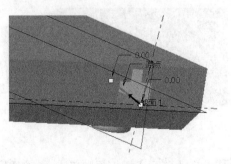

步骤 11 在【扫描】操控板中单击 ✔ 按钮，完成扫描特征操作，结果如下页图所示。

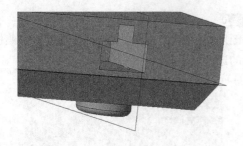

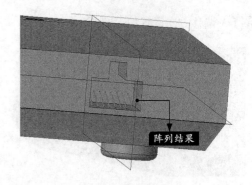

阵列结果

5.创建RJ45接口（阵列特征-1）

步骤01 选择刚才创建的扫描特征，单击【模型】选项卡▶【编辑】面板▶【阵列】按钮 ，系统弹出【阵列】操控板。单击阵列类型下拉列表，选择【方向】选项，如下图所示。

步骤02 在绘图区域中单击选择如下图所示的边界。

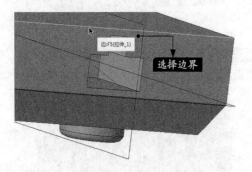

选择边界

步骤03 进行如下图所示的设置。

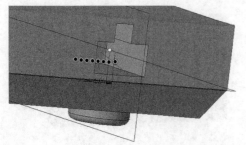

步骤04 在【阵列】操控板中单击 ✔ 按钮完成阵列操作，结果如右上图所示。

6.创建RJ45接口（组特征）

步骤01 在模型树中配合按住【Ctrl】键选择【拉伸8】、【阵列1/扫描1】，并单击【分组】按钮 ，如下图所示。

步骤02 系统弹出【确认】对话框后，单击【是】按钮，如下图所示。

步骤03 结果如下图所示。

7.创建RJ45接口（阵列特征-2）

步骤01 选择刚才创建的组特征，单击【模型】选项卡▶【编辑】面板▶【阵列】按钮 ，系统将弹出【阵列】操控板。单击阵列类型下拉列表，选择【方向】选项，如下页图所示。

步骤 02 在绘图区域中单击选择如下图所示的
边界。

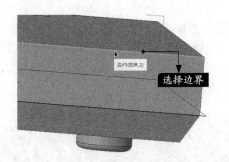

步骤 03 进行如下图所示的设置。

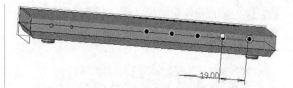

步骤 04 在【阵列】操控板中单击 ✔ 按钮完成
阵列操作，结果如下图所示。

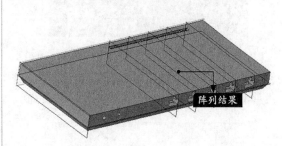

17.2.5 创建天线

本小节为路由器创建天线，创建过程中会应用到拉伸特征、倒圆角特征、阵列特征，具体操
作步骤如下。

● 1.创建拉伸特征-1

步骤 01 单击【模型】选项卡▶【形状】面板▶
【拉伸】按钮，系统弹出【拉伸】操控板
后，单击【放置】将其上滑面板展开，然后单
击【定义...】按钮，如下图所示。

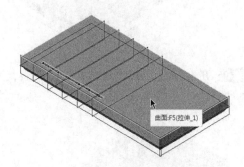

步骤 02 系统弹出【草绘】对话框后，在绘图区
域中选择一个曲面，其余采用系统默认设置，
然后在【草绘】对话框中单击【草绘】按钮，
如右上图所示。

步骤 03 系统进入草绘模式后，绘制如下图所示的草绘剖面。

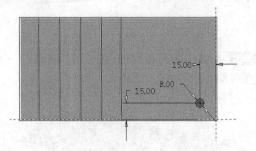

步骤 04 在【草绘】选项卡中单击 ✓ 按钮，系统返回【拉伸】操控板，进行如下图所示的设置。

步骤 05 在【拉伸】操控板中可以单击 ⅍ 按钮适当调整拉伸方向，如下图所示。

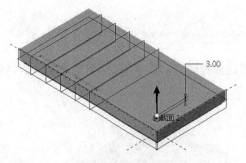

步骤 06 在【拉伸】操控板中单击 ✓ 按钮，完成拉伸操作，结果如下图所示。

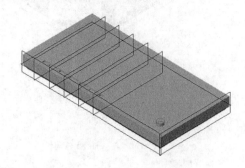

● **2.创建拉伸特征-2**

步骤 01 继续进行拉伸特征的创建，调用【拉伸】操控板，单击【放置】将其上滑面板展开，然后单击【定义...】按钮，如右上图所示。

步骤 02 系统弹出【草绘】对话框后，在绘图区域中选择一个曲面，其余采用系统默认设置，然后在【草绘】对话框中单击【草绘】按钮，如下图所示。

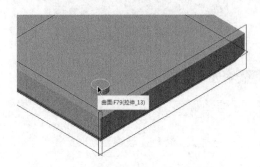

步骤 03 系统进入草绘模式后，绘制如下图所示的草绘剖面。

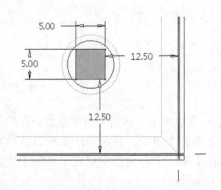

步骤 04 在【草绘】选项卡中单击 ✓ 按钮，系统

返回【拉伸】操控板，进行如下图所示的设置。

步骤 05 在【拉伸】操控板中可以单击 ⁄⁄ 按钮适当调整拉伸方向，如下图所示。

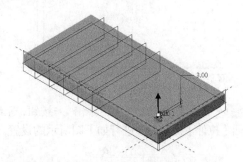

步骤 06 在【拉伸】操控板中单击 ✔ 按钮，完成拉伸操作，结果如下图所示。

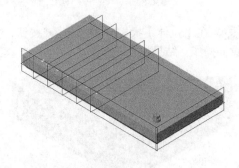

● 3.创建拉伸特征-3

步骤 01 继续进行拉伸特征的创建，调用【拉伸】操控板，单击【放置】将其上滑面板展开，然后单击【定义...】按钮，如下图所示。

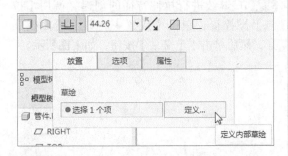

步骤 02 系统弹出【草绘】对话框后，在绘图区域中选择一个曲面，其余采用系统默认设置，然后在【草绘】对话框中单击【草绘】按钮，如右上图所示。

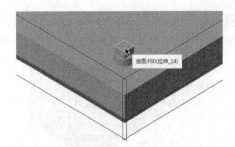

步骤 03 系统进入草绘模式后，绘制如下图所示的草绘剖面。

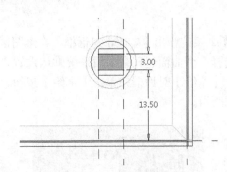

步骤 04 在【草绘】选项卡中单击 ✔ 按钮，系统返回【拉伸】操控板，进行如下图所示的设置。

步骤 05 【拉伸】操控板中可以单击 ⁄⁄ 按钮适当调整拉伸方向，如下图所示。

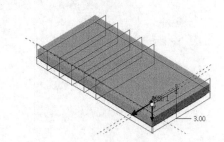

步骤 06 在【拉伸】操控板中单击 ✔ 按钮，完成拉伸操作，结果如下图所示。

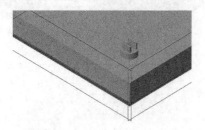

4.创建拉伸特征-4

步骤 01 继续进行拉伸特征的创建，调用【拉伸】操控板，单击【放置】将其上滑面板展开，然后单击【定义...】按钮，如下图所示。

步骤 02 系统弹出【草绘】对话框，在绘图区域中选择一个曲面，其余采用系统默认设置，然后在【草绘】对话框中单击【草绘】按钮，如下图所示。

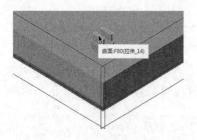

步骤 03 系统进入草绘模式后，绘制如下图所示的草绘剖面。

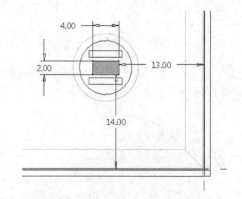

步骤 04 在【草绘】选项卡中单击 ✔ 按钮，系统返回【拉伸】操控板，进行如下图所示的设置。

步骤 05 在【拉伸】操控板中单击 ✔ 按钮，完成拉伸操作，结果如下图所示。

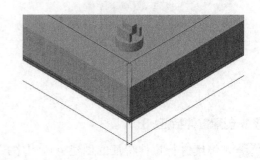

5.创建拉伸特征-5

步骤 01 继续进行拉伸特征的创建，调用【拉伸】操控板，单击【放置】将其上滑面板展开，然后单击【定义...】按钮，如下图所示。

步骤 02 系统弹出【草绘】对话框后，在绘图区域中选择一个曲面，其余采用系统默认设置，

然后在【草绘】对话框中单击【草绘】按钮，如下图所示。

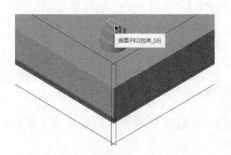

步骤 03 系统进入草绘模式后，绘制如下图所示的草绘剖面。

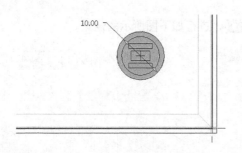

步骤 04 在【草绘】选项卡中单击 ✔ 按钮，系统返回【拉伸】操控板，进行如下图所示的设置。

步骤 05 在【拉伸】操控板中可以单击 ✗ 按钮适当调整拉伸方向，如下图所示。

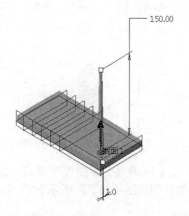

步骤 06 在【拉伸】操控板中单击 ✔ 按钮，完成拉伸操作，结果如下图所示。

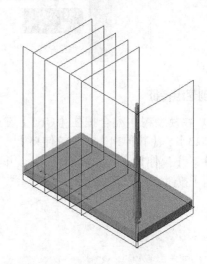

6.创建倒圆角特征

步骤 01 单击【模型】选项卡▶【工程】面板▶【倒圆角】按钮 ◯，系统弹出【倒圆角】操控板后，在绘图区域中选择如下图所示的边界。

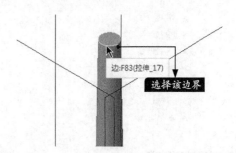

步骤 02 在【倒圆角】操控板中将圆角半径设置为 "2.00"，如下页图所示。

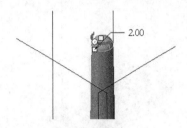

步骤 03 在【倒圆角】操控板中单击 ✔ 按钮，倒圆角特征创建结果如下图所示。

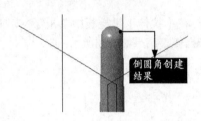

● 7.创建组特征

步骤 01 在模型树中配合按住【Ctrl】键选择【拉伸13】、【拉伸14】、【拉伸15】、【拉伸16】、【拉伸17】、【倒圆角2】，并单击【分组】按钮 🔁，如下图所示。

步骤 02 结果如下图所示。

● 8.创建阵列特征

步骤 01 选择刚才创建的组特征，单击【模型】

选项卡➤【编辑】面板➤【阵列】按钮 ⊞，系统弹出【阵列】操控板。单击阵列类型下拉列表，选择【方向】选项，如下图所示。

步骤 02 在绘图区域中单击选择如下图所示的边界。

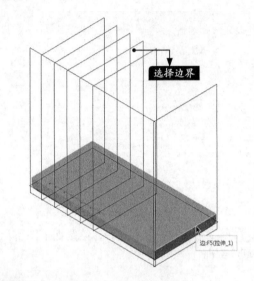

步骤 03 进行如下图所示的设置。

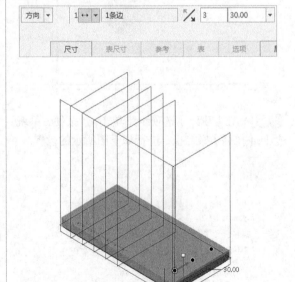

步骤 04 在【阵列】操控板中单击 ✔ 按钮完成阵列操作，结果如下页图所示。

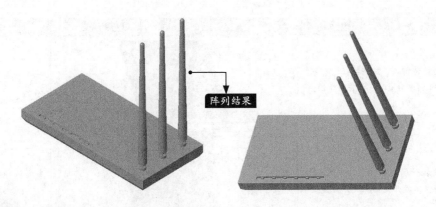

阵列结果

17.3　墙壁暗装开关设计

🎬 本节视频教程时间：84分钟

　墙壁暗装开关的主要特点是美观，不影响室内的整体装潢布局。

17.3.1　墙壁暗装开关设计的注意事项

墙壁暗装开关的配置通常有两点需要注意，即暗盒的选择和开关面板的安装。

● 1.暗盒的选择

暗盒应尽量选择大品牌，这样可以更加有效地保障暗盒的质量。暗盒在装入墙壁后一般不容易更换，所以当暗盒损坏后，在没有专业人员维修的情况下，只能让电力线裸露在外，这样不仅会影响室内的整体美观，而且会严重影响到人身安全。

● 2.开关面板的安装

开关面板的安装分为两部分，一部分是将开关面板与电力线相接，即让开关面板有效地控制相应的电器设备；另一部分是将开关面板装入暗盒之中，需要注意安装过程中不要损坏暗盒。

17.3.2　墙壁暗装开关的绘制思路

绘制墙壁暗装开关模型的思路是先以拉伸特征、扫描特征、倒圆角特征创建开关面板模型，以拉伸特征、倒圆角特征创建开关插孔及开关模型，以拉伸特征、孔特征、阵列特征、边倒角特征、倒圆角特征创建墙壁暗装开关的接线柱模型。具体绘制思路如下表所示。

序号	绘图方法	结　果	备　注
1	利用拉伸特征、扫描特征、倒圆角特征创建墙壁暗装开关面板模型		注意拉伸特征横截面的绘制
2	利用拉伸特征、倒圆角特征创建墙壁暗装开关插孔及开关模型		注意拉伸特征横截面的绘制
3	利用拉伸特征、孔特征、阵列特征、边倒角特征、倒圆角特征创建墙壁暗装开关接线柱模型		注意孔位置的确定

17.3.3　创建开关面板

本小节为墙壁暗装开关创建开关面板，创建过程中主要会应用到拉伸特征、扫描特征、倒圆角特征，具体操作步骤如下。

🖉 1.创建拉伸特征-1

步骤 ① 选择【文件】➤【新建】菜单命令，在弹出的【新建】对话框中选择【类型】分组框中的【零件】单选项，在【子类型】分组框中选择【实体】单选项，并输入文件的名称，取消默认的【使用默认模板】复选项的选中状态，然后单击【确定】按钮，如下图所示。

步骤 ② 在弹出的【新文件选项】对话框中选择【模板】"mmns_part_solid"，然后单击【确定】按钮创建一个新文件，如下图所示。

步骤 ③ 单击【模型】选项卡➤【形状】面板➤【拉伸】按钮 ，系统弹出【拉伸】操控板，

单击【放置】将其上滑面板展开，然后单击
【定义...】按钮，如下图所示。

步骤04 系统弹出【草绘】对话框后，选择基准
面RIGHT作为草绘平面，同时接受系统默认的
参考平面及方向，然后在【草绘】对话框中单
击【草绘】按钮，如下图所示。

步骤05 系统进入草绘模式后，绘制如下图所示
的图形。

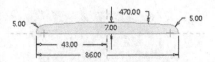

步骤06 在【草绘】选项卡中单击 ✔ 按钮，系统
返回【拉伸】操控板，进行如下图所示的设置。

步骤07 在【拉伸】操控板中单击 ✔ 按钮，完
成拉伸操作，结果如下图所示。

2.创建倒圆角特征-1

步骤01 单击【模型】选项卡➤【工程】面板➤
【倒圆角】按钮 ，系统弹出【倒圆角】操控板，
在绘图区域中配合按住【Ctrl】键选择如下图所
示的边作为需要倒圆角的边，并将圆角半径设置
为"5.00"。

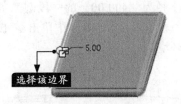

步骤02 在【倒圆角】操控板中单击 ✔ 按钮，
倒圆角特征创建结果如下图所示。

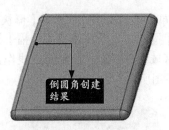

3.创建基准平面-1

步骤01 单击【模型】选项卡➤【基准】面板➤
【平面】按钮 ，系统会自动弹出【基准平面】
对话框，在绘图区域中选择基准平面RIGHT作
为参考，方式选择【偏移】，偏移距离指定为
"40.00"，适当调整偏移方向，如下图所示。

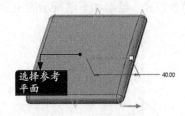

步骤02 在【基准平面】对话框中单击【确定】
按钮，即可创建一个新的基准平面DTM1，结
果如下图所示。

4.创建扫描特征-1

步骤 01 单击【模型】选项卡➤【基准】面板➤【草绘】按钮🔧，系统弹出【草绘】对话框，选择刚才创建的基准面"DTM1"作为草绘平面，并单击【草绘】按钮进入草绘环境。

步骤 02 系统进入草绘模式，绘制如下图所示的图形（半径为"400.00"的一段圆弧）。绘制完成后，在【草绘】选项卡中单击 ✔ 按钮，退出草绘环境。

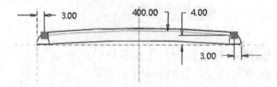

步骤 03 单击【模型】选项卡➤【形状】面板➤【扫描】按钮🪣，系统弹出【扫描】操控板，在绘图区域中选择刚才绘制的曲线作为扫描轨迹，如下图所示。

步骤 04 在【扫描】操控板中单击 ☑ 按钮，系统进入草绘模式，绘制如下图所示的矩形。

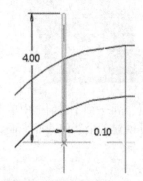

步骤 05 在【草绘】选项卡中单击 ✔ 按钮，系统返回【扫描】操控板，单击【移除材料】按钮 ◿，并适当调整箭头方向，然后在【扫描】操控板中单击 ✔ 按钮，完成扫描特征操作，结果如右上图所示。

5.创建基准平面-2

步骤 01 单击【模型】选项卡➤【基准】面板➤【平面】按钮 ▱，系统会自动弹出【基准平面】对话框，在绘图区域中选择基准平面RIGHT作为参考，方式选择【偏移】，偏移距离指定为"−40.00"，适当调整偏移方向，如下图所示。

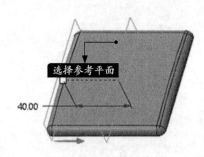

步骤 02 在【基准平面】对话框中单击【确定】按钮，即可创建一个新的基准平面DTM2，结果如下图所示。

6.创建扫描特征-2

步骤 01 单击【模型】选项卡➤【基准】面板➤【草绘】按钮🔧，系统弹出【草绘】对话框后，选择刚才创建的基准面"DTM2"作为草绘平面，并单击【草绘】按钮进入草绘环境。

步骤 02 系统进入草绘模式，绘制如下图所示的图形（半径为"400.00"的一段圆弧）。绘制完成后，在【草绘】选项卡中单击 ✔ 按钮，退出草绘环境。

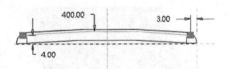

步骤 03 单击【模型】选项卡➤【形状】面板➤【扫描】按钮 🔊，系统弹出【扫描】操控板，在绘图区域中选择刚才绘制的曲线作为扫描轨迹，如下图所示。

步骤 04 在【扫描】操控板中单击 🔲 按钮，系统进入草绘模式，绘制如下图所示的矩形。

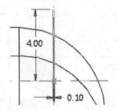

步骤 05 在【草绘】选项卡中单击 ✔ 按钮，系统返回【扫描】操控板，单击【移除材料】按钮 🔲，并适当调整箭头方向，然后在【扫描】操控板中单击 ✔ 按钮，完成扫描特征操作，结果如下图所示。

● 7.创建基准平面-3

步骤 01 单击【模型】选项卡➤【基准】面板➤【平面】按钮 ▱，系统会自动弹出【基准平面】对话框，在绘图区域中选择基准平面FRONT作为参考，方式选择【偏移】，偏移距离指定为"40.00"，适当调整偏移方向，如右上图所示。

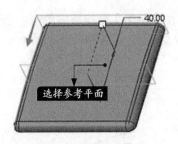

步骤 02 在【基准平面】对话框中单击【确定】按钮，即可创建一个新的基准平面DTM3，结果如下图所示。

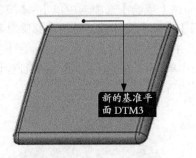

● 8.创建扫描特征-3

步骤 01 单击【模型】选项卡➤【基准】面板➤【草绘】按钮 🔍，系统弹出【草绘】对话框后，选择刚才创建的基准面"DTM3"作为草绘平面，并单击【草绘】按钮进入草绘环境。

步骤 02 系统进入草绘模式，绘制如下图所示的图形（长度为"80.00"的一条直线）。绘制完成后，在【草绘】选项卡中单击 ✔ 按钮，退出草绘环境。

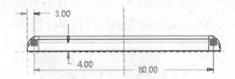

步骤 03 单击【模型】选项卡➤【形状】面板➤【扫描】按钮 🔊，系统弹出【扫描】操控板，在绘图区域中选择刚才绘制的曲线作为扫描轨迹，如下图所示。

步骤 04 在【扫描】操控板中单击 📝 按钮，系统进入草绘模式，绘制如下图所示的矩形。

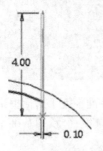

步骤 05 在【草绘】选项卡中单击 ✔ 按钮，系统返回【扫描】操控板，单击【移除材料】按钮 ⬜，并适当调整箭头方向，然后在【扫描】操控板中单击 ✔ 按钮，完成扫描特征操作，结果如下图所示。

9.创建基准平面-4

步骤 01 单击【模型】选项卡➤【基准】面板➤【平面】按钮 ⬜，系统会自动弹出【基准平面】对话框，在绘图区域中选择基准平面FRONT作为参考，方式选择【偏移】，偏移距离指定为"−40.00"，适当调整偏移方向，如下图所示。

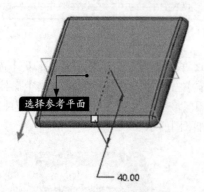

选择参考平面

步骤 02 在【基准平面】对话框中单击【确定】按钮，即可创建一个新的基准平面DTM4，结果如右上图所示。

新的基准平面DTM4

10.创建扫描特征-4

步骤 01 单击【模型】选项卡➤【基准】面板➤【草绘】按钮 ◠，系统弹出【草绘】对话框，选择刚才创建的基准面"DTM4"作为草绘平面，并单击【草绘】按钮进入草绘环境。

步骤 02 系统进入草绘模式后，绘制如下图所示的图形（长度为"80.00"的一条直线）。绘制完成后，在【草绘】选项卡中单击 ✔ 按钮，退出草绘环境。

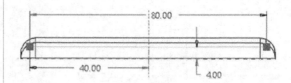

步骤 03 单击【模型】选项卡➤【形状】面板➤【扫描】按钮 ◠，系统弹出【扫描】操控板后，在绘图区域中选择刚才绘制的曲线作为扫描轨迹，如下图所示。

曲线:F17(草绘_4)

步骤 04 在【扫描】操控板中单击 📝 按钮，系统进入草绘模式，绘制如下图所示的矩形。

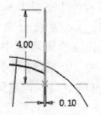

步骤 05 在【草绘】选项卡中单击 ✔ 按钮，系统返回【扫描】操控板，单击【移除材料】按钮 ，并适当调整箭头方向，然后在【扫描】操控板中单击 ✔ 按钮，完成扫描特征操作，结果如下图所示。

⬤ 11.创建倒圆角特征-2

步骤 01 单击【模型】选项卡➤【工程】面板➤【倒圆角】按钮 ，系统弹出【倒圆角】操控板后，在绘图区域中配合按住【Ctrl】键选择如下图所示的面板四周的棱边作为需要倒圆角的边，并将圆角半径设置为"0.30"。

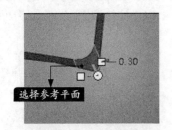

步骤 02 在【倒圆角】操控板中单击 ✔ 按钮，倒圆角特征创建结果如下图所示。

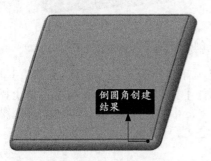

⬤ 12.创建基准平面-5

步骤 01 单击【模型】选项卡➤【基准】面板➤【平面】按钮 ，系统会自动弹出【基准平面】对话框，在绘图区域中选择基准平面TOP

作为参考，方式选择【偏移】，偏移距离指定为"4.00"，适当调整偏移方向，如下图所示。

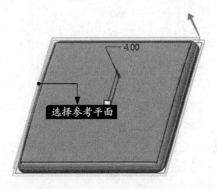

步骤 02 在【基准平面】对话框中单击【确定】按钮，即可创建一个新的基准平面DTM5，结果如下图所示。

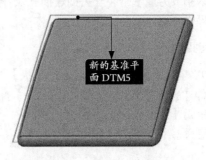

⬤ 13.创建拉伸特征-2

步骤 01 单击【模型】选项卡➤【形状】面板➤【拉伸】按钮 ，系统弹出【拉伸】操控板后，单击【放置】将其上滑面板展开，然后单击【定义...】按钮，如下图所示。

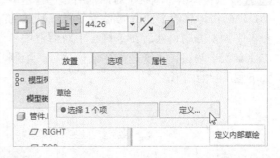

步骤 02 系统弹出【草绘】对话框后，选择基准面DTM5作为草绘平面，同时接受系统默认的参考平面及方向，然后在【草绘】对话框中单击【草绘】按钮，系统进入草绘模式后，绘制如下页图所示的图形。

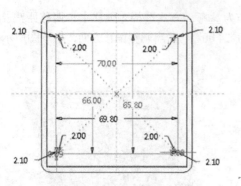

钮 ∠，并将拉伸方式指定为【穿透】 ⇥⊨，适当调整箭头方向，然后在【拉伸】操控板中单击 ✓ 按钮，完成拉伸操作，结果如下图所示。

步骤 03 在【草绘】选项卡中单击 ✓ 按钮，系统返回【拉伸】操控板，单击【移除材料】按

17.3.4 创建插孔及开关

本小节为墙壁暗装开关创建插孔及开关，创建过程中主要会应用到拉伸特征、倒圆角特征，具体操作步骤如下。

⚫ 1.创建插孔

步骤 01 单击【模型】选项卡➤【形状】面板➤【拉伸】按钮 ，系统弹出【拉伸】操控板后，单击【放置】将其上滑面板展开，然后单击【定义…】按钮，如下图所示。

步骤 02 系统弹出【草绘】对话框后，选择基准面DTM5作为草绘平面，同时接受系统默认的参考平面及方向，然后在【草绘】对话框中单击【草绘】按钮，系统进入草绘模式后，绘制如下图所示的图形。

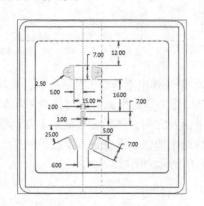

步骤 03 在【草绘】选项卡中单击 ✓ 按钮，系统返回【拉伸】操控板后，单击【移除材料】按钮 ∠，并将拉伸方式指定为【穿透】 ⇥⊨，适当调整箭头方向，然后在【拉伸】操控板中单击 ✓ 按钮，完成拉伸操作，结果如下图所示。

⚫ 2.创建开关（拉伸特征-1）

步骤 01 单击【模型】选项卡➤【形状】面板➤【拉伸】按钮 ，系统弹出【拉伸】操控板后，单击【放置】将其上滑面板展开，然后单击【定义…】按钮，如下图所示。

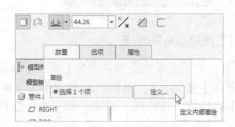

步骤 02 系统弹出【草绘】对话框后，选择基准面DTM5作为草绘平面，同时接受系统默认的参考平面及方向，然后在【草绘】对话框中单击【草绘】按钮，系统进入草绘模式后，绘制如下图所示的图形。

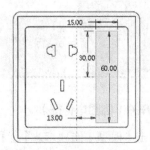

步骤 03 在【草绘】选项卡中单击✔按钮，系统返回【拉伸】操控板后，单击【移除材料】按钮◢，并将拉伸方式指定为【穿透】 ⊫，适当调整箭头方向，然后在【拉伸】操控板中单击✔按钮，完成拉伸操作，结果如下图所示。

● 3.创建开关（创建基准平面）

步骤 01 单击【模型】选项卡➤【基准】面板➤【平面】按钮▱，系统会自动弹出【基准平面】对话框，在绘图区域中选择基准平面RIGHT作为参考，方式选择【偏移】，偏移距离指定为"20.5"，适当调整偏移方向，如下图所示。

选择参考平面

步骤 02 在【基准平面】对话框中单击【确定】

按钮，即可创建一个新的基准平面DTM6，结果如下图所示。

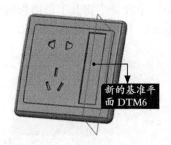

新的基准平面 DTM6

● 4.创建开关（拉伸特征-2）

步骤 01 单击【模型】选项卡➤【形状】面板➤【拉伸】按钮🗗，系统弹出【拉伸】操控板后，单击【放置】将其上滑面板展开，然后单击【定义…】按钮，如下图所示。

步骤 02 系统弹出【草绘】对话框后，选择基准面DTM6作为草绘平面，同时接受系统默认的参考平面及方向，然后在【草绘】对话框中单击【草绘】按钮，系统进入草绘模式，绘制如下图所示的图形。

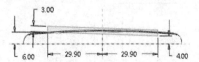

步骤 03 在【草绘】选项卡中单击✔按钮，系统返回【拉伸】操控板后，将拉伸方式设置为【对称】 ⟊，并将拉伸深度指定为"14.8"，然后在【拉伸】操控板中单击✔按钮，完成拉伸操作，结果如下图所示。

步骤04 单击【模型】选项卡➤【形状】面板➤【拉伸】按钮，系统弹出【拉伸】操控板后，单击【放置】将其上滑面板展开，然后单击【定义...】按钮，如下图所示。

步骤05 系统弹出【草绘】对话框后，在绘图区域中选择如下图所示的曲面作为草绘平面，同时接受系统默认的参考平面及方向，然后在【草绘】对话框中单击【草绘】按钮。

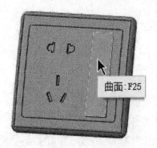

步骤06 系统进入草绘模式后，绘制如下图所示的图形。

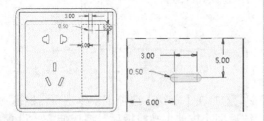

步骤07 在【草绘】选项卡中单击 ✓ 按钮，系统返回【拉伸】操控板后，将拉伸深度指定为

"0.5"，适当调整箭头方向，然后在【拉伸】操控板中单击 ✓ 按钮，完成拉伸操作，结果如下图所示。

5.创建开关（倒圆角特征）

步骤01 单击【模型】选项卡➤【工程】面板➤【倒圆角】按钮，系统弹出【倒圆角】操控板后，在绘图区域中选择如下图所示的棱边作为需要倒圆角的边，并将圆角半径设置为"0.30"。

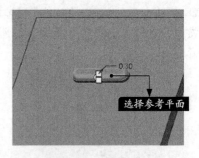

步骤02 在【倒圆角】操控板中单击 ✓ 按钮，倒圆角特征创建结果如下图所示。

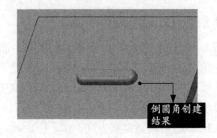

17.3.5　创建接线柱

　　本小节为墙壁暗装开关创建接线柱，创建过程中主要会应用到拉伸特征、孔特征、阵列特征、倒圆角特征、边倒角特征，具体操作步骤如下。

1.创建拉伸特征-1

步骤01 单击【模型】选项卡➤【形状】面板➤【拉伸】按钮，系统弹出【拉伸】操控板后，单击【放置】将其上滑面板展开，然后单击【定义...】按钮，如下页图所示。

步骤 02 系统弹出【草绘】对话框后，在绘图区域中选择如下图所示曲面作为草绘平面，同时接受系统默认的参考平面及方向，然后在【草绘】对话框中单击【草绘】按钮。

曲面:F5(拉伸_1)

步骤 03 系统进入草绘环境后，绘制如下图所示的图形。

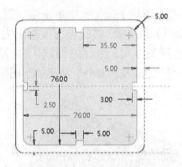

步骤 04 在【草绘】选项卡中单击 ✔ 按钮，系统返回【拉伸】操控板后，将拉伸深度指定为"5.00"，适当调整箭头方向，然后在【拉伸】操控板中单击 ✔ 按钮，完成拉伸操作，结果如下图所示。

步骤 05 继续进行拉伸特征的创建，调用【拉伸】操控板，单击【放置】将其上滑面板展

开，然后单击【定义...】按钮，如下图所示。

步骤 06 系统弹出【草绘】对话框后，在绘图区域中选择如下图所示的曲面作为草绘平面，同时接受系统默认的参考平面及方向，然后在【草绘】对话框中单击【草绘】按钮。

曲面:F28(拉伸_7)

步骤 07 系统进入草绘环境后，绘制如下图所示的图形。

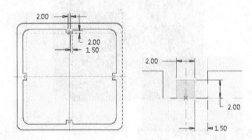

步骤 08 在【草绘】选项卡中单击 ✔ 按钮，系统返回【拉伸】操控板后，将拉伸深度指定为"1.00"，适当调整箭头方向，然后在【拉伸】操控板中单击 ✔ 按钮，完成拉伸操作，结果如下图所示。

● **2.创建边倒角特征**

步骤 01 单击【模型】选项卡▶【工程】面板▶

【边倒角】按钮 ◇ ，系统弹出【边倒角】操控板后，选择【D×D】方式，并将距离值设置为"1.00"，如下图所示。

步骤02 在绘图区域中配合按住【Ctrl】键选择如下图所示的边作为需要创建边倒角特征的边。

步骤03 在【边倒角】操控板中单击 ✔ 按钮，边倒角特征创建结果如下图所示。

边倒角创建结果

3. 创建拉伸特征-2

步骤01 单击【模型】选项卡▶【形状】面板▶【拉伸】按钮 ，系统弹出【拉伸】操控板后，单击【放置】将其上滑面板展开，然后单击【定义…】按钮，如下图所示。

步骤02 系统弹出【草绘】对话框后，在绘图区域中选择如下图所示的曲面作为草绘平面，同时接受系统默认的参考平面及方向，然后在【草绘】对话框中单击【草绘】按钮。

曲面:F28(拉伸_7)

步骤03 系统进入草绘环境，绘制如下图所示的图形。

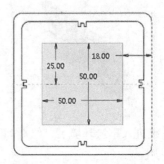

步骤04 在【草绘】选项卡中单击 ✔ 按钮，系统返回【拉伸】操控板，将拉伸深度指定为"15"，适当调整箭头方向，然后在【拉伸】操控板中单击 ✔ 按钮，完成拉伸操作，结果如下图所示。

步骤05 继续进行拉伸特征的创建，调用【拉伸】操控板，单击【放置】将其上滑面板展开，然后单击【定义…】按钮，如下图所示。

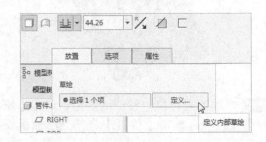

步骤 06 系统弹出【草绘】对话框后，在绘图区域中选择如下图所示的曲面作为草绘平面，同时接受系统默认的参考平面及方向，然后在【草绘】对话框中单击【草绘】按钮。

步骤 07 系统进入草绘环境后，绘制如下图所示的图形。

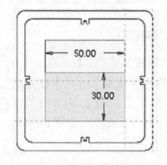

步骤 08 在【草绘】选项卡中单击 ✓ 按钮，系统返回【拉伸】操控板，将拉伸深度指定为"15"，适当调整箭头方向，然后在【拉伸】操控板中单击 ✓ 按钮，完成拉伸操作，结果如下图所示。

● 4. 创建孔特征—1

步骤 01 单击【模型】选项卡▶【工程】面板▶【孔】按钮🗋，系统弹出【孔】操控板后，单击【创建标准孔】按钮🗋，并单击【添加沉孔】按钮🗗，然后在绘图区域中选择如右上图所示的曲面作为孔放置平面。

步骤 02 单击【放置】将其上滑面板展开，单击激活偏移参考收集器，然后配合按住【Ctrl】键在绘图区域中选择如下图所示的曲面作为孔放置偏移参考曲面。

步骤 03 单击【形状】将其上滑面板展开，然后对孔参数进行相应设置，如下图所示。

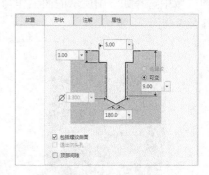

步骤 04 在绘图区域中对孔的位置进行相应调整，如下图所示。

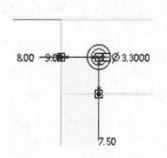

步骤 05 在【孔】操控板中单击 ✔ 按钮，孔特征创建结果如下图所示。

步骤 06 继续进行孔特征的创建，调用【孔】操控板，在绘图区域中选择如下图所示的曲面作为孔放置平面。

曲面:F31 (拉伸_9)

步骤 07 单击【放置】将其上滑面板展开，单击激活偏移参考收集器，然后配合按住【Ctrl】键在绘图区域中选择如下图所示的曲面作为孔放置偏移参考曲面。

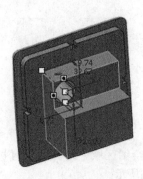

步骤 08 在【孔】操控板中对孔的直径和深度进行相应设置，如下图所示。

步骤 09 在绘图区域中对孔的位置进行相应调整，如右上图所示。

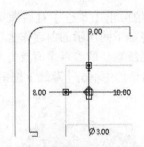

步骤 10 在【孔】操控板中单击 ✔ 按钮，孔特征创建结果如下图所示。

● 5. 创建阵列特征

步骤 01 选择特征【孔1】，单击【模型】选项卡➤【编辑】面板➤【阵列】按钮 ⊞，系统将弹出【阵列】操控板。单击阵列类型下拉列表，选择【尺寸】选项，如下图所示。

步骤 02 在绘图区域中选择尺寸数值"8"作为第一方向阵列尺寸，如下图所示。

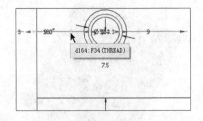

步骤 03 在系统自动弹出的动态数值框中将数值指定为"17"，按【Enter】键确认后在【阵列】操控板中将第一方向阵列数量指定为"3"，如下图所示。

步骤 04 在【阵列】操控板中单击 ✔ 按钮完成阵列操作，结果如下页图所示。

步骤 05 选择特征【孔2】，单击【模型】选项卡➤【编辑】面板➤【阵列】按钮，系统将弹出【阵列】操控板。单击阵列类型下拉列表，选择【尺寸】选项，如下图所示。

步骤 06 在绘图区域中选择尺寸数值"8"作为第一方向阵列尺寸，如下图所示。

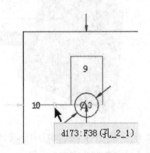

步骤 07 在系统自动弹出的动态数值框中将数值指定为"17"，按【Enter】键确认后在【阵列】操控板中将第一方向阵列数量指定为"3"，如下图所示。

步骤 08 在【阵列】操控板中单击 ✔ 按钮完成阵列操作，结果如下图所示。

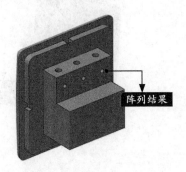

6. 创建孔特征—2

步骤 01 单击【模型】选项卡➤【工程】面板➤【孔】按钮，系统弹出【孔】操控板后，单击【创建标准孔】按钮，并单击【添加沉孔】按钮，然后在绘图区域中选择如下图所示的曲面作为孔放置平面。

步骤 02 单击【放置】将其上滑面板展开，单击激活偏移参考收集器，然后配合按住【Ctrl】键在绘图区域中选择如下图所示的曲面作为孔放置偏移参考曲面。

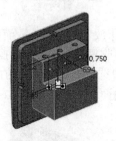

步骤 03 单击【形状】将其上滑面板展开，然后对孔参数进行相应设置，如下图所示。

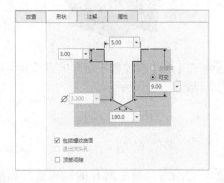

步骤 04 在绘图区域中对孔的位置进行相应调整，如下图所示。

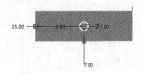

步骤 05 在【孔】操控板中单击 ✓ 按钮，孔特征创建结果如下图所示。

步骤 06 继续进行孔特征的创建，调用【孔】操控板，在绘图区域中选择如下图所示的曲面作为孔放置平面。

步骤 07 单击【放置】将其上滑面板展开，单击激活偏移参考收集器，然后配合按住【Ctrl】键在绘图区域中选择如下图所示的曲面作为孔放置偏移参考曲面。

步骤 08 在【孔】操控板中对孔的直径和深度进行相应设置，如下图所示。

步骤 09 在绘图区域中对孔的位置进行相应调整，如下图所示。

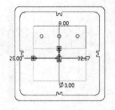

步骤 10 在【孔】操控板中单击 ✓ 按钮，孔特征创建结果如下图所示。

⬤ 7. 创建倒圆角特征

步骤 01 单击【模型】选项卡➤【工程】面板➤【倒圆角】按钮 ◠，系统弹出【倒圆角】操控板后，在绘图区域中配合按住【Ctrl】键选择如下图所示的边界。

选择该边界

步骤 02 在【倒圆角】操控板中将圆角半径设置为"0.50"，如下图所示。

步骤 03 在【倒圆角】操控板中单击 ✓ 按钮，倒圆角特征创建结果如下图所示。

倒圆角创建结果

第 18 章
家具设计案例

本章主要讲解家具案例的设计过程，包括电脑桌的设计、储物柜的设计及挂衣架的设计等，这些家具类产品都和我们的生活息息相关。

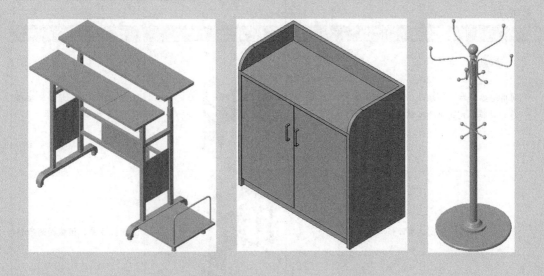

18.1 电脑桌设计

🌐 **本节视频教程时间：47 分钟**

随着计算机的普及，电脑桌市场也得到了迅速发展，电脑桌已步入我们的家庭当中。

18.1.1 电脑桌设计的注意事项

由于人们日常生活中使用计算机的时间较长，电脑桌的使用舒适度就显得尤为重要。

🖢 1.高度

符合人体工程学的电脑桌可以有效减少使用过程中对人体健康带来的负面影响。在设计过程中需要注意两个高度，即键盘托板高度和桌面高度，键盘托板为作业面，直接关系着人体坐姿方面的健康；而桌面通常是用来放置显示器的，桌面高度决定了视线与水平线之间的角度。

🖢 2.色彩

电脑桌应尽量选用柔和、淡雅的色彩，以减少对视觉神经的刺激，避免眼睛注意力的分散。同时桌面的色彩明度要适当，应避免高光，这样可以有效降低视觉疲劳。

🖢 3.材质

电脑桌应尽量选用环保无毒的材料，同时需要注意整体的承重效果。

18.1.2 电脑桌的绘制思路

绘制电脑桌模型的思路是先以扫描特征、旋转特征、拉伸特征、阵列特征、倒圆角特征创建支撑架模型，以拉伸特征创建桌面板模型，以拉伸特征、扫描特征创建主机托架模型。具体绘制思路如下表所示。

序号	绘图方法	结　果	备　注
1	利用扫描特征、旋转特征、拉伸特征、阵列特征、倒圆角特征创建支撑架模型		注意旋转特征、拉伸特征横截面的绘制
2	利用拉伸特征创建桌面板模型		注意拉伸特征横截面的绘制

续表

序号	绘图方法	结　　果	备　　注
3	利用拉伸特征、扫描特征创建主机托架模型	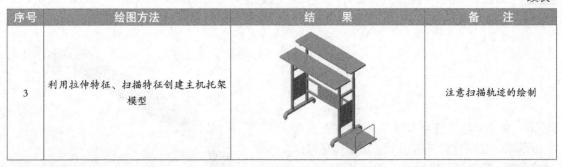	注意扫描轨迹的绘制

18.1.3　创建支撑架

本小节为电脑桌模型创建支撑架，创建过程中会应用到扫描特征、旋转特征、拉伸特征、阵列特征、倒圆角特征，具体操作步骤如下。

1. 创建扫描特征-1

步骤01 选择【文件】➤【新建】菜单命令，在弹出的【新建】对话框中选择【类型】分组框中的【零件】单选项，在【子类型】分组框中选择【实体】单选项，并输入文件的名称，取消默认的【使用默认模板】复选项的选中状态，然后单击【确定】按钮，如下图所示。

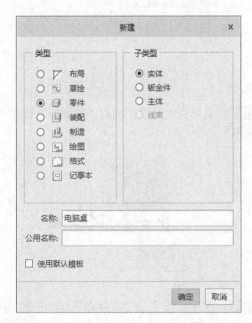

步骤02 在弹出的【新文件选项】对话框中选择【模板】"mmns_part_solid"，然后单击【确定】按钮创建一个新文件，如右上图所示。

步骤03 单击【模型】选项卡➤【基准】面板➤【草绘】按钮，系统弹出【草绘】对话框后，进行如下图所示的相关设置，并单击【草绘】按钮。

步骤 04 系统进入草绘环境后，绘制如下图所示的图形。

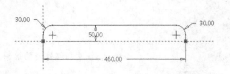

步骤 05 在【草绘】选项卡中单击 ✔ 按钮，在绘图区域的空白位置单击一下，取消对草绘图元的选择，结果如下图所示。

步骤 06 单击【模型】选项卡➤【形状】面板➤【扫描】按钮 🖌，系统弹出【扫描】操控板后，在绘图区域中选择刚才绘制的曲线作为扫描轨迹，如下图所示。

步骤 07 在【扫描】操控板中单击 📝 按钮，系统进入草绘环境后，绘制如下图所示的矩形。

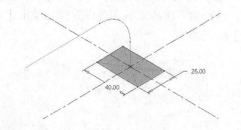

步骤 08 在【草绘】选项卡中单击 ✔ 按钮，系统返回【扫描】操控板后，绘图区域如下图所示。

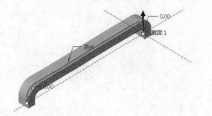

步骤 09 在【扫描】操控板中单击 ✔ 按钮，完成扫描特征操作，结果如下图所示。

● 2. 创建旋转特征-1

步骤 01 单击【模型】选项卡➤【基准】面板➤【草绘】按钮 ✎，系统弹出【草绘】对话框后，进行如下图所示的相关设置，并单击【草绘】按钮。

步骤 02 系统进入草绘环境后，绘制如下图所示的图形。

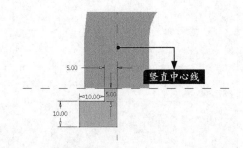

步骤 03 在【草绘】选项卡中单击 ✔ 按钮，在绘图区域的空白位置单击一下，取消对草绘图形的选择，然后单击【模型】选项卡➤【形状】面板➤【旋转】按钮 ◈，系统弹出【旋转】操控板后，在绘图区域中选择刚才绘制的草绘图形，如下页图所示。

选择草绘图元

步骤 04 在【旋转】操控板中进行如下图所示的设置。

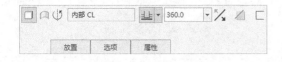

步骤 05 在【旋转】操控板中单击 ✔ 按钮，完成旋转特征的操作，如下图所示。

3. 创建阵列特征-1

步骤 01 选择特征【旋转1】，单击【模型】选项卡▶【编辑】面板▶【阵列】按钮▦，系统将弹出【阵列】操控板。单击阵列类型下拉列表，选择【方向】选项，如下图所示。

步骤 02 在绘图区域中选择如下图所示的边界。

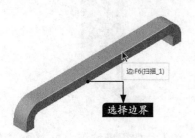

选择边界

步骤 03 进行如右上图所示的设置。

460.00

步骤 04 在【阵列】操控板中单击 ✔ 按钮完成阵列操作，结果如下图所示。

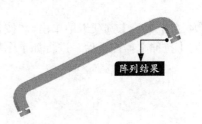

阵列结果

4. 创建拉伸特征-1

步骤 01 单击【模型】选项卡▶【形状】面板▶【拉伸】按钮，系统弹出【拉伸】操控板后，单击【放置】将其上滑面板展开，然后单击【定义...】按钮，如下图所示。

步骤 02 系统弹出【草绘】对话框后，进行如下图所示的相关设置，然后在【草绘】对话框中单击【草绘】按钮。

步骤03 系统进入草绘环境后，绘制如下图所示的草绘剖面。

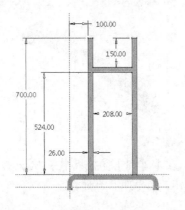

步骤04 在【草绘】选项卡中单击 ✔ 按钮，系统返回【拉伸】操控板后，进行如下图所示的设置。

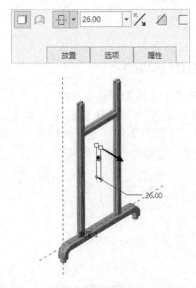

步骤05 在【拉伸】操控板中单击 ✔ 按钮，完成拉伸操作，如下图所示。

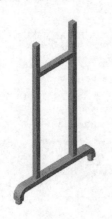

步骤06 继续进行拉伸特征的创建，调用【拉伸】操控板，单击【放置】将其上滑面板展开，然后单击【定义...】按钮，如下图所示。

步骤07 系统弹出【草绘】对话框后，单击【使用先前的】，系统进入草绘环境，绘制如下图所示的草绘剖面。

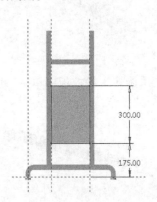

步骤08 在【草绘】选项卡中单击 ✔ 按钮，系统返回【拉伸】操控板后，进行如下图所示的设置。

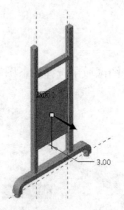

步骤09 在【拉伸】操控板中单击 ✔ 按钮，完成拉伸操作，如下页图所示。

选择草绘图元

5. 创建旋转特征-2

步骤 01 单击【模型】选项卡➤【基准】面板➤【草绘】按钮，系统弹出【草绘】对话框后，进行如下图所示的相关设置，并单击【草绘】按钮。

步骤 02 系统进入草绘环境后，绘制如下图所示的图形。

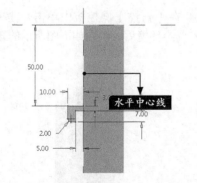

水平中心线

步骤 03 在【草绘】选项卡中单击 ✔ 按钮，在绘图区域的空白位置单击一下，取消对草绘图形的选择，然后单击【模型】选项卡➤【形状】面板➤【旋转】按钮，系统弹出【旋转】操控板后，在绘图区域中选择刚才绘制的草绘图形，如下图所示。

F13(草绘_3)

步骤 04 在【旋转】操控板中进行如下图所示的设置。

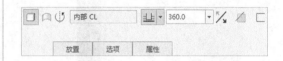

步骤 05 在【旋转】操控板中单击 ✔ 按钮，完成旋转特征的操作，如下图所示。

6. 创建阵列特征-2

步骤 01 选择特征【旋转2】，单击【模型】选项卡➤【编辑】面板➤【阵列】按钮，系统会弹出【阵列】操控板。单击阵列类型下拉列表，选择【方向】选项，如下图所示。

步骤 02 在绘图区域中选择如下页图所示的边界。

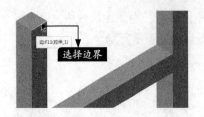

选择边界

步骤 03 进行如下图所示的设置。

方向	▼	1	↔	▼	1条边		2	234.00	▼
尺寸		表尺寸		参考		表		选项	

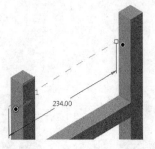

234.00

步骤 04 在【阵列】操控板中单击 ✔ 按钮完成阵列操作,结果如下图所示。

阵列结果

● 7. 创建扫描特征-2

步骤 01 单击【模型】选项卡▶【基准】面板▶【草绘】按钮 ,系统弹出【草绘】对话框后,单击【使用先前的】,系统进入草绘环境,绘制如下图所示的图形。

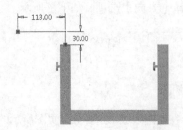

113.00

30.00

步骤 02 在【草绘】选项卡中单击 ✔ 按钮,在

绘图区域的空白位置单击一下,取消对草绘图元的选择,结果如下图所示。

步骤 03 单击【模型】选项卡▶【形状】面板▶【扫描】按钮 ,系统弹出【扫描】操控板后,在绘图区域中选择刚才绘制的曲线作为扫描轨迹,如下图所示。

曲线:F17(草绘_4)

选择草绘图元

步骤 04 在【扫描】操控板中单击 按钮,系统进入草绘环境后,绘制如下图所示的矩形。

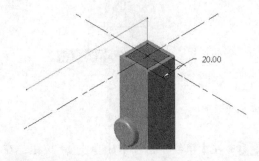

20.00

步骤 05 在【草绘】选项卡中单击 ✔ 按钮,系统返回【扫描】操控板后,绘图区域如下页图所示。

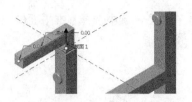

步骤 06 在【扫描】操控板中单击 ✔ 按钮，完成扫描特征操作，结果如下图所示。

步骤 07 单击【模型】选项卡➤【基准】面板➤【草绘】按钮 ❀，系统弹出【草绘】对话框后，单击【使用先前的】，系统进入草绘环境后，绘制如下图所示的图形。

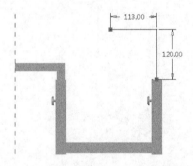

步骤 08 在【草绘】选项卡中单击 ✔ 按钮，在绘图区域的空白位置单击一下，取消对草绘图形的选择，结果如下图所示。

步骤 09 单击【模型】选项卡➤【形状】面板➤

【扫描】按钮 🖎，系统弹出【扫描】操控板后，在绘图区域中选择刚才绘制的曲线作为扫描轨迹，如下图所示。

步骤 10 在【扫描】操控板中单击 📝 按钮，系统进入草绘环境后，绘制如下图所示的矩形。

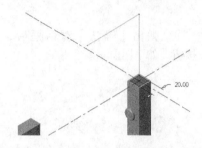

步骤 11 在【草绘】选项卡中单击 ✔ 按钮，系统返回【扫描】操控板后，绘图区域如下图所示。

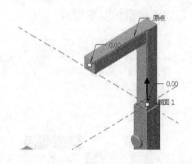

步骤 12 在【扫描】操控板中单击 ✔ 按钮，完成扫描特征操作，结果如下图所示。

● 8. 创建阵列特征-3

步骤01 在模型树中配合按住【Ctrl】键选择特征【草绘1】、【扫描3】，并单击【分组】按钮，如下图所示。

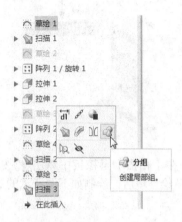

步骤02 系统弹出【确认】对话框后，单击【是】按钮，如下图所示。

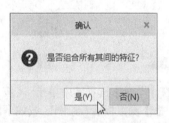

步骤03 创建组结果如下图所示。

步骤04 选择刚才创建的组，单击【模型】选项卡▶【编辑】面板▶【阵列】按钮，系统将弹出【阵列】操控板。单击阵列类型下拉列表，选择【方向】选项，如下图所示。

步骤05 在绘图区域中选择基准平面RIGHT，如下图所示。

步骤06 进行如下图所示的设置。

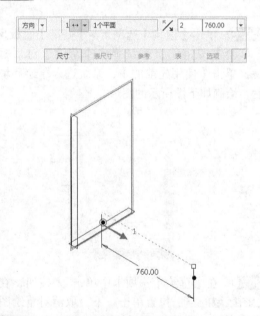

步骤07 在【阵列】操控板中单击 ✔ 按钮完成阵列操作，结果如下图所示。

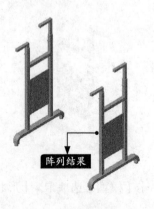

9. 创建拉伸特征-2

步骤01 单击【模型】选项卡▶【形状】面板▶【拉伸】按钮，系统弹出【拉伸】操控板后，单击【放置】将其上滑面板展开，然后单击【定义...】按钮，如下图所示。

步骤02 系统弹出【草绘】对话框后，在绘图区域中选择一个曲面，其余采用系统默认设置，然后在【草绘】对话框中单击【草绘】按钮，如下图所示。

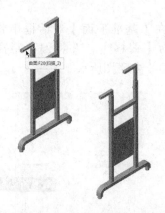

步骤03 系统进入草绘环境后，绘制如下图所示的草绘剖面。

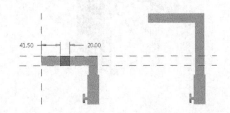

步骤04 在【草绘】选项卡中单击 ✓ 按钮，系统返回【拉伸】操控板，进行如下图所示的设置。

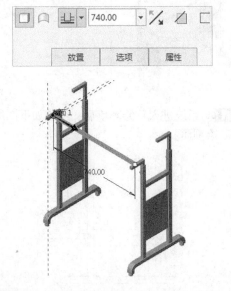

步骤05 在【拉伸】操控板中单击 ✓ 按钮，完成拉伸操作，如下图所示。

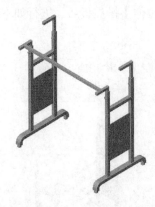

步骤06 继续进行拉伸特征的创建，调用【拉伸】操控板，单击【放置】将其上滑面板展开，然后单击【定义...】按钮，如下图所示。

步骤07 系统弹出【草绘】对话框后，在绘图区域中选择一个曲面，其余采用系统默认设置，然后在【草绘】对话框中单击【草绘】按钮，如下页图所示。

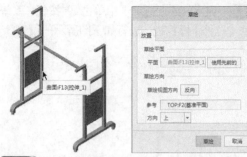

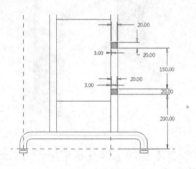

步骤08 系统进入草绘环境后，绘制如下图所示的草绘剖面。

步骤09 在【草绘】选项卡中单击 ✔ 按钮，系统返回【拉伸】操控板后，进行如下图所示的设置。

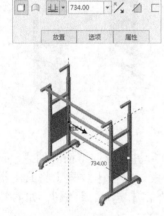

步骤10 在【拉伸】操控板中单击 ✔ 按钮，完成拉伸操作，如下图所示。

10.创建基准平面

步骤01 单击【模型】选项卡➤【基准】面板➤【平面】按钮 ▱，系统会自动弹出【基准平面】对话框，在绘图区域中选择基准平面FRONT作为参考，如下图所示。

步骤02 在【基准平面】对话框中将约束条件设置为【偏移】，并将偏移距离设置为"347.00"，如下图所示。

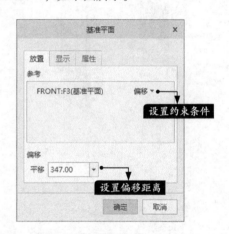

步骤03 偏移方向设置如下图所示。

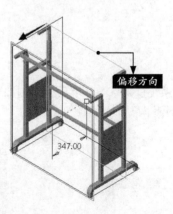

步骤04 在【基准平面】对话框中单击【确定】按钮，即可创建一个新的基准平面DTM1，结果如下图所示。

● 11. 创建拉伸特征-3

步骤01 单击【模型】选项卡➤【形状】面板➤【拉伸】按钮 ，系统弹出【拉伸】操控板后，单击【放置】将其上滑面板展开，然后单击【定义...】按钮，如下图所示。

步骤02 系统弹出【草绘】对话框后，选择刚才创建的基准平面DTM1，其余采用系统默认设置，然后在【草绘】对话框中单击【草绘】按钮，如下图所示。

步骤03 系统进入草绘环境后，绘制如下图所示的草绘剖面。

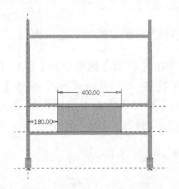

步骤04 在【草绘】选项卡中单击 ✔ 按钮，系统返回【拉伸】操控板后，进行如下图所示的设置。

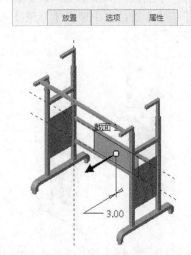

步骤05 在【拉伸】操控板中单击 ✔ 按钮，完成拉伸操作，如下图所示。

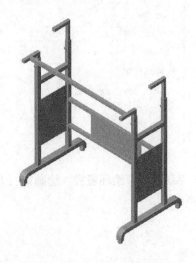

18.1.4 创建桌面板

本小节为电脑桌模型创建桌面板，创建过程中主要会应用到拉伸特征，具体操作步骤如下。

步骤01 单击【模型】选项卡➤【形状】面板➤【拉伸】按钮，系统弹出【拉伸】操控板后，单击【放置】将其上滑面板展开，然后单击【定义...】按钮，如下图所示。

步骤02 系统弹出【草绘】对话框后，在绘图区域中选择一个曲面，其余采用系统默认设置，然后在【草绘】对话框中单击【草绘】按钮，如下图所示。

步骤03 系统进入草绘环境后，绘制如右上图所示的草绘剖面。

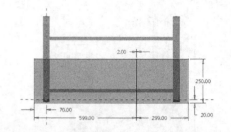

步骤04 在【草绘】选项卡中单击 ✔ 按钮，系统返回【拉伸】操控板后，进行如下图所示的设置。

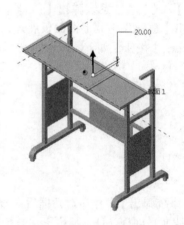

步骤05 在【拉伸】操控板中单击 ✔ 按钮，完成拉伸操作，如下图所示。

步骤06 继续进行拉伸特征的创建，调用【拉伸】操控板，单击【放置】将其上滑面板展

开，然后单击【定义...】按钮，如下图所示。

步骤 07 系统弹出【草绘】对话框后，在绘图区域中选择一个曲面，其余采用系统默认设置，然后在【草绘】对话框中单击【草绘】按钮，如下图所示。

步骤 08 系统进入草绘环境后，绘制如右上图所示的草绘剖面。

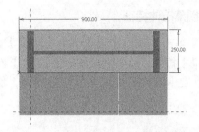

步骤 09 在【草绘】选项卡中单击 ✔ 按钮，系统返回【拉伸】操控板后，进行如下图所示的设置。

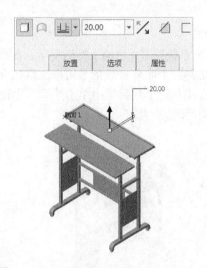

步骤 10 在【拉伸】操控板中单击 ✔ 按钮，完成拉伸操作，如下图所示。

18.1.5 创建主机托架

本小节为电脑桌模型创建主机托架，创建过程中主要会应用到拉伸特征、扫描特征，具体操作步骤如下。

● 1. 创建拉伸特征

步骤 01 单击【模型】选项卡➤【形状】面板➤【拉伸】按钮，系统弹出【拉伸】操控板后，单击【放置】将其上滑面板展开，然后单击【定义...】按钮，如下图所示。

步骤 02 系统弹出【草绘】对话框后，在绘图区域中选择一个曲面，其余采用系统默认设置，然后在【草绘】对话框中单击【草绘】按钮，如下图所示。

曲面:F25(扫描_4)

步骤 03 系统进入草绘环境后，绘制如下图所示的草绘剖面。

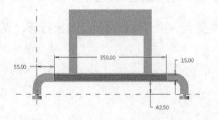

步骤 04 在【草绘】选项卡中单击 ✔ 按钮，系统返回【拉伸】操控板，进行如下图所示的设置。

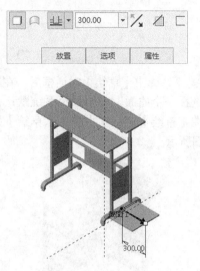

步骤 05 在【拉伸】操控板中单击 ✔ 按钮，完成拉伸操作，如下图所示。

步骤 06 继续进行拉伸特征的创建，调用【拉伸】操控板，单击【放置】将其上滑面板展开，然后单击【定义】按钮，如下图所示。

步骤 07 系统弹出【草绘】对话框后，在绘图区域中选择一个曲面，其余采用系统默认设置，然后在【草绘】对话框中单击【草绘】按钮，如下图所示。

步骤08 系统进入草绘环境后，绘制如下图所示的草绘剖面。

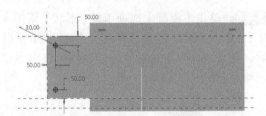

步骤09 在【草绘】选项卡中单击 ✔ 按钮，系统返回【拉伸】操控板后，进行如下图所示的设置。

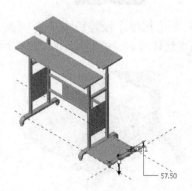

步骤10 在【拉伸】操控板中单击 ✔ 按钮，完成拉伸操作，如下图所示。

2.创建基准平面

步骤01 单击【模型】选项卡➤【基准】面板➤【平面】按钮 ⬜，系统会自动弹出【基准平面】对话框，在绘图区域中选择基准平面RIGHT作为参考，如下图所示。

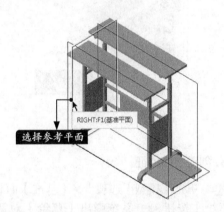

步骤02 在【基准平面】对话框中将约束条件设置为【偏移】，并将偏移距离设置为"1060.00"，如下图所示。

步骤03 偏移方向设置如下页图所示。

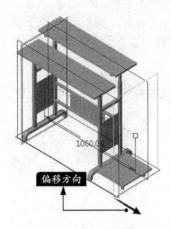

1060.00

偏移方向

步骤 04 在【基准平面】对话框中单击【确定】按钮，即可创建一个新的基准平面DTM1，结果如下图所示。

DTM2:F48(基准平面)

新的基准平面 DTM2

3. 创建扫描特征

步骤 01 单击【模型】选项卡➤【基准】面板➤【草绘】按钮，系统弹出【草绘】对话框后，选择基准平面DTM2，其余采用系统默认设置，并单击【草绘】按钮，如下图所示。

步骤 02 系统进入草绘环境后，绘制如右上图所示的图形。

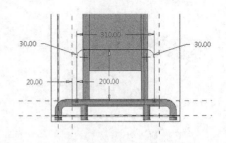

30.00　　310.00　　30.00

20.00　　200.00

步骤 03 在【草绘】选项卡中单击 ✔ 按钮，在绘图区域的空白位置单击一下，取消对草绘图形的选择，结果如下图所示。

步骤 04 单击【模型】选项卡➤【形状】面板➤【扫描】按钮，系统弹出【扫描】操控板后，在绘图区域中选择刚才绘制的曲线作为扫描轨迹，如下图所示。

曲线:F49(草绘_11)

选择草绘图形

步骤 05 在【扫描】操控板中单击 按钮，系统进入草绘环境后，绘制如下图所示的圆形。

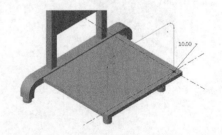

10.00

步骤 06 在【草绘】选项卡中单击 ✔ 按钮，系统返回【扫描】操控板后，绘图区域如下图所示。

步骤 07 在【扫描】操控板中单击 ✔ 按钮，完成扫描特征操作，结果如下图所示。

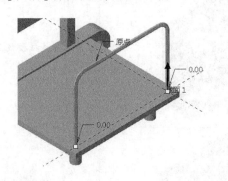

18.2 储物柜设计

🔘 本节视频教程时间：24 分钟

☕ 储物柜是用来收纳物品的柜体式家具，在家庭、宾馆、办公场所等较为常见。

18.2.1 储物柜设计的注意事项

储物柜的设计主要体现在实用性及环保性，下面将对需要注意的问题进行介绍。

🌾 1.结构合理

储物柜的主要作用是收纳物品，所以储物柜的内部结构需要合理布局，做到既能够对体积大的物件进行存放，又能够对小空间进行利用。

🌾 2.材质的选择

根据应用场所的不同，其材质的选择也会稍有不同，但基本原则是环保、抗撞击，做到既能够保证不会对人体健康造成伤害，又能够正常使用较长时间。

🌾 3.色彩的搭配

储物柜作为家具的一部分，将会直接影响到室内整体布局的美观度，所以颜色要尽量和室内整体布局协调。

🌾 4.注重保养

储物柜同其他产品一样，需要定期进行合理保养，以达到延长使用期限的目的。

18.2.2 储物柜的绘制思路

绘制储物柜模型的思路是先以拉伸特征、倒圆角特征、阵列特征创建柜体模型，以拉伸特征创建柜门模型，以扫描特征、阵列特征创建拉手模型。具体绘制思路如下页表所示。

序号	绘图方法	结　果	备　注
1	利用拉伸特征、倒圆角特征、阵列特征创建储物柜柜体模型		注意拉伸特征横截面的绘制
2	利用拉伸特征创建储物柜柜门模型		注意拉伸特征横截面的绘制
3	利用扫描特征、阵列特征创建储物柜拉手模型		注意扫描特征扫描轨迹的绘制

18.2.3 创建柜体

　　本小节为储物柜模型创建柜体，创建过程中主要会应用到拉伸特征、倒圆角特征、阵列特征，具体操作步骤如下。

● 1. 创建拉伸特征-1

步骤 01 选择【文件】➤【新建】菜单命令，在弹出的【新建】对话框中选择【类型】分组框中的【零件】单选项，在【子类型】分组框中选择【实体】单选项，并输入文件的名称，取消默认的【使用默认模板】复选项的选中状态，然后单击【确定】按钮，如右图所示。

步骤 02 在弹出的【新文件选项】对话框中选择【模板】"mmns_part_solid"，然后单击【确定】按钮创建一个新文件，如下图所示。

步骤 03 单击【模型】选项卡➤【形状】面板➤【拉伸】按钮，系统弹出【拉伸】操控板后，单击【放置】将其上滑面板展开，然后单击【定义...】按钮，如下图所示。

步骤 04 系统弹出【草绘】对话框后，选择基准平面TOP，其余采用系统默认设置，然后在【草绘】对话框中单击【草绘】按钮，如下图所示。

步骤 05 系统进入草绘环境后，绘制如右上图所示的草绘剖面。

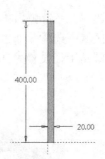

步骤 06 在【草绘】选项卡中单击 ✔ 按钮，系统返回【拉伸】操控板后，进行如下图所示的设置。

步骤 07 在【拉伸】操控板中可以单击 按钮适当调整拉伸方向，如下图所示。

步骤 08 在【拉伸】操控板中单击 ✔ 按钮，完成拉伸操作，如下图所示。

● 2. 创建倒圆角特征

步骤 01 单击【模型】选项卡➤【工程】面板➤

【倒圆角】按钮 ，系统弹出【倒圆角】操控板后，在绘图区域中选择一个边作为需要倒圆角的边，并将圆角半径设置为100.00，如下图所示。

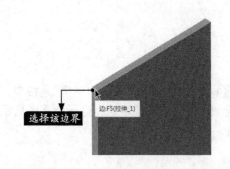

选择该边界

步骤 02 在【倒圆角】操控板中单击 ✔ 按钮，倒圆角特征创建结果如下图所示。

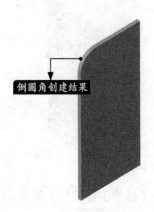

倒圆角创建结果

● 3. 创建阵列特征

步骤 01 在模型树中配合按住【Ctrl】键选择特征【拉伸1】、【倒圆角1】，并单击【分组】按钮，如下图所示。

步骤 02 创建组结果如下图所示。

创建组结果

步骤 03 单击【模型】选项卡▶【编辑】面板▶【阵列】按钮 ，系统将弹出【阵列】操控板。单击阵列类型下拉列表，选择【方向】选项，如下图所示。

步骤 04 选择基准平面RIGHT，在【阵列】操控板中进行如下图所示的设置。

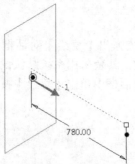

步骤 05 在【阵列】操控板中单击 ✔ 按钮完成阵列操作，结果如下图所示。

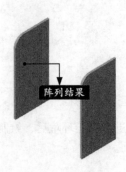

阵列结果

◢ 4. 创建拉伸特征-2

步骤01 单击【模型】选项卡▶【形状】面板▶【拉伸】按钮 ，系统弹出【拉伸】操控板后，单击【放置】将其上滑面板展开，然后单击【定义...】按钮，如下图所示。

步骤02 系统弹出【草绘】对话框后，单击【使用先前的】，系统进入草绘环境，绘制如下图所示的草绘剖面。

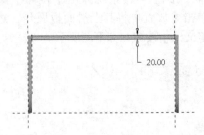

步骤03 在【草绘】选项卡中单击 ✓ 按钮，系统返回【拉伸】操控板后，进行如下图所示的设置。

步骤04 在【拉伸】操控板中可以单击 按钮适当调整拉伸方向，如下图所示。

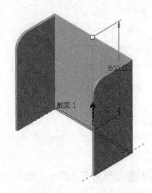

步骤05 在【拉伸】操控板中单击 ✓ 按钮，完成拉伸操作，如右上图所示。

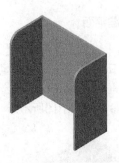

步骤06 继续进行拉伸特征的创建，调用【拉伸】操控板，单击【放置】将其上滑面板展开，然后单击【定义...】按钮，如下图所示。

步骤07 系统弹出【草绘】对话框后，单击【使用先前的】。系统进入草绘环境后，绘制如下图所示的草绘剖面。

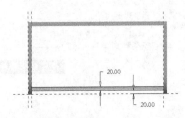

步骤08 在【草绘】选项卡中单击 ✓ 按钮，系统返回【拉伸】操控板后，进行如下图所示的设置。

步骤09 在【拉伸】操控板中单击 ✓ 按钮，完成拉伸操作，如下图所示。

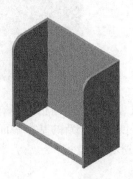

5.创建基准平面

步骤 01 单击【模型】选项卡➤【基准】面板➤【平面】按钮 ⬜，系统会自动弹出【基准平面】对话框，在绘图区域中选择基准平面FRONT作为参考，如下图所示。

步骤 02 在【基准平面】对话框中将约束条件设置为【偏移】，并将偏移距离设置为"20.00"，如下图所示。

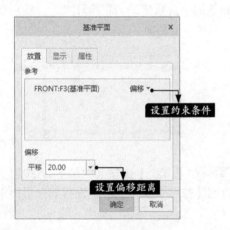

步骤 03 偏移方向设置如下图所示。

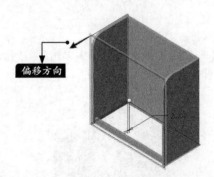

步骤 04 在【基准平面】对话框中单击【确定】按钮，即可创建一个新的基准平面DTM1，结果如右上图所示。

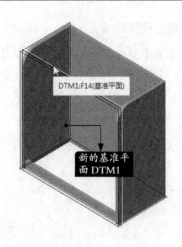

6. 创建拉伸特征-3

步骤 01 单击【模型】选项卡➤【形状】面板➤【拉伸】按钮 🗂️，系统弹出【拉伸】操控板后，单击【放置】将其上滑面板展开，然后单击【定义...】按钮，如下图所示。

步骤 02 系统弹出【草绘】对话框后，选择刚才创建的基准平面DTM1，其余采用系统默认设置，并单击【草绘】按钮，如下图所示。

步骤 03 系统进入草绘环境后，绘制如下页图所示的草绘剖面。

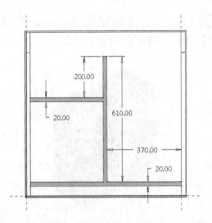

步骤 04 在【草绘】选项卡中单击 ✔ 按钮，系统返回【拉伸】操控板后，进行如下图所示的设置。

步骤 05 在【拉伸】操控板中可以单击 ⅛ 按钮适当调整拉伸方向，如下图所示。

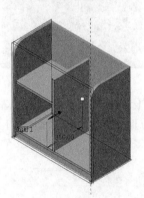

步骤 06 在【拉伸】操控板中单击 ✔ 按钮，完成拉伸操作，如下图所示。

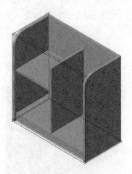

步骤 07 继续进行拉伸特征的创建，调用【拉伸】操控板，单击【放置】将其上滑面板展

开，然后单击【定义...】按钮，如下图所示。

步骤 08 系统弹出【草绘】对话框后，选择刚才创建的基准平面FRONT，其余采用系统默认设置，并单击【草绘】按钮，如下图所示。

步骤 09 系统进入草绘环境后，绘制如下图所示的草绘剖面。

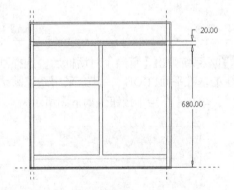

步骤 10 在【草绘】选项卡中单击 ✔ 按钮，系统返回【拉伸】操控板后，进行如下图所示的设置。

步骤 11 在【拉伸】操控板中可以单击 ⅛ 按钮适当调整拉伸方向，如下页图所示。

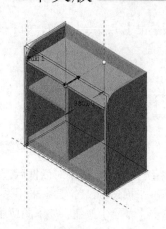

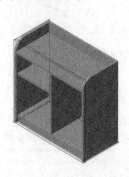

18.2.4　创建柜门

本小节为储物柜模型创建柜门，创建过程中主要会应用到拉伸特征，具体操作步骤如下。

步骤 01 单击【模型】选项卡➤【形状】面板➤【拉伸】按钮，系统弹出【拉伸】操控板后，单击【放置】将其上滑面板展开，然后单击【定义...】按钮，如下图所示。

步骤 02 系统弹出【草绘】对话框后，选择刚才创建的基准平面FRONT，其余采用系统默认设置，并单击【草绘】按钮，如下图所示。

步骤 03 系统进入草绘环境后，绘制如右上图所示的草绘剖面。

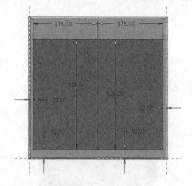

步骤 04 在【草绘】选项卡中单击 ✔ 按钮，系统返回【拉伸】操控板后，进行如下图所示的设置。

步骤 05 在【拉伸】操控板中可以单击 按钮适当调整拉伸方向，如下图所示。

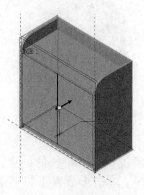

步骤 06 在【拉伸】操控板中单击 ✔ 按钮，完成拉伸操作，如右图所示。

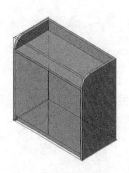

18.2.5 创建拉手

本小节为储物柜模型创建拉手，创建过程中主要会应用到扫描特征、阵列特征，具体操作步骤如下。

◎ 1.创建基准平面

步骤 01 单击【模型】选项卡➤【基准】面板➤【平面】按钮 ⃞ ，系统会自动弹出【基准平面】对话框，在绘图区域中选择基准平面RIGHT作为参考，如下图所示。

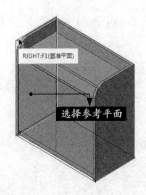

步骤 02 在【基准平面】对话框中将约束条件设置为【偏移】，并将偏移距离设置为"368.00"，如下图所示。

步骤 03 偏移方向设置如右上图所示。

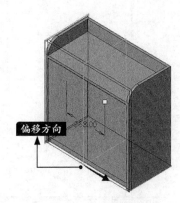

步骤 04 在【基准平面】对话框中单击【确定】按钮，即可创建一个新的基准平面DTM2，结果如下图所示。

◎ 2.草绘扫描轨迹

步骤 01 单击【模型】选项卡➤【基准】面板➤【草绘】按钮 ⸾ ，系统弹出【草绘】对话框后，进行如下页图所示的相关设置，并单击【草绘】按钮。

步骤 02 系统进入草绘环境后，绘制如下图所示的图形。

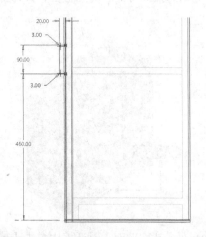

步骤 03 在【草绘】选项卡中单击 ✔ 按钮，在绘图区域的空白位置单击一下，取消对草绘图元的选择，结果如下图所示。

● **3.创建扫描特征**

步骤 01 单击【模型】选项卡▶【形状】面板▶【扫描】按钮 🖌，系统弹出【扫描】操控板后，在绘图区域中选择刚才绘制的曲线作为扫描轨迹，如右上图所示。

选择草绘图元

步骤 02 在【扫描】操控板中单击 🖉 按钮，系统进入草绘环境后，绘制如下图所示的圆角矩形。

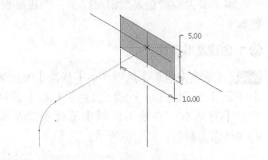

步骤 03 在【草绘】选项卡中单击 ✔ 按钮，系统返回【扫描】操控板后，绘图区域如下图所示。

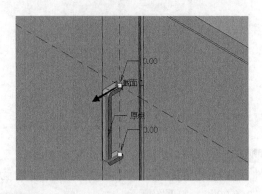

步骤 04 在【扫描】操控板中单击 ✔ 按钮，完成扫描特征操作，结果如下图所示。

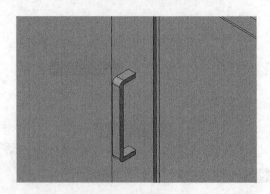

🖋 4.创建阵列特征

步骤 01 选择刚才创建的扫描特征，单击【模型】选项卡➤【编辑】面板➤【阵列】按钮⊞，系统将弹出【阵列】操控板。单击阵列类型下拉列表，选择【方向】选项，如下图所示。

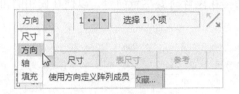

步骤 02 在绘图区域中选择如下图所示的边界。

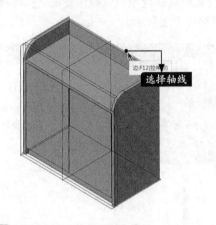

步骤 03 进行如下图所示的设置。

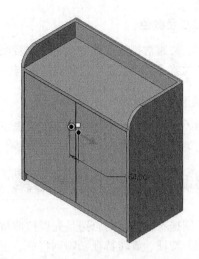

步骤 04 在【阵列】操控板中单击 ✔ 按钮完成阵列操作，结果如下图所示。

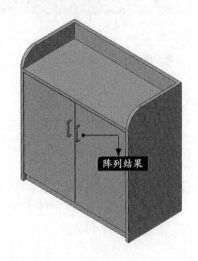

18.3 挂衣架设计

🔊 本节视频教程时间：44 分钟

挂衣架通常用来支撑经常穿戴或临时需要穿戴的衣物。

18.3.1 挂衣架设计的注意事项

挂衣架作为日常生活中必不可少的用品，其设计的合理性将直接影响到使用的舒适度。

🖋 1.材质

在科技发达的现代生活中，挂衣架的材质五花八门。在选择的过程中除了考虑成本外，还需要考虑到其耐用性，因为只有经久耐用的产品才可以让人更放心。

2.款式及颜色

挂衣架通常摆放在卧室或客厅比较明显的位置，目的是使放置衣物和取衣物更加方便，所以挂衣架的款式和颜色要尽量和周围格调一致，以达到视觉上看起来更加协调的效果。

3.灵活性

挂衣架作为一种可随时移动的家具类产品，其结构在设计时要尽量简单，以便在使用时可以根据需求随时对其进行位置上的移动操作。

18.3.2 挂衣架的绘制思路

绘制挂衣架模型的思路是先以拉伸特征、旋转特征、倒圆角特征创建挂衣架的底座模型，然后以拉伸特征、旋转特征、阵列特征、混合特征创建挂衣架立杆模型，以拉伸特征、扫描特征、旋转特征、阵列特征创建挂衣架衣撑模型。具体绘制思路如下表所示。

序号	绘图方法	结　果	备　注
1	利用拉伸特征、旋转特征、倒圆角特征创建挂衣架底座模型		注意旋转特征横截面的绘制
2	利用拉伸特征、旋转特征、阵列特征、混合特征创建挂衣架立杆模型		注意阵列时轴线的选择
3	利用拉伸特征、扫描特征、旋转特征、阵列特征创建挂衣架衣撑模型		注意扫描特征轨迹线的绘制

18.3.3 创建挂衣架底座

本小节为挂衣架模型创建底座，创建过程中主要会应用到拉伸特征、旋转特征、倒圆角特征，具体操作步骤如下。

● 1.创建拉伸特征

步骤 01 选择【文件】▶【新建】菜单命令，在弹出的【新建】对话框中选择【类型】分组框中的【零件】单选项，在【子类型】分组框中选择【实体】单选项，并输入文件的名称，取消默认的【使用默认模板】复选项的选中状态，然后单击【确定】按钮，如下图所示。

步骤 02 在弹出的【新文件选项】对话框中选择【模板】"mmns_part_solid"，然后单击【确定】按钮创建一个新文件，如下图所示。

步骤 03 单击【模型】选项卡▶【形状】面板▶【拉伸】按钮，系统弹出【拉伸】操控板后，单击【放置】将其上滑面板展开，然后单击【定义...】按钮，如下图所示。

步骤 04 系统弹出【草绘】对话框后，选择基准平面TOP，其余采用系统默认设置，然后在【草绘】对话框中单击【草绘】按钮，如下图所示。

步骤 05 系统进入草绘环境后，绘制如下图所示的草绘剖面。

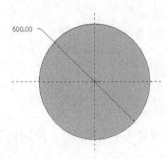

步骤 06 在【草绘】选项卡中单击 ✔ 按钮，系统返回【拉伸】操控板后，进行如下图所示的设置。

步骤 07 在【拉伸】操控板中可以单击 ⅔ 按钮适当调整拉伸方向，如下图所示。

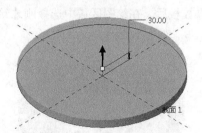

步骤 08 在【拉伸】操控板中单击 ✔ 按钮，完成拉伸操作，如下页图所示。

2.创建旋转特征

步骤01 单击【模型】选项卡➤【基准】面板➤【草绘】按钮✎，系统弹出【草绘】对话框后，进行如下图所示的相关设置，并单击【草绘】按钮。

步骤02 系统进入草绘环境后，绘制如下图所示的图形。

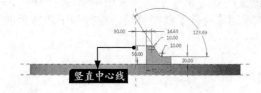

步骤03 在【草绘】选项卡中单击✔按钮，在绘图区域的空白位置单击一下，取消对草绘图形的选择，然后单击【模型】选项卡➤【形状】面板➤【旋转】按钮⬦，系统弹出【旋转】操控板后，在绘图区域中选择刚才绘制的草绘图形，如下图所示。

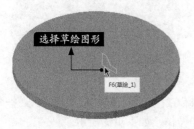

步骤04 在【旋转】操控板中进行如下图所示的设置。

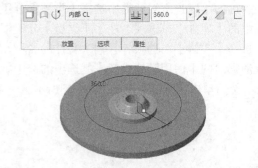

步骤05 在【旋转】操控板中单击✔按钮，完成旋转特征的操作，如下图所示。

3.创建倒圆角特征

步骤01 单击【模型】选项卡➤【工程】面板➤【倒圆角】按钮◝，系统弹出【倒圆角】操控板后，在绘图区域中配合按住【Ctrl】键选择如下图所示的边作为需要倒圆角的边，并将圆角半径设置为"10.00"。

步骤02 在【倒圆角】操控板中单击✔按钮，倒圆角特征创建结果如下图所示。

18.3.4 创建挂衣架立杆

本小节为挂衣架模型创建立杆，创建过程中主要会应用到拉伸特征、旋转特征、阵列特征、混合特征，具体操作步骤如下。

1.创建拉伸特征-1

步骤01 单击【模型】选项卡➤【形状】面板➤【拉伸】按钮，系统弹出【拉伸】操控板后，单击【放置】将其上滑面板展开，然后单击【定义...】按钮，如下图所示。

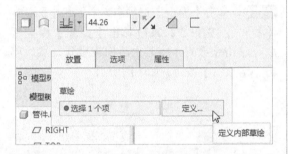

步骤02 系统弹出【草绘】对话框后，在绘图区域中选择一个曲面，其余采用系统默认设置，然后在【草绘】对话框中单击【草绘】按钮，如下图所示。

步骤03 系统进入草绘环境后，绘制如右上图所示的草绘剖面。

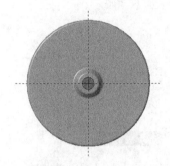

步骤04 在【草绘】选项卡中单击✔按钮，系统返回【拉伸】操控板后，进行如下图所示的设置。

步骤05 在【拉伸】操控板中可以单击%按钮适当调整拉伸方向，如下图所示。

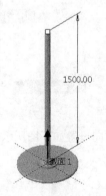

步骤06 在【拉伸】操控板中单击✔按钮，完成拉伸操作，如下图所示。

● 2.创建基准平面

步骤01 单击【模型】选项卡▶【基准】面板▶【平面】按钮 ▱，系统会自动弹出【基准平面】对话框，在绘图区域中选择基准平面TOP作为参考，如下图所示。

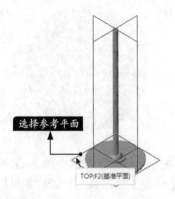

选择参考平面

TOP:F2(基准平面)

步骤02 在【基准平面】对话框中将约束条件设置为【偏移】，并将偏移距离设置为"900.00"，如下图所示。

设置约束条件

设置偏移距离

步骤03 偏移方向设置如下图所示。

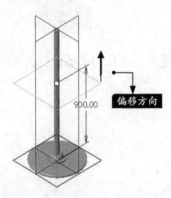

偏移方向

步骤04 在【基准平面】对话框中单击【确定】按钮，即可创建一个新的基准平面DTM1，结果如右上图所示。

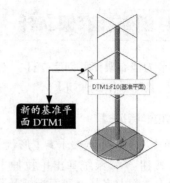

DTM1:F10(基准平面)

新的基准平面 DTM1

● 3.创建拉伸特征-2

步骤01 单击【模型】选项卡▶【形状】面板▶【拉伸】按钮 ▨，系统弹出【拉伸】操控板后，单击【放置】将其上滑面板展开，然后单击【定义...】按钮，如下图所示。

步骤02 系统弹出【草绘】对话框后，选择基准平面DTM1，其余采用系统默认设置，然后在【草绘】对话框中单击【草绘】按钮，如下图所示。

步骤03 系统进入草绘环境后，绘制如下图所示的草绘剖面。

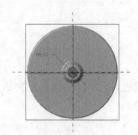

步骤 04 在【草绘】选项卡中单击 ✓ 按钮，系统返回【拉伸】操控板后，进行如下图所示的设置。

步骤 05 在【拉伸】操控板中单击 ✓ 按钮，完成拉伸操作，如下图所示。

● 4.创建旋转特征-1

步骤 01 单击【模型】选项卡➤【基准】面板➤【草绘】按钮 ⌇，系统弹出【草绘】对话框后，单击【使用先前的】，系统进入草绘环境后，绘制如下图所示的图形。

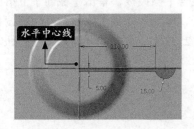

步骤 02 在【草绘】选项卡中单击 ✓ 按钮，在绘图区域的空白位置单击一下，取消对草绘图形的选择，然后单击【模型】选项卡➤【形状】面板➤【旋转】按钮 ⸙，系统弹出【旋转】操控板，在绘图区域中选择刚才绘制的草绘图形，如下图所示。

步骤 03 在【旋转】操控板中进行如下图所示的设置。

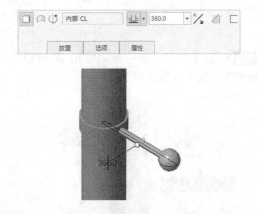

步骤 04 在【旋转】操控板中单击 ✓ 按钮，完成旋转特征的操作，如下图所示。

● 5.创建阵列特征

步骤 01 选择特征【旋转2】，单击【模型】选项卡➤【编辑】面板➤【阵列】按钮 ▦，系统将弹出【阵列】操控板。单击阵列类型下拉列表，选择【轴】选项，如下图所示。

步骤 02 在绘图区域中单击选择A_3基准轴，如下图所示。

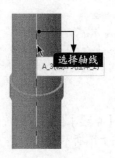

步骤 03 进行如下图所示的设置。

步骤 04 在【阵列】操控板中单击 ✔ 按钮完成轴式阵列操作，结果如下图所示。

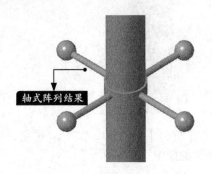

轴式阵列结果

⬤ 6.创建混合特征

步骤 01 单击【模型】选项卡➤【形状】面板➤【混合】按钮 🔗，系统弹出【混合】操控板后，单击展开【截面】上滑面板，选择【截面1】，单击【未定义】，然后单击【定义...】按钮，系统弹出【草绘】对话框后，选择一个曲面，其余采用系统默认设置，如下图所示。

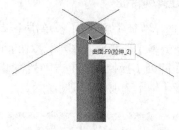

曲面:F9(拉伸_2)

步骤 02 单击【草绘】按钮，系统进入草绘环境后，绘制如右上图所示的圆形。

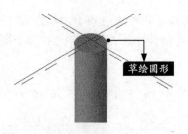

草绘圆形

步骤 03 在【草绘】选项卡中单击 ✔ 按钮，返回【混合】操控板，进行如下图所示的设置。

步骤 04 单击展开【截面】上滑面板，选择【截面2】，单击【未定义】，然后单击【草绘...】按钮，系统进入草绘环境后，绘制如下图所示的圆形。

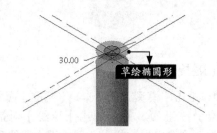

30.00

草绘椭圆形

步骤 05 在【草绘】选项卡中单击 ✔ 按钮，返回【混合】操控板，单击【截面】上滑面板将其展开，单击【插入】按钮，然后将偏移值设置为"25.00"，并单击【草绘...】按钮，如下图所示。

步骤 06 系统进入草绘环境后，绘制如下图所示的圆形。

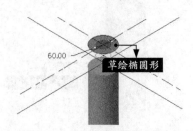

60.00

草绘椭圆形

步骤 07 在【草绘】选项卡中单击 ✔ 按钮，系统返回【混合】操控板后，绘图区域如下图所示。

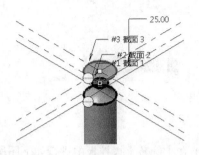

步骤 08 在【混合】操控板中单击 ✔ 按钮，完成混合特征操作。结果如下图所示。

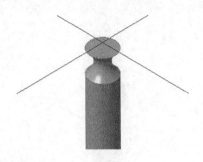

● 7.创建拉伸特征-3

步骤 01 单击【模型】选项卡▶【形状】面板▶【拉伸】按钮，系统弹出【拉伸】操控板后，单击【放置】将其上滑面板展开，然后单击【定义...】按钮，如下图所示。

步骤 02 系统弹出【草绘】对话框后，选择一个曲面，其余采用系统默认设置，然后在【草绘】对话框中单击【草绘】按钮，如下图所示。

步骤 03 系统进入草绘环境后，绘制如下图所示的圆形。

步骤 04 在【草绘】选项卡中单击 ✔ 按钮，系统返回【拉伸】操控板后，进行下图所示的设置。

步骤 05 在【拉伸】操控板中单击 ✔ 按钮，完成拉伸操作，如下图所示。

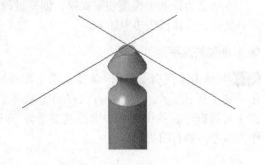

8.创建旋转特征-2

步骤 01 单击【模型】选项卡▶【基准】面板▶【草绘】按钮 ∿，系统弹出【草绘】对话框后，选择基准平面FRONT，其余采用系统默认设置，并单击【草绘】按钮，如下图所示。

步骤 02 系统进入草绘环境后，绘制如下图所示的图形。

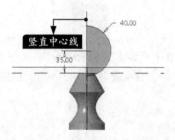

步骤 03 在【草绘】选项卡中单击 ✔ 按钮，在绘图区域的空白位置单击一下，取消对草绘图形的选择，然后单击【模型】选项卡▶【形状】面板▶【旋转】按钮 ⊕，系统弹出【旋转】操控板后，在绘图区域中选择刚才绘制的草绘图形，如下图所示。

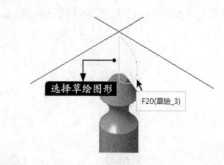

步骤 04 在【旋转】操控板中进行如下图所示的设置。

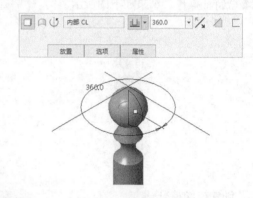

步骤 05 在【旋转】操控板中单击 ✔ 按钮，完成旋转特征的操作，如下图所示。

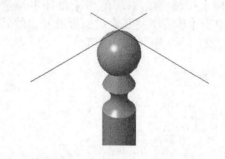

18.3.5 创建挂衣架衣撑

本小节为挂衣架模型创建衣撑，创建过程中主要会应用到拉伸特征、扫描特征、旋转特征、阵列特征，具体操作步骤如下。

1.创建基准平面

步骤 01 单击【模型】选项卡▶【基准】面板▶【平面】按钮 ▱，系统会自动弹出【基准平面】对话框，在绘图区域中选择基准平面TOP作为参考，如右图所示。

步骤 02 在【基准平面】对话框中将约束条件设置为【偏移】，并将偏移距离设置为"1530.00"，如下图所示。

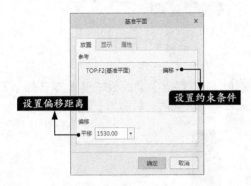

步骤 03 偏移方向设置如下图所示。

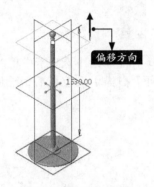

步骤 04 在【基准平面】对话框中单击【确定】按钮，即可创建一个新的基准平面DTM2，结果如下图所示。

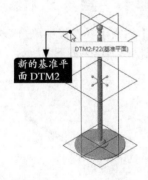

2.创建拉伸特征

步骤 01 单击【模型】选项卡➤【形状】面板➤【拉伸】按钮🔲，系统弹出【拉伸】操控板后，单击【放置】将其上滑面板展开，然后单击【定义...】按钮，如右上图所示。

步骤 02 系统弹出【草绘】对话框后，选择基准平面DTM2，其余采用系统默认设置，然后在【草绘】对话框中单击【草绘】按钮，如下图所示。

步骤 03 系统进入草绘环境后，绘制如下图所示的圆形。

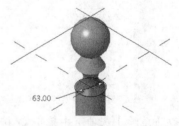

步骤 04 在【草绘】选项卡中单击✔按钮，系统返回【拉伸】操控板，进行如下图所示的设置。

步骤 05 在【拉伸】操控板中单击✔按钮，完成拉伸操作，如下图所示。

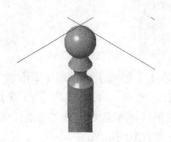

3.创建扫描特征

步骤01 单击【模型】选项卡▶【基准】面板▶【草绘】按钮 ✎，系统弹出【草绘】对话框后，进行如下图所示的相关设置，并单击【草绘】按钮。

步骤02 系统进入草绘环境后，绘制如下图所示的图形。

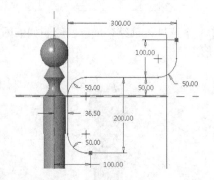

步骤03 在【草绘】选项卡中单击 ✔ 按钮，在绘图区域的空白位置单击一下，取消对草绘图形的选择，结果如下图所示。

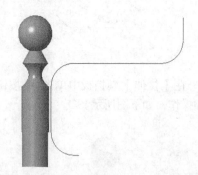

步骤04 单击【模型】选项卡▶【形状】面板▶【扫描】按钮 ✎，系统弹出【扫描】操控板后，在绘图区域中选择刚才绘制的曲线作为扫描轨迹，如右上图所示。

步骤05 在【扫描】操控板中单击 ✍ 按钮，系统进入草绘环境后，绘制如下图所示的圆形。

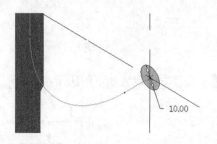

步骤06 在【草绘】选项卡中单击 ✔ 按钮，系统返回【扫描】操控板后，绘图区域如下图所示。

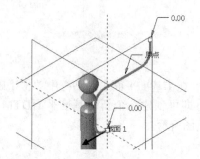

步骤07 在【扫描】操控板中单击 ✔ 按钮，完成扫描特征操作，结果如下图所示。

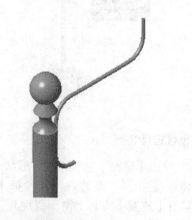

4.创建旋转特征

步骤01 单击【模型】选项卡▶【基准】面板▶

【草绘】按钮❀，系统弹出【草绘】对话框后，选择基准平面RIGHT，其余采用系统默认设置，并单击【草绘】按钮，如下图所示。

步骤 02 系统进入草绘环境后，绘制如下图所示的图形。

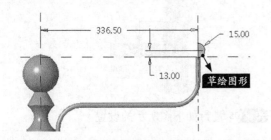

步骤 03 在【草绘】选项卡中单击 ✔ 按钮，在绘图区域的空白位置单击一下，取消对草绘图形的选择，然后单击【模型】选项卡➤【形状】面板➤【旋转】按钮❀，系统弹出【旋转】操控板后，在绘图区域中选择刚才绘制的草绘图形，如下图所示。

步骤 04 在【旋转】操控板中进行如下图所示的设置。

步骤 05 在【旋转】操控板中单击 ✔ 按钮，完成旋转特征的操作，如下图所示。

步骤 06 单击【模型】选项卡➤【基准】面板➤【草绘】按钮❀，系统弹出【草绘】对话框后，单击【使用先前的】，系统进入草绘环境后，绘制如下图所示的图形。

步骤 07 在【草绘】选项卡中单击 ✔ 按钮，在绘图区域的空白位置单击一下，取消对草绘图形的选择，然后单击【模型】选项卡➤【形状】面板➤【旋转】按钮❀，系统弹出【旋转】操控板后，在绘图区域中选择刚才绘制的草绘图形，如下图所示。

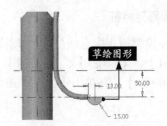

步骤 08 在【旋转】操控板中进行如下图所示的设置。

步骤 09 在【旋转】操控板中单击 ✔ 按钮，完成旋转特征的操作，如下图所示。

⬤ 5.创建阵列特征

步骤 01 在模型树中配合按住【Ctrl】键选择特征【扫描1】、【草绘5】、【旋转4】、【草绘6】、【旋转5】，并单击【分组】按钮，如下图所示。

步骤 02 创建组结果如下图所示。

步骤 03 选择刚才创建的组特征，单击【模型】选项卡▶【编辑】面板▶【阵列】按钮 ⊞，系统将弹出【阵列】操控板。单击阵列类型下拉列表，选择【轴】选项，如下图所示。

步骤 04 在绘图区域中单击选择A_11基准轴，如下图所示。

步骤 05 进行如下图所示的设置。

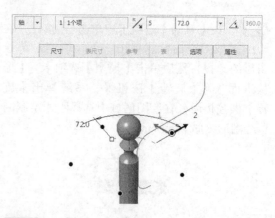

步骤 06 在【阵列】操控板中单击 ✔ 按钮完成轴式阵列操作，结果如下图所示。

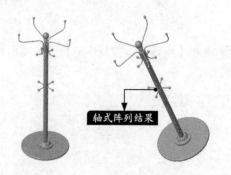